U0559189

数字逻辑与数字电路

高晶敏 柴海莉 张金龙 编

科学出版社

北京

内 容 简 介

　　本书在数字电子技术理论体系基础上，介绍了小规模数字集成电路的逻辑设计技术，并重点介绍了中、大规模数字集成电路和可编程逻辑器件。全书共分 8 章，包括数字逻辑基础、门电路、组合逻辑电路、触发器、时序逻辑电路、脉冲波形的产生和整形、半导体存储器和可编程逻辑器件、D/A 和 A/D 转换器。每章后还配有适量习题。

　　本书可作为高等学校电气信息类各专业的基础课教材，也可供从事电子技术工作的工程技术人员参考。

图书在版编目 (CIP) 数据

数字逻辑与数字电路/高晶敏，柴海莉，张金龙编. —北京：科学出版社，2009

ISBN 978-7-03-025456-6

Ⅰ. 数…　Ⅱ. ①高…②柴…③张…　Ⅲ. ①数字逻辑-高等学校-教材②数字电路：逻辑电路-高等学校-教材　Ⅳ. TP302.2　TN79

中国版本图书馆 CIP 数据核字 (2009) 第 154263 号

责任编辑：孙　芳　王志欣/责任校对：郑金红
责任印制：徐晓晨/封面设计：耕者设计工作室

科 学 出 版 社 出版
北京东黄城根北街 16 号
邮政编码：100717
http://www.sciencep.com

北京建宏印刷有限公司 印刷
科学出版社发行　各地新华书店经销

*

2009 年 9 月第　一　版　开本：B5(720×1000)
2019 年 2 月第八次印刷　印张：17 3/4
字数：344 000

定价：98.00 元
（如有印装质量问题，我社负责调换）

前　言

　　数字电子技术是目前发展最为迅速的技术之一，从计算机到通信、广播、电视、医疗仪器和航空航天，几乎所有领域都在应用数字电子技术。随着数字电子技术的发展，数字集成电路经历了从分立元件、小规模、中规模、大规模到超大规模的发展。随着集成电路的密度不断提高，功能日益复杂，新型器件的相继诞生，相应的数字设计方法也在不断地演变和发展，传统的设计方法已不能完全适应器件的发展。鉴于上述情况，本书在保持数字电子技术理论体系的基础上，不仅介绍了用小规模数字集成电路为基础的数字电路和逻辑设计技术，还重点介绍了中、大规模数字集成电路和可编程逻辑器件。

　　在本书的编写过程中，我们总结了多年的教学实践经验，加强了基础理论和基本概念的论述，同时，也强调了现代电子技术的基本方法及其工程应用，使读者能更好地适应实际工作的需要。在内容的安排上，注意贯彻从实际出发，由浅入深、由特殊到一般、从感性上升到理性等原则。文字叙述尽量做到通俗易懂，逻辑性强。同时，每章末都附有一定数量的习题，帮助读者加深对本书内容的理解。

　　本书编写安排为：第 2、4～6、8 章由高晶敏、柴海莉编写，第 7 章由高晶敏、陈福彬编写，第 1、3 章由张金龙编写。

　　北京信息科技大学李邓化教授在百忙之中审阅了全书，并对本书的编写提出了宝贵的意见，在此表示感谢。本书由北京市属市管高等学校人才强教计划资助项目（项目编号：PHR200907124）资助。本书的编写工作还得到了北京信息科技大学教学改革基金的支持，并且在编写过程中还得到了北京信息科技大学电工电子实验教学中心全体教师的帮助，在此谨向他们表示衷心的感谢。

　　由于编者水平有限，书中难免存在不妥之处，恳请读者批评指正。

编　者

2009 年 6 月

目　　录

前言

第 1 章　数字逻辑基础 ………………………………………………………… 1

　1.1　数字信号与数字电路 ……………………………………………… 1

　1.2　数制和码制 ………………………………………………………… 1

　　　1.2.1　数制 ……………………………………………………… 1

　　　1.2.2　数制之间的转换 ………………………………………… 3

　　　1.2.3　二进制算术运算 ………………………………………… 4

　　　1.2.4　二进制编码 ……………………………………………… 6

　1.3　逻辑代数基础 ……………………………………………………… 8

　　　1.3.1　逻辑代数中的基本运算 ………………………………… 8

　　　1.3.2　逻辑代数的基本公式和常用公式 …………………… 12

　　　1.3.3　逻辑代数的三个基本定理 …………………………… 13

　1.4　逻辑函数及其表示方法 ………………………………………… 13

　　　1.4.1　逻辑函数 ……………………………………………… 13

　　　1.4.2　逻辑函数的表示方法 ………………………………… 14

　　　1.4.3　逻辑函数的两种标准形式 …………………………… 16

　　　1.4.4　逻辑函数形式的变换 ………………………………… 19

　1.5　逻辑函数的化简 ………………………………………………… 19

　　　1.5.1　公式化简法 …………………………………………… 20

　　　1.5.2　卡诺图化简法 ………………………………………… 21

　习题 ……………………………………………………………………… 25

第 2 章　门电路 ……………………………………………………………… 28

　2.1　半导体二极管门电路 …………………………………………… 28

　　　2.1.1　半导体二极管的开关特性 …………………………… 28

　　　2.1.2　二极管与门 …………………………………………… 30

　　　2.1.3　二极管或门 …………………………………………… 31

　2.2　TTL 门电路 ……………………………………………………… 32

　　　2.2.1　双极型三极管的开关特性 …………………………… 32

　　　2.2.2　TTL 反相器 …………………………………………… 35

　　　2.2.3　其他逻辑功能的 TTL 门电路 ……………………… 44

　　　　2.2.4　其他类型的 TTL 门电路 ·············· 48
　　2.3　CMOS 门电路 ······························ 56
　　　　2.3.1　MOS 管的开关特性 ················· 56
　　　　2.3.2　CMOS 反相器 ····················· 60
　　　　2.3.3　其他逻辑功能的 CMOS 门电路 ······· 65
　　　　2.3.4　其他类型的 CMOS 门电路 ··········· 67
　　　　2.3.5　CMOS 电路的正确使用 ············· 70
　　2.4　TTL 电路与 CMOS 电路的连接 ··········· 71
　　习题 ··· 73
第 3 章　组合逻辑电路 ····························· 79
　　3.1　组合逻辑电路的分析与设计 ··············· 79
　　　　3.1.1　组合逻辑电路的特点 ················ 79
　　　　3.1.2　组合逻辑电路的分析方法 ············ 79
　　　　3.1.3　组合逻辑电路的设计方法 ············ 81
　　3.2　常用的组合逻辑功能器件 ················· 84
　　　　3.2.1　编码器 ··························· 84
　　　　3.2.2　译码器 ··························· 89
　　　　3.2.3　数据选择器 ······················· 96
　　　　3.2.4　加法器 ·························· 100
　　　　3.2.5　数值比较器 ······················ 103
　　3.3　组合逻辑电路中的竞争–冒险现象 ········· 106
　　　　3.3.1　竞争–冒险现象及其成因 ············ 106
　　　　3.3.2　消除竞争–冒险现象的方法 ·········· 107
　　习题 ·· 108
第 4 章　触发器 ································· 110
　　4.1　触发器的电路结构与动作特点 ············ 110
　　　　4.1.1　RS 锁存器 ····················· 110
　　　　4.1.2　电平触发的触发器 ················ 113
　　　　4.1.3　脉冲触发的触发器 ················ 117
　　　　4.1.4　边沿触发的触发器 ················ 122
　　4.2　触发器的逻辑功能和描述方法 ············ 127
　　　　4.2.1　触发器逻辑功能的分类 ············· 127
　　　　4.2.2　触发器的电路结构和逻辑功能、触发方式的关系 ········· 130
　　习题 ·· 131

第 5 章　时序逻辑电路 ……………………………………………………………… 136
　5.1　概述 ………………………………………………………………………… 136
　　5.1.1　时序逻辑电路的特点 ………………………………………………… 136
　　5.1.2　时序逻辑电路的分类 ………………………………………………… 137
　　5.1.3　时序逻辑电路的描述方法 …………………………………………… 137
　5.2　时序逻辑电路的分析方法 ………………………………………………… 138
　　5.2.1　同步时序逻辑电路的分析方法 ……………………………………… 138
　　5.2.2　异步时序逻辑电路的分析方法 ……………………………………… 142
　5.3　常用的时序逻辑电路 ……………………………………………………… 144
　　5.3.1　寄存器和移位寄存器 ………………………………………………… 144
　　5.3.2　计数器 ………………………………………………………………… 150
　　5.3.3　序列信号发生器 ……………………………………………………… 174
　　5.3.4　顺序脉冲发生器 ……………………………………………………… 177
　5.4　同步时序逻辑电路的设计方法 …………………………………………… 180
　　5.4.1　同步时序逻辑电路设计的一般步骤 ………………………………… 180
　　5.4.2　同步时序逻辑电路设计举例 ………………………………………… 181
　习题 ……………………………………………………………………………… 187
第 6 章　脉冲波形的产生和整形 ………………………………………………… 192
　6.1　概述 ………………………………………………………………………… 192
　6.2　脉冲波形产生器和整形电路 ……………………………………………… 193
　　6.2.1　施密特触发器 ………………………………………………………… 193
　　6.2.2　单稳态触发器 ………………………………………………………… 196
　　6.2.3　多谐振荡器 …………………………………………………………… 202
　6.3　集成 555 定时器及其应用 ………………………………………………… 204
　　6.3.1　集成 555 定时器的电路结构和功能 ………………………………… 204
　　6.3.2　集成 555 定时器的应用 ……………………………………………… 206
　习题 ……………………………………………………………………………… 210
第 7 章　半导体存储器和可编程逻辑器件 ……………………………………… 212
　7.1　概述 ………………………………………………………………………… 212
　7.2　ROM ………………………………………………………………………… 213
　　7.2.1　掩模 ROM ……………………………………………………………… 213
　　7.2.2　PROM …………………………………………………………………… 216
　　7.2.3　EPROM ………………………………………………………………… 217
　　7.2.4　用 ROM 存储器实现组合逻辑函数 ………………………………… 220
　7.3　RAM ………………………………………………………………………… 222

7.3.1　SRAM ……………………………………………………………… 222

7.3.2　DRAM ……………………………………………………………… 225

7.3.3　RAM 存储器容量的扩展 …………………………………………… 226

7.4　PLD ……………………………………………………………………… 229

7.4.1　PLD 的基本电路结构和电路表示方法 …………………………… 230

7.4.2　PAL ……………………………………………………………… 232

7.4.3　GAL ……………………………………………………………… 234

7.5　CPLD 和 FPGA ………………………………………………………… 237

7.5.1　CPLD 的结构 ……………………………………………………… 237

7.5.2　FPGA 的基本结构 ………………………………………………… 240

7.5.3　PLD 的开发 ……………………………………………………… 245

7.5.4　HDL ……………………………………………………………… 247

习题 …………………………………………………………………………… 251

第 8 章　D/A 和 A/D 转换器 ……………………………………………………… 254

8.1　概述 ……………………………………………………………………… 254

8.2　D/A 转换器 ……………………………………………………………… 254

8.2.1　权电阻网络 D/A 转换器 …………………………………………… 255

8.2.2　倒 T 形电阻网络 D/A 转换器 ……………………………………… 257

8.2.3　D/A 转换器的主要技术参数 ……………………………………… 259

8.3　A/D 转换器 ……………………………………………………………… 260

8.3.1　A/D 转换的工作过程 ……………………………………………… 260

8.3.2　并行比较型 A/D 转换器 …………………………………………… 263

8.3.3　逐次比较型 A/D 转换器 …………………………………………… 265

8.3.4　双积分型 A/D 转换器 ……………………………………………… 267

8.3.5　A/D 转换器的主要技术参数 ……………………………………… 269

习题 …………………………………………………………………………… 270

参考文献 ……………………………………………………………………… 273

第 1 章　数字逻辑基础

1.1　数字信号与数字电路

自然界中的物理量就其变化规律而言,不外乎以下两大类。

(1) 在时间上和数量上都是离散的,其数值的变化都是某一个最小数量单位的整数倍,这一类物理量称为数字量,把表示数字量的信号称为数字信号,并把工作在数字信号下的电子电路称为数字电路。

(2) 在时间上或在数值上是连续的,这一类物理量称为模拟量,把表示模拟量的信号称为模拟信号,并把工作在模拟信号下的电子电路称为模拟电路。

1.2　数制和码制

1.2.1　数制

数字信号通常以数码形式给出。不同的数码可以用来表示数量的大小。用数码表示数量大小时,经常需要用进位计数制的方法组成多位数码使用。多位数码中,每一位的构成方法及从低位到高位的进位规则称为数制。经常使用的计数制除了十进制以外,还有二进制和十六进制,有时也用到八进制。

1. 十进制

十进制数中,每一位有 0～9 共 10 个数码,计数的基数是 10,其中,低位和相邻高位之间的关系是"逢十进一",故称为十进制。例如,

$$5185.68 = 5 \times 10^3 + 1 \times 10^2 + 8 \times 10^1 + 5 \times 10^0 + 6 \times 10^{-1} + 8 \times 10^{-2}$$

通常,任意一个十进制数 D 均可展开为

$$D = \sum d_i \times 10^i \qquad (1.2.1)$$

式中,d_i 是第 i 位的系数,可以是 0～9 中的任何一个。

若以 r 取代式(1.2.1)中的 10,即可得到任意进制(r 进制)数按十进制的展开式,即

$$D = \sum d_i \times r^i \qquad (1.2.2)$$

式中,i 的取值与式(1.2.1)的规定相同;r 称为计数的基数;d_i 为第 i 位的系数;r^i 称为第 i 位的权。

2. 二进制

二进制数中,每一位仅有 0 和 1 两个可能的数码,所以,计数基数为 2。低位和相邻高位间的进位关系是"逢二进一",故称为二进制。

根据式(1.2.2),任何一个二进制数均可展开为

$$D = \sum d_i \times 2^i \qquad (1.2.3)$$

这样,就可以计算出二进制数所表示的十进制数的大小。例如,

$$(101.001)_2 = 1 \times 2^2 + 0 \times 2^1 + 1 \times 2^0 + 0 \times 2^{-1} + 0 \times 2^{-2} + 1 \times 2^{-3} = (5.125)_{10}$$

上式中分别使用下脚注 2 和 10 表示括号里的数是二进制数和十进制数,有时也用 B(binary) 和 D(decimal) 代替 2 和 10 这两个脚注。

3. 八进制

八进制数的每一位有 0～7 共 8 个不同的数码,计数的基数为 8。低位和相邻的高位之间的进位关系是"逢八进一"。任意一个八进制数可以按十进制数展开为

$$D = \sum d_i \times 8^i \qquad (1.2.4)$$

利用上式计算出与之等效的十进制数值,例如,

$$(436.5)_8 = 4 \times 8^2 + 3 \times 8^1 + 6 \times 8^0 + 5 \times 8^{-1} = (286.625)_{10}$$

有时也有 O(octal) 代替下脚注 8,表示八进制数。

4. 十六进制

十六进制数的每一位有 16 个不同的数码,分别用 0～9、A、B、C、D、E、F 表示。任意一个十六进制数均可展开为

$$D = \sum d_i \times 16^i \qquad (1.2.5)$$

利用上式计算出它所表示的十进制数值,例如,

$$(1CE8)_8 = 1 \times 16^3 + C \times 16^2 + E \times 16^1 + 8 \times 16^0 = (7400)_{10}$$

式中的下脚注 16 表示括号里的数是十六进制数,有时也用 H(hexadecimal) 代替这个脚注。

表 1.2.1 列出了几种常用数制的对照表。

表 1.2.1　常用进制数的对照表

十进制	二进制	八进制	十六进制
0	0000	0	0
1	0001	1	1
2	0010	2	2
3	0011	3	3

续表

十进制	二进制	八进制	十六进制
4	0100	4	4
5	0101	5	5
6	0110	6	6
7	0111	7	7
8	1000	10	8
9	1001	11	9
10	1010	12	A
11	1011	13	B
12	1100	14	C
13	1101	15	D
14	1110	16	E
15	1111	17	F

1.2.2　数制之间的转换

数制转换就是一个数从一种进位制表示形式转换成等值的另一种进位制表示形式,其实质为权值的转换。

1. 二进制数转换为十进制数

二进制数按式(1.2.3)展开,然后将所有各项的数值按十进制数相加,就转换成相应等值的十进制数了。例如,

$$(10011)_2 = 1 \times 2^4 + 0 \times 2^3 + 0 \times 2^2 + 1 \times 2^1 + 1 \times 2^0 = (19)_{10}$$

2. 十进制数转换成二进制数

通常使用“除基取余”法将十进制数的整数部分转换成二进制数,用“乘基取整”法将十进制数的小数部分转换成二进制数。任意十进制整数都可以写成

$$(D)_{10} = b_n \times 2^n + b_{n-1} \times 2^{n-1} + \cdots + b_1 \times 2^1 + b_0 \times 2^0 \qquad (1.2.6)$$

上式表明,若将$(D)_{10}$除以 2,则得到的商为$b_n \times 2^{n-1} + b_{n-1} \times 2^{n-2} + \cdots + b_1$,而余数即$b_0$。

同理,可将式(1.2.6)除以 2 得到的商写成

$$b_n \times 2^{n-1} + b_{n-1} \times 2^{n-2} + \cdots + b_1 = 2 \times (b_n \times 2^{n-2} + b_{n-1} \times 2^{n-3} + \cdots + b_2) + b_1$$

$$(1.2.7)$$

由式(1.2.7)不难看出,若将$(D)_{10}$除以 2 所得的商再次除以 2,则所得余数即b_1。依此类推,反将每次得到的商再除以 2,就可求得二进制数的每一位了。

任意十进制小数都可以写成

$$(D)_{10} = b_{-1} \times 2^{-1} + b_{-2} \times 2^{-2} + \cdots + b_{-m} \times 2^{-m}$$

将上式两边同乘以 2 得到

$$2 \times (D)_{10} = b_{-1} + b_{-2} \times 2^{-1} + b_{-3} \times 2^{-2} + \cdots + b_{-m} \times 2^{-m+1} \quad (1.2.8)$$

式(1.2.8)说明,将小数$(D)_{10}$乘以 2 所得乘积的整数部分即 b_{-1}。

同理,将乘积的小数部分再乘以 2 又可得到

$$2 \times (b_{-2}2^{-1} + b_{-3}2^{-2} + \cdots + b_{-m}2^{-m+1}) = b_{-2} + (b_{-3}2^{-1} + \cdots + b_{-m}2^{-m+2})$$

$$(1.2.9)$$

亦即乘积的整数部分就是 b_{-2}。

依此类推,将每次乘 2 后所得乘积的小数部分再乘以 2,便可求出二进制小数的每一位了。

3. 二进制数转换成十六进制转换数

观察表 1.2.1 可知,4 位二进制数就相当于 1 位十六进制数。因此,可用"一一对应"法将二进制数转换成十六进制数,所以,只要从低位到高位将整数部分每 4 位二进制数分为一组并代之以等值的十六进制数,同时,从高位到低位将小数部分的每 4 位数分为一组并代之以等值的十六进制数,即可得到对应的十六进制数。

例如,将$(100011001110)_2$化为十六进制数时可得

$$(100011001110)_2 = (100011001110)_2 = (8CE)_{16}$$

4. 十六进制数转换成二进制数

十六进制数转换成二进制数是指将十六进制数转换为等值的二进制数。转换时,只需将十六进制数的每一位用等值的 4 位二进制数得到,例如,

$$(1DBA9)_{16} = (00011101101110101001)_2 = (11101101110101001)_2$$

5. 八进制数与二进制数的相互转换

二进制数与八进制数相互转换与二进制数与十六进制数相互转换的方法基本相同,按位的高低依次排列将每一位八进制数与等值的 3 位二进制数"一一对应"就可以了。

6. 十六进制数与十进制数的相互转换

将十六进制数转换为十进制数时,可根据式(1.2.5)将各位按权展开后相加求得。在将十进制数转换为十六进制数时,可以先转换为二进制数,然后再将得到的二进制数转换为等值的十六进制数。这两种转换方法上面已经讲过了。

1.2.3　二进制算术运算

两个数码同时还可以进行数量间的加、减、乘、除等运算,这种运算称为算术

运算。

1. 二进制算术运算的方法

当两个二进制数码表示两个数量大小时,它们之间可以进行数值运算,这种运算称为算术运算。二进制算术运算和十进制算术运算的规则基本相同,唯一的区别在于二进制数是"逢二进一",而不是十进制数的"逢十进一"。

加法运算

$$
\begin{array}{r}
10101101 \\
+\ 00101100 \\
\hline
11011001
\end{array}
$$

减法运算

$$
\begin{array}{r}
11011101 \\
-\ 01001100 \\
\hline
10010001
\end{array}
$$

2. 反码、补码和补码运算

各种数制的数都有原码、反码和补码,而二进制数的原码、反码及补码是经常使用的。在数字电路中,用逻辑电路输出的高、低电平表示二进制数的 1 和 0,而数的正、负通常采用的方法是在二进制数的前面增加一位符号位,符号位为 0 表示这个数是正数,符号位为 1 表示这个数是负数,这种形式的数称为原码。

二进制数 B 的补码(2 的补码)常简称为补码,其定义为

$$[B]_{\text{补}} = 2^i - B \tag{1.2.10}$$

式中,i 是二进制数 B 整数部分的位数。例如,

$$[1100]_{\text{补}} = 2^4 - 1100 = 0100$$

二进制数 B 的反码(1 的补码)定义为

$$[B]_{\text{反}} = (2^i - 2^{-j}) - B \tag{1.2.11}$$

式中,i 是二进制数 B 整数部分的位数;j 是二进制数 B 小数部分的位数。例如,

$$[1100]_{\text{反}} = (2^4 - 2^0) - 1100 = 0011$$

根据定义,二进制数的补码可由反码在最低有效位加 1 得到,即

$$[B]_{\text{补}} = [B]_{\text{反}} + 1 \tag{1.2.12}$$

无论反码、补码,按定义再求补或者再求反一次将还原成原码。表 1.2.2 为原码、反码、补码的对照表。

表 1.2.2　原码、反码、补码对照表

十进制	二进制		
	原码	反码	补码
+7	0111	0111	0111
+6	0110	0110	0110
+5	0101	0101	0101
+4	0100	0100	0100
+3	0011	0011	0011
+2	0010	0010	0010
+1	0001	0001	0001
+0	0000	0000	0000
−1	1001	1110	1111
−2	1010	1101	1110
−3	1011	1100	1101
−4	1100	1011	1100
−5	1101	1010	1011
−6	1110	1001	1010
−7	1111	1000	1001
−8	1000	1111	1000

1.2.4　二进制编码

不同的数码不仅可以用来表示数量的不同,还可以用来表示不同的事物或事物的不同状态。在用于表示不同事物的情况下,这些数码已经不再具有表示数量大小的含义了,它们只是不同事物的代号而已,这些数码称为代码。为了便于记忆和查找,在编制代码时总要遵循一定的规则,这些规则就称为码制。

1. 十进制代码

为了用二进制代码表示十进制数 0~9 这 10 个状态,二进制代码至少应当有 4 位。4 位二进制代码一共有 16 个(0000~1111),取其中哪 10 个及如何与 0~9 相对应有许多种方案。表 1.2.3 列出了常见的几种十进制代码,它们的编码规则各不相同。

表 1.2.3　十进制编码

十进制数码	BCD(8421)	2421	余 3 码	5211
0	0000	0000	0011	0000
1	0001	0001	0100	0001
2	0010	0010	0101	0100
3	0011	0011	0110	0101
4	0100	0100	0111	0111
5	0101	1011	1000	1000

续表

十进制数码	BCD(8421)	2421	余 3 码	5211
6	0110	1100	1001	1001
7	0111	1101	1010	1100
8	1000	1110	1011	1101
9	1001	1111	1100	1111
没有用到的码				
	1010	0101	0000	0010
	1011	0110	0001	0011
	1100	0111	0010	0110
	1101	1000	1101	1010
	1110	1001	1110	1011
	1111	1010	1111	1110

　　8421 码又称 BCD (binary coded decimal) 码,是十进制代码中最常用的一种。在这种编码方式中,代码从左到右每一位的 1 分别表示 8、4、2、1,所以将这种代码称为 8421 码。每一位的 1 代表的十进制数称为这一位的权,8421 码中每一位的权是固定不变的,它属于恒权代码。

　　余 3 码的编码规则是在 8421 码加 3 后得到的,是一种无权码。从表 1.2.3 中还可以看出,0 和 9、1 和 8、2 和 7、3 和 6、4 和 5 的余 3 码互为反码。

　　2421 码是一种恒权代码,它的 0 和 9、1 和 8、2 和 7、3 和 6、4 和 5 也互为反码,这个特点和余 3 码相仿。

　　5211 码是另一种恒权代码,代码从左到右每一位的 1 分别表示 5、2、1、1,所以称为 5211 码。

2. 格雷码

　　格雷(gray)码又称循环码。从表 1.2.4 的 4 位格雷码编码表中可以看出格雷码的构成方法,即每一位的状态变化都按一定的顺序循环。如果从 0000 开始,最右边一位的状态按 0110 顺序循环变化,右边第二位的状态按 00111100 顺序循环变化,右边第三位按 0000111111110000 顺序循环变化。可见,自右向左每一位状态循环中连续的 0、1 数目增加一倍。由于 4 位格雷码只有 6 个,所以,最左边一位的状态只有半个循环,即 0000000011111111。

　　与普通的二进制代码相比,格雷码的最大优点就在于当它按照表 1.2.4 的编码顺序依次变化时,相邻两个代码之间只有一位发生变化。在代码转换的过程中,由于过渡期间会顺势出现许多别的码组,可能会造成逻辑上的差错,而格雷码就避免了这种瞬间模糊状态,所以,它是错误最小化的代码。

表 1.2.4　4 位格雷码与二进制代码的比较

编码顺序	二进制代码	格雷码	编码顺序	二进制代码	格雷码
0	0000	0000	8	1000	1100
1	0001	0001	9	1001	1101
2	0010	0011	10	1010	1111
3	0011	0010	11	1011	1110
4	0100	0110	12	1100	1010
5	0101	0111	13	1101	1011
6	0110	0101	14	1110	1001
7	0111	0100	15	1111	1000

1.3　逻辑代数基础

前面已经讲过,不同的数码不仅可以表示数量的大小,而且还能用来表示不同的事物。在数字逻辑电路中,用 1 位二进制数码的 0 和 1 表示一个事物的两种不同逻辑状态。例如,可以用 1 和 0 分别表示一件事情的真和假、信息的有和无、开关的通和断、电平的高和低、三极管的导通和截止等。

英国数学家布尔首先提出了进行逻辑运算的数学方法——布尔代数。布尔代数后来被广泛应用在开关电路和数字逻辑电路的变换、分析、化简和设计上,所以也将布尔代数称为开关代数。

逻辑代数中也用字母表示变量,这种变量称为逻辑变量。逻辑运算表示的是逻辑变量和常量之间逻辑状态的推理运算,而不是数量之间的运算。

虽然在二值逻辑中每个变量的取值只有 0 和 1 两种可能,只能表示两种不同的逻辑状态,但是,可以用多变量的不同状态组合表示事物的多种逻辑状态,处理任何复杂的逻辑问题。

1.3.1　逻辑代数中的基本运算

1. 基本逻辑运算

逻辑代数的基本运算有与(AND)、或(OR)、非(NOT)三种。为便于理解,先来看一个简单的例子。

图 1.3.1 中给出了三个指示灯的控制电路。在图 1.3.1(a)电路中,只有当两个开关同时闭合时,指示灯才会亮;在图 1.3.1(b)电路中,只要有任何一个开关闭合,指示灯就亮;而在图 1.3.1(c)电路中,开关断开时灯亮,开关闭合时灯反而不亮。

如果把开关闭合作为条件(或导致事物结果的原因),把灯亮作为结果,那么,图 1.3.1 中的三个电路代表了三种不同的因果关系。

图 1.3.1(a)的例了表明,只有决定事物结果的全部条件同时具备时,结果才发生,这种因果关系称为逻辑与。图 1.3.1(b)的例子表明,在决定事物结果的诸条件中,只要有任何一个满足,结果就会发生,这种因果关系称为逻辑或。图 1.3.1(c)的例子表明,只要条件具备了,结果便不会发生;而条件不具备时,结果一定发生,这种因果关系称为逻辑非。

若以 A、B 表示开关的状态,并以 1 表示开关闭合,以 0 表示开关断开;以 Y 表示指示灯的状态,并以 1 表示灯亮,以 0 表示不亮,则可以列出以 0、1 表示的与、或、非逻辑关系的图表,如表 1.3.1～表 1.3.3 所示。这种图表称为逻辑真值表(truth table),简称真值表。

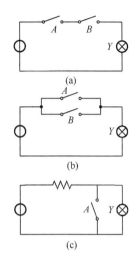

图 1.3.1　与、或、非定义的电路

表 1.3.1　与逻辑真值表

A	B	Y
0	0	0
0	1	0
1	0	0
1	1	1

表 1.3.2　或逻辑真值表

A	B	Y
0	0	0
0	1	1
1	0	1
1	1	1

表 1.3.3　非逻辑真值表

A	Y
0	1
1	0

在逻辑代数中,将与、或、非看作是逻辑变量 A、B 间的三种最基本的逻辑运算,并以“·”表示与运算,以“＋”表示或运算,以变量右上角的“′”表示非运算。因此,A 和 B 进行与逻辑运算时可写成

$$Y = A \cdot B \qquad\qquad (1.3.1)$$

A 和 B 进行或逻辑运算时可写成

$$Y = A + B \qquad\qquad (1.3.2)$$

对 A 进行非逻辑运算时可写成

$$Y = A' \qquad\qquad (1.3.3)$$

同时,将实现与逻辑运算的单元电路称为与门,将实现或逻辑运算的单元电路称为或门,将实现非逻辑运算的单元电路称为非门(也称为反相器)。

与、或、非逻辑运算还可以用图形符号表示。图 1.3.2 中给出了被 IEEE 和 IEC(国际电工委员会)认定的两套与、或、非的图形符号。其中一套是目前在国外教材和 EDA 软件中普遍使用的特定外形符号,如图 1.3.2 (a)所示;另一套是矩形轮廓的符号,如图 1.3.2 (b)所示。本书采用特定外形符号。

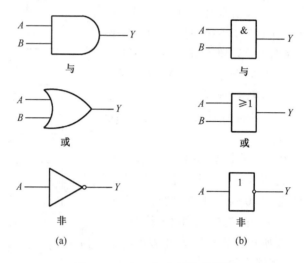

图 1.3.2　与、或、非的图形符号

2. 复合逻辑运算

实际的逻辑问题往往比与、或、非复杂得多,不过,它们都可以用与、或、非的组合来实现。最常见的复合逻辑运算有与非(NAND)、或非(NOR)、与或非(AND-NOR)、异或(EXCLUSIVE OR)、同或(EXCLUSIVE NOR)等。表 1.3.4 ～表 1.3.8给出了这些复合逻辑运算的真值表。图 1.3.3 是它们的图形逻辑符号和运算符号。这些图形符号同样也有特定外形符号和矩形轮廓符号两种。

表 1.3.4　与非逻辑真值表

A	B	Y
0	0	1
0	1	1
1	0	1
1	1	0

表 1.3.5　或非逻辑真值表

A	B	Y
0	0	1
0	1	0
1	0	0
1	1	0

表 1.3.6　与或非逻辑真值表

A	B	C	D	Y
0	0	0	0	1
0	0	0	1	1
0	0	1	0	1
0	0	1	1	0
0	1	0	0	1

为简化书写,允许将 $A \cdot B$ 简写成 AB,略去逻辑相乘的运算符号"$\cdot$"。

1.3.2　逻辑代数的基本公式和常用公式

表 1.3.9 给出了逻辑代数的基本公式和常用公式。

表 1.3.9　逻辑代数的基本公式和常用公式

名称	公式 1	公式 2
0-1 律	$A \cdot 1 = A$	$A + 1 = 1$
	$A \cdot 0 = 0$	$A + 0 = A$
互补律	$A \cdot A' = 0$	$A + A' = 1$
重叠律	$AA = A$	$A + A = A$
交换律	$AB = BA$	$A + B = B + A$
结合律	$A(BC) = (AB)C$	$A + (B + C) = (A + B) + C$
分配律	$A(B + C) = AB + AC$	$A + BC = (A + B) \cdot (A + C)$
反演律	$(AB)' = A' + B'$	$(A + B)' = A' \cdot B'$
	$A(A + B) = A$	$A + AB = A$
吸收律	$A(A' + B) = AB$	$A + A'B = A + B$
	$(A + B)(A' + C)(B + C) = (A + B)(A' + C)$	$AB + A'C + BC = AB + A'C$
还原律	$(A')' = A$	

现将表 1.3.9 中的某些公式证明如下。

$A + AB = A$

证明:$A + AB = A(1 + B) = A$

结果说明,两个乘积项相加时,若其中一项以另一项为因子,则该项是多余的,可以删去。

$A + A'B = A + B$

证明:$A + A'B = (A + A')(A + B) = A + B$

结果表明,两个乘积项相加时,如果一项取反后是另一项的因子,则此因子是多余的,可以消去。

$A(A + B) = A$

证明:$A(A + B) = AA + AB = A + AB = A(1 + B) = A$

结果说明,变量 A 和包含 A 的和相乘时,其结果等于 A,即可以将和消掉。

$A \cdot B + A' \cdot C + B \cdot C = A \cdot B + A' \cdot C$

$$证明:A \cdot B + A' \cdot C + B \cdot C = A \cdot B + A' \cdot C + B \cdot C(A + A')$$
$$= A \cdot B + A' \cdot C + A \cdot B \cdot C + A' \cdot B \cdot C$$
$$= A \cdot B \cdot (1 + C) + A' \cdot C \cdot (1 + B)$$
$$= A \cdot B + A' \cdot C$$

这个公式说明,若两个乘积项中分别包含 A 和 A' 两个因子,而这两个乘积项的其余因子组成第三个乘积项时,则第三个乘积项是多余的,可以消去。

1.3.3　逻辑代数的三个基本定理

1. 代入定理

在任何一个包含变量 A 的逻辑等式中,若以另外一个逻辑式代入式中所有 A 的位置,则等式仍然成立。这就是所谓的代入定理。

因为变量 A 仅有 0 和 1 两种可能的状态,所以,无论将 $A=0$ 还是 $A=1$ 代入逻辑等式,等式都一定成立。而任何一个逻辑式的取值也不外 0 和 1 两种,所以,用它取代式中的 A 时,等式自然也成立。因此,可以将代入定理看作无需证明的公理。利用代入定理很容易把表 1.3.9 中的基本公式和常用公式推广为多变量的形式。

2. 反演定理

对于任意一个逻辑式 Y,若将其中所有的“·”换成“+”,“+”换成“·”,0 换成 1,1 换成 0,原变量换成反变量,反变量换成原变量,则得到的结果就是 Y'。这个规律称为反演定理。

在使用反演定理时,还需注意遵守以下两个规则:①仍需遵守“先括号、然后乘、最后加”的运算优先次序;②不属于单个变量上的反号应保留不变。

3. 对偶定理

若两逻辑式相等,则它们的对偶式也相等,这就是对偶定理。

对偶式是这样定义的:对于任何一个逻辑式 Y,若将其中的“·”换成“+”,“+”换成“·”,0 换成 1,1 换成 0,则得到一个新的逻辑式 Y^D,这个 Y^D 就称为 Y 的对偶式,或者说 Y 或 Y^D 互为对偶式。

$$若 Y = A(B+C+D),则 Y^D = A+BCD$$
$$若 Y = (AB+C)',则 Y^D = ((A+B)C)'$$

为了证明两个逻辑式相等,也可以通过证明它们的对偶式相等来完成,因为有些情况下证明它们的对偶式相等更加容易。

1.4　逻辑函数及其表示方法

1.4.1　逻辑函数

如果以逻辑变量作为输入,以运算结果作为输出,那么,当输入变量的取值确定之后,输出的取值便随之而定。因此,输出与输入之间乃是一种函数关系,这种

函数关系称为逻辑函数,写作

$$Y = F(A, B, C, \cdots)$$

　　由于变量和输出的取值只有 0 和 1 两种状态,所以所讨论的都是二值逻辑函数。任何一件具体的因果关系都可以用一个逻辑函数来描述,例如,

$$Y = A + B$$
$$Y = A + BC'$$

1.4.2　逻辑函数的表示方法

　　逻辑函数可以用逻辑真值表、逻辑函数表达式、逻辑图、波形图和后面即将介绍的卡诺图等多种方法来表示。下面以图 1.4.1 电路为例,详细说明各种表示方法。

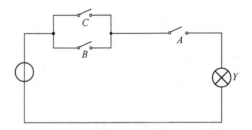

图 1.4.1　说明逻辑函数表示方法电路图

1. 逻辑真值表

　　将输入变量所有取值下对应的输出值找出来,列成表格,即可得到真值表。

　　以图 1.4.1 所示的开关电路为例,根据电路的工作原理不难看出,只有 $A=1$,同时,B、C 至少有一个为 1 时 Y 才等于 1,于是,可列出图 1.4.1 所示电路的真值表,如表 1.4.1 所示。

表 1.4.1　图 1.4.1 电路的真值表

A	B	C	Y
0	0	0	0
0	0	1	0
0	1	0	0
0	1	1	0
1	0	0	0
1	0	1	1
1	1	0	1
1	1	1	1

2. 逻辑函数表达式

将输出与输入之间的逻辑关系写成与、或、非等运算的组合式,即逻辑代数式,就得到了所需的逻辑函数表达式。

在图 1.4.1 所示的电路中,根据对电路功能的要求和与、或的逻辑定义,"B 和 C 中至少有一个合上"可以表示为(B+C),"同时还要求合上 A",则应写作 A · (B+C)。因此,得到输出的逻辑函数表达式为

$$Y = A \cdot (B+C) \tag{1.4.1}$$

3. 逻辑图

将逻辑函数表达式中各变量之间的与、或、非等逻辑关系用图形符号表示出来,就可以画出表示函数关系的逻辑图。

为了画出表示图 1.4.1 电路功能的逻辑图,只要用逻辑运算的图形符号代替式(1.4.1)中的代数运算符号便可得到图 1.4.2 所示的逻辑图。

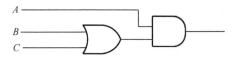

图 1.4.2　图 1.4.1 所示电路的逻辑图

4. 波形图

如果将逻辑函数输入变量每一种可能出现的取值与对应的输出值按时间顺序依次排列起来,就得到了表示该逻辑函数的波形图,这种波形图也称为时序图。可以通过观察这些波形图,以检验实际逻辑电路的功能是否正确。

如果用波形图来描述式(1.4.1)的逻辑函数,则只需将表 1.4.1 给出的输入变量与对应的输出变量取值依时间顺序排列起来,就可以得到所要的波形图了(如图 1.4.3 所示)。

5. 各种表示方法间的相互转换

既然同一个逻辑函数可以用多种不同的方法描述,那么,这几种方法之间必能相互转换。

1) 真值表与逻辑函数表达式的相互转换

由真值表写出逻辑函数表达式的一般方法:①找出真值表中使逻辑函数为 1 的那些输入变量取值的组合;②每组输入变量取值的组合对应一个乘积项,其中,

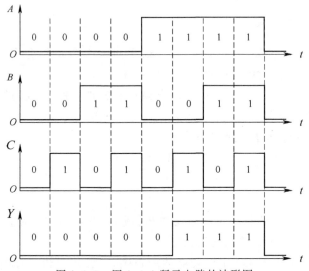

图 1.4.3　图 1.4.1 所示电路的波形图

取值为 1 的写入原变量,取值为 0 的写入反变量;③将这些乘积项相加,即得输出的逻辑函数表达式。

由逻辑函数表达式列出真值表就更简单了,只需将输入变量取值的所有组合状态逐一代入逻辑函数表达式求出函数值,列成表,即可得到真值表。

2)逻辑函数表达式与逻辑图的相互转换

从给定的逻辑函数表达式转换为相应的逻辑图时,只要用逻辑图形符号代替逻辑函数表达式中的逻辑运算符号并按运算优先顺序将它们连接起来,就可以得到所求的逻辑图了。

而在从给定的逻辑图转换为对应的逻辑函数表达式时,只要从逻辑图的输入端到输出端逐级写出每个图形符号的输出逻辑函数表达式,就可以在输出端得到所求的逻辑函数表达式了。

3)波形图与真值表的相互转换

在从已知的逻辑函数波形图求对应的真值表时,首先需要从波形图上找出每个时间段里输入变量与函数输出的取值,然后将这些输入、输出取值对应列表,就得到了所求的真值表。

在将真值表转换为波形图时,只需将真值表中所有的输入变量与对应的输出变量取值依次排列画成以时间为横轴的波形,就得到了所求的波形图。

1.4.3　逻辑函数的两种标准形式

在讨论逻辑函数的标准形式之前,首先定义一下最小项和最大项的概念。

1. 最小项

在一个 n 变量的逻辑函数中,包含全部 n 个变量的乘积项称为最小项,其中,每个变量必须而且只能以原变量或反变量的形式出现一次。

例如,A、B、C 三个变量的最小项有 $A'B'C'$、$A'B'C$、$A'BC'$、$A'BC$、$AB'C'$、$AB'C$、ABC' 和 ABC 共 8 个(即 2^3 个)。n 变量的最小项应有 2^n 个。

输入变量的每一组取值都能够使一个对应的最小项的值等于 1。例如,在三变量 A,B,C 的最小项中,当 $A=1$、$B=0$、$C=1$ 时,$AB'C=1$。如果把 $AB'C$ 的取值 101 看作一个二进制数,那么,它所表示的十进制数就是 5。为了今后使用的方便,将 $AB'C$ 这个最小项记作 m_5。按照这一约定,就得到了三变量最小项的编号表,如表 1.4.2 所示。

表 1.4.2　三变量全部最小项的真值表

变量			m_0	m_1	m_2	m_3	m_4	m_5	m_6	m_7
A	B	C	$A'B'C'$	$A'B'C$	$A'BC'$	$A'BC$	$AB'C'$	$AB'C$	ABC'	ABC
0	0	0	1	0	0	0	0	0	0	0
0	0	1	0	1	0	0	0	0	0	0
0	1	0	0	0	1	0	0	0	0	0
0	1	1	0	0	0	1	0	0	0	0
1	0	0	0	0	0	0	1	0	0	0
1	0	1	0	0	0	0	0	1	0	0
1	1	0	0	0	0	0	0	0	1	0
1	1	1	0	0	0	0	0	0	0	1

根据同样的道理,将 A、B、C、D 这 4 个变量的 16 个最小项记作 $m_0 \sim m_{15}$。

从最小项的定义出发,可以证明它具有如下重要性质。

(1) 在输入变量的任何取值下,必有一个最小项,而且仅有一个最小项的值为 1。

(2) 全体最小项之和为 1。

(3) 任意两个最小项的乘积为 0。

(4) 具有相邻性的两个最小项之和可以合并成一项并消去一对因子。若两个最小项只有一个因子不同,则称这两个最小项具有相邻性。例如,$AB'C'$ 和 ABC' 两个最小项仅第一个因子不同,所以,它们具有相邻性。这两个最小项相加时定能合并成一项,并将一个不同的因子消去。

$$AB'C' + ABC' = AC'$$

2. 最大项

在一个 n 变量逻辑函数中,包含全部 n 个变量的和项称为最大项,其中,每个变量必须而且只能以原变量或反变量的形式出现一次。

例如,三变量 A、B、C 的最大项有 $A'+B'+C'$、$A'+B'+C$、$A'+B+C'$、$A'+B+C$、$A+B'+C'$、$A+B'+C$、$A+B+C'$ 和 $A+B+C$ 共 8 个(即 2^3 个)。对于 n 个变量,则有 2^n 个最大项。可见,n 变量的最大项数目和最小项数目是相等的。

同样,输入变量的每一组取值也能使一个对应的最大项的值为 0。例如,在三变量 A、B、C 的最大项中,当 $A=1$、$B=0$、$C=1$ 时,$A'+B+C'=0$。若将使最大项为 0 的 ABC 取值视为一个二进制数,并以其对应的十进制数给最大项编号,则 $A'+B+C'$ 可记作 M_5。由此得到三变量最大项编号表,如表 1.4.3 所示。

表 1.4.3 三变量全部最大项的真值表

最大项	使最大项为 0 的变量取值			编 号
	A	B	C	
$A+B+C$	0	0	0	M_0
$A+B+C'$	0	0	1	M_1
$A+B'+C$	0	1	0	M_2
$A+B'+C'$	0	1	1	M_3
$A'+B+C$	1	0	0	M_4
$A'+B+C'$	1	0	1	M_5
$A'+B'+C$	1	1	0	M_6
$A'+B'+C'$	1	1	1	M_7

根据最大项的定义,同样也可以得到它的主要性质。

(1) 在输入变量的任何取值下,必有一个最大项,而且只有一个最大项的值为 0。

(2) 全体最大项之积为 0。

(3) 任意两个最大项之和为 1。

(4) 只有一个变量不同的两个最大项的乘积等于各相同变量之和。

如果将表 1.4.2 和表 1.4.3 加以对比则可发现,最大项和最小项之间存在如下关系:

$$m_i = M'_i, M_i = m'_i \qquad (1.4.2)$$

3. 逻辑函数的最小项之和形式

首先将给定的逻辑函数表达式化为若干乘积项之和的形式(亦称"积之和"形式),然后再利用公式 $A+A'=1$ 将每个乘积项中缺少的因子补全,这样,就可以将与或的形式化为最小项之和的标准形式。

例如,给定逻辑函数为

$$Y = AB'C'D + A'CD + AC$$

则可化为

$$
\begin{aligned}
Y &= AB'C'D + A'CD + AC \\
&= AB'C'D + A'(B + B')CD + A(B + B')C \\
&= AB'C'D + A'BCD + A'B'CD + ABC(D + D') + AB'C(D + D') \\
&= AB'C'D + A'BCD + A'B'CD + ABCD + ABCD' + AB'CD + AB'CD' \\
&= m_3 + m_7 + m_9 + m_{10} + m_{11} + m_{14} + m_{15}
\end{aligned}
$$

1.4.4　逻辑函数形式的变换

通过运算可以将给定的与或形式逻辑函数表达式变换为最小项之和的形式或最大项之积的形式。此外,在用电子器件组成实际的逻辑电路时,由于选用不同逻辑功能类型的器件,还必须将逻辑函数表达式变换成相应的形式。

例如,想用门电路实现如下的逻辑函数:

$$Y = AB + A'C \tag{1.4.3}$$

按照上式的形式,需要用两个具有与运算功能的与门电路和一个具有或运算功能的或门电路,才能产生函数 Y。

如果受到器件的限制,只能全部用与非门实现这个电路,就需要将式(1.4.3)的与或形式变换成全部由与非运算组成的与非-与非形式。

$$Y = AB + A'C = ((AB + A'C)')' = ((AB)' \cdot (A'C)')' \tag{1.4.4}$$

如果要求全部用或非门电路实现逻辑函数,则应将逻辑函数表达式化成全部由或非运算组成的形式,即或非-或非形式。

$$
\begin{aligned}
Y &= AB + A'C = AA' + AB + A'C + BC \\
&= A(A' + B) + C(A' + B) = (A + C)(A' + B) \\
&= (((A + C)(A' + B))')' = ((A + C)' + (A' + B)')' \tag{1.4.5}
\end{aligned}
$$

如果要求用具有与或非功能的门电路实现式(1.4.3)的逻辑函数,则需要将式(1.4.3)化为与或非形式的运算式,如下:

$$Y = ((A + C)' + (A' + B)')' = (A'C' + AB')' \tag{1.4.6}$$

1.5　逻辑函数的化简

在进行逻辑运算时,常常会看到同一个逻辑函数可以写成不同的逻辑式,而这些逻辑式的繁简程度又相差甚远。逻辑式越是简单,它所表示的逻辑关系越明显,同时,也有利于用最少的电子器件实现这个逻辑函数。因此,经常需要通过化简的手段找出逻辑函数的最简形式。

例如,如下两个逻辑函数:

$$Y = ABC + B'C + ACD \tag{1.5.1}$$

$$Y = AC + B'C \tag{1.5.2}$$

将它们的真值表分别列出后即可见到,它们是同一个逻辑函数。显然,式(1.5.2)比式(1.5.1)简单得多。

在与或逻辑函数表达式中,若其中包含的乘积项已经最少,而且每个乘积项里的因子也不能再减少时,则称此逻辑函数表达式为最简形式。对与或逻辑式最简形式的定义对其他形式的逻辑式同样也适用,即函数式中相加的乘积项不能再减少,而且每项中相乘的因子不能再减少时,则函数式为最简形式。

化简逻辑函数的目的就是要消去多余的乘积项和每个乘积项中多余的因子,以得到逻辑函数表达式的最简形式。常用的化简方法有公式化简法、卡诺图化简法等。

1.5.1　公式化简法

公式化简法的原理就是反复使用逻辑代数的基本公式和常用公式消去函数式中多余的乘积项和多余的因子,以求得函数式的最简形式。

公式化简法没有固定的步骤,常用的化简方法有以下几种。

1. 并项法

利用互补律 $A + A' = 1$,将两项合并为一项,并消去一个变量。

$$Y = ABC' + ABC + AB' = AB + AB' = A$$

2. 吸收法

利用 $A + AB = A$ 将 AB 项消去。

$$Y = A' + B' + A'C + B'D = A' + B'$$

3. 消项法

利用 $A + A'B = A + B$ 消去多余的项。

$$Y = A' + AB + B'C = A' + B + B'C = A' + B + C$$

4. 配项法

在逻辑表达式中先通过乘以 $A' + A$ 或加上 $A'A$,或重复写入某一项,再与其他项结合,以获得更简单的化简结果。

$$Y = AB + A'C + BCD = AB + A'C + BCD(A' + A)$$
$$= AB + A'C + ABCD + A'BCD = AB + A'C$$

在化简逻辑函数时,要灵活运用上述方法,才能将逻辑函数化为最简。利用公式化简法化简对函数变量数目无限制,方法比较灵活,技巧性比较强,并且无一定规律可遵循。公式化简法是其他化简方法的理论依据。

1.5.2　卡诺图化简法

1. 逻辑函数的卡诺图表示法

将 n 变量的全部最小项各用一个小方块表示,并使具有逻辑相邻性的最小项在几何位置上也相邻地排列起来,所得到的图形称为 n 变量最小项的卡诺图。因为这种表示方法是由美国工程师卡诺首先想出的,所以将这种图形称为卡诺图。卡诺图化简法比公式化简法简便、直观、规律性强,比较容易掌握,一般运用于 5 变量以下的函数化简。

图 1.5.1 中画出了 2～4 变量最小项的卡诺图。图形两侧标注的 0 和 1 表示使对应小方格内的最小项为 1 的变量取值。同时,这些 0 和 1 组成的二进制数所对应的十进制数大小也就是对应的最小项的编号。

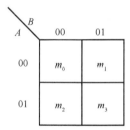

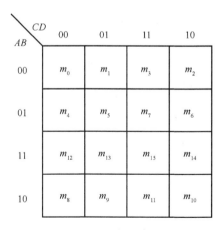

图 1.5.1　2～4 变量最小项的卡诺图

为了保证图中几何位置相邻的最小项在逻辑上也具有相邻性,这些数码不能按自然二进制数从小到大地顺序排列,而必须按图中的方式排列,以确保相邻的两个最小项仅有一个变量是不同的。

从图 1.5.1 所示的卡诺图上还可以看到,处在任何一行或一列两端的最小项也仅有一个变量不同,所以,它们也具有逻辑相邻性。因此,从几何位置上应当将卡诺图看成是上下、左右闭合的图形。

在变量数大于等于 5 以后,仅仅用几何图形在两维空间的相邻性来表示逻辑相邻性已经不够了。

2. 用卡诺图化简逻辑函数

既然任何一个逻辑函数都能表示为若干最小项之和的形式,那么,自然也就可以设法用卡诺图来表示任意一个逻辑函数。具体方法是:首先将逻辑函数化为最小项之和的形式,然后在卡诺图上与这些最小项对应的位置上填入 1,在其余的位置上填入 0,就得到了表示该逻辑函数的卡诺图。由此可以得到,任何一个逻辑函数都等于它的卡诺图中填入 1 的那些最小项之和。

利用卡诺图化简逻辑函数的方法称为卡诺图化简法。化简时依据的基本原理就是具有相邻性的最小项可以合并,并消去不同的因子。由于在卡诺图上几何位置相邻与逻辑上的相邻性是一致的,因而从卡诺图上能直观地找出那些具有相邻性的最小项并将其合并化简。

合并最小项的原则:若两个最小项相邻,则可合并为一项并消去一个变量,合并后的结果中只剩下公共变量。如下:

$$ABC + AB'C = AC(B + B') = AC$$

由此可见,利用相邻项的合并可以进行逻辑函数的化简。

卡诺图中任意 2 个相邻的小方格取值为 1 时,它们代表的最小项为相邻项,可以合并为 1 项,消去一个变量。同时可以发现,4 个小方格可以消去 2 个变量,8 个小方格可以消去 3 个变量,2^n 个变量可以消去 n 个变量。

用卡诺图化简逻辑函数时可按如下步骤进行。

(1) 将函数化为最小项之和的形式。

(2) 画出表示该逻辑函数的卡诺图。

(3) 找出可以合并的最小项。

(4) 选取化简后的乘积项,选取的原则是:①这些乘积项应包含函数式中所有的最小项(应覆盖卡诺图中所有的 1);②所用的乘积项数目最少,也就是可合并的最小项组成的圈数目最少;③每个乘积项包含的因子最少,也就是每个可合并的最小项的圈应包含尽量多的最小项;④取值为 1 的方格可以被重复圈在不同包围圈中,但在新画的包围圈中至少要含有一个未被圈过方格。

例 1. 5. 1　用卡诺图化简法将下式化简为最简与或函数式:

$$Y = AC' + A'C + BC' + B'C$$

解：首先画出表示函数 Y 的卡诺图，如图 1.5.2 所示。

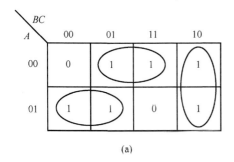
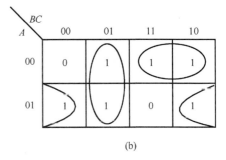

图 1.5.2　例 1.5.1 的卡诺图

由图 1.5.2 可见，有两种可取的合并最小项的方案。如果按图 1.5.2(a)的方案合并最小项，则得到

$$Y = AB' + A'C + BC'$$

而按图 1.5.2(b)的方案合并最小项得到

$$Y = AC' + B'C + A'B$$

两个化简结果都符合最简与或式的标准。此例说明，有时一个逻辑函数的化简结果不是唯一的。

3. 具有无关项的逻辑函数的化简

在许多实际问题中，经常会遇到这样情况，实际问题抽象为逻辑函数后，输入变量的取值组合禁止出现或者一些取值组合出现后，输出逻辑值可以是任意的。例如，有三个逻辑变量 A、B、C，分别表示计算器的加、减、乘三种操作，因为计算器是按顺序逐条执行运算，每次只能执行一种运算，所以，不允许两个以上运算同时进行，即不允许两个变量以上同时为 1，因而 ABC 的取值只可能是 000、001、010、100 中的某一种。那些不会出现的输入变量取值组合所对应的最小项为约束项。

有时还会遇到另外一种情况，就是在输入变量的某些取值下，函数值是 1 还是 0 皆可，均不影响电路的功能。这些变量取值组合所对应的最小项称为任意项。

约束项和任意项统称为逻辑函数表达式中的无关项。这里所说的"无关"是指是否把这些最小项写入逻辑函数表达式无关紧要，可以写入也可以删除。

在用卡诺图表示逻辑函数时，首先将函数化为最小项之和的形式，然后在卡诺图中这些最小项对应的位置上填入 1，其他位置上填入 0。既然可以认为无关项包含于函数式中，也可以认为不包含在函数式中，那么，在卡诺图中对应的位置上就可以填入 1，也可以填入 0。为此，在卡诺图中用×（或∅）表示无关项。在化简逻辑函数时,既可以认为它是 1,也可以认为它是 0。

4. 利用无关项化简逻辑函数

化简具有无关项的逻辑函数时,要充分利用这些无关项,一般都可得到更加简单的化简结果。为达到此目的,加入的无关项应与函数式中尽可能多的最小项(包括原有的最小项和已写入的无关项)具有逻辑相邻性。合并最小项时,究竟把卡诺图中的×作为 1 还是作为 0 对待,应以得到的相邻最小项圈最大,而且圈最少为原则。

例 1.5.2　化简具有约束项的逻辑函数。
$$Y = A'B'C'D + A'BCD + AB'C'D'$$
给定约束条件为
$$A'B'CD + A'BC'D + ABC'D' + AB'C'D + ABCD + ABCD' + AB'CD' = 0$$
在用最小项之和形式表示上述具有约束的逻辑函数时,也可写成如下形式:
$$Y(A,B,C,D) = \sum m(1,7,8) + d(3,5,9,10,12,14,15)$$
式中,d 表示无关项,d 后面括号内的数字是无关项的最小项编号。

解:图 1.5.3 是例 1.5.2 的逻辑函数的卡诺图。从图中不难看出,为了得到最大的相邻最小项的矩形组合,应取约束项 m_3、m_5 为 1,与 m_1、m_7 组成一个圈。同时,取约束项 m_{10}、m_{12}、m_{14} 为 1,与 m_8 组成一个圈。这样,将两组相邻的最小项合并后得到的化简结果为
$$Y = A'D + AD'$$
卡诺图中没有被圈进去的约束项(m_9 和 m_{15})是当作 0 对待的。

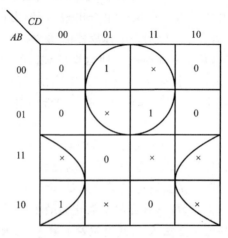

图 1.5.3　例 1.5.2 的卡诺图

习题

题 1.1　对 500 个物品进行编码,如果采用二进制代码,最少需要用几位? 如果改用八进制或十六进制代码,则最少各需要用几位?

题 1.2　将下列二进制整数转换为等值的十进制数。

(1) $(01011)_2$　　　(2) $(1101101)_2$　　　(3) $(10011011)_2$　　　(4) $(11010101)_2$

题 1.3　将下列二进制小数转换为等值的十进制数。

(1) $(0.01011)_2$　　　(2) $(0.011)_2$　　　(3) $(1.10011)_2$　　　(4) $(0.110111)_2$

题 1.4　将下列二进制小数转换为等值的十进制数。

(1) $(100.0101)_2$　　　(2) $(100.101)_2$　　　(3) $(1110.0101)_2$　　　(4) $(10010.1101)_2$

题 1.5　将下列二进制小数转换为等值的八进制数和十六进制数。

(1) $(1001.0101)_2$　　(2) $(1100.0001)_2$　　(3) $(0100.1101)_2$　　(4) $(100110.110101)_2$

题 1.6　将下列十进制数转换为等值的二进制数和十六进制数。要求二进制数保留小数点以后 4 位有效数字。

(1) $(36.8)_{10}$　　　(2) $(6.73)_{10}$　　　(3) $(138.28)_{10}$　　　(4) $(174.5)_{10}$

题 1.7　写出下列二进制数的原码、反码和补码。

(1) $(+1100)_2$　　　(2) $(+0010)_2$　　　(3) $(-1110)_2$　　　(4) $(-0100)_2$

题 1.8　已知逻辑函数的真值表如表 1.1 所示,试写出对应的逻辑函数表达式。

表 1.1(a)

A	B	C	Y
0	0	0	1
0	0	1	1
0	1	0	1
0	1	1	0
1	0	0	1
1	0	1	0
1	1	0	0
1	1	1	0

表 1.1(b)

M	N	P	Q	Z
0	0	0	0	1
0	0	0	1	0
0	0	1	0	0
0	0	1	1	1
0	1	0	0	0
0	1	0	1	0
0	1	1	0	1
0	1	1	1	1
1	0	0	0	0

续表

M	N	P	Q	Z
1	0	0	1	1
1	0	1	0	0
1	0	1	1	1
1	1	0	0	1
1	1	0	1	1
1	1	1	0	1
1	1	1	1	1

题 1.9　写出图 1.1 所示电路的输出逻辑函数表达式,并化简为最简与或式。

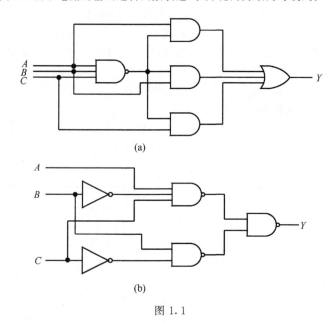

图 1.1

题 1.10　将下列各函数式化为最小项之和的形式。

(1) $Y = AB'C'D + BC'D + A'D$

(2) $Y = A'B + ((BC)'(C' + D'))'$

题 1.11　用逻辑代数的基本公式和常用公式将下列逻辑函数化为最简与或形式。

(1) $Y = AB' + B + A'B$

(2) $Y = (A'B'C)' + (AB')'$

(3) $Y = AB'(A'CD + (A'D + B'C')')(A' + B)$

(4) $Y = AC' + A'BC + ACD' + CD$

(5) $Y = BC' + A'BC'E + B'(A'D' + AD)' + B(AD' + A'D)$

题 1.12　用卡诺图化简法将下列函数化为最简与或形式。

(1) $Y = A'BC' + AB'D + C'D' + AB'C + A'CD' + AC'D$

(2) $Y = A'B' + B'C' + A' + B' + A'BC$

(3) $Y = AB'C' + A'B' + A'D + C' + BD'$

(4) $Y(A,B,C,D) = \sum m(0,1,3,5,6,9,10,12,14)$

题 1.13　将下列具有约束项的逻辑函数化为最简的与或形式。

(1) $Y_1 = AB'C' + A'BC + A'B'C + A'BC'$，给定约束条件为 $A'B'C' + A'BC = 0$

(2) $Y_2 = C'D'(A \oplus B) + A'BC' + A'C'D$，给定约束条件为 $A'B + CD = 0$

题 1.14　将下列具有无关项的逻辑函数化为最简的与或逻辑式。

(1) $Y_1(A,B,C) = \sum m(0,1,3,4) + d(2,6)$

(2) $Y_2(A,B,C,D) = \sum m(3,5,6,7,9) + d(0,1,2,4,8)$

第2章 门 电 路

用来实现基本逻辑关系的电子电路称为门电路。常用的逻辑门电路在逻辑功能上有与门、或门、非门、与非门、或非门、与或非门、异或门等几种。

在电子电路中,用高、低电平分别表示二值逻辑的 1 和 0 两种逻辑状态,要获得这两种逻辑状态可以利用晶体二极管、三极管和 MOS 管(metal-oxide-semiconductor field-effect transistor)的导通和截止来实现。

本章主要介绍三极管及 MOS 管的开关特性、TTL 集成逻辑门及 CMOS (complementary-symmetery metal-oxide-semiconductor)集成逻辑门的基本工作原理和主要外部特性。

2.1 半导体二极管门电路

2.1.1 半导体二极管的开关特性

在数字电路中,半导体二极管大多工作在开关状态,即在脉冲信号的作用下,可以导通也可以截止,相当于开关的"开通"和"关断"。二极管的开关特性表现在正向导通与反向截止这两种状态转换过程中所具有的特性。

半导体二极管由 PN 结构成,具有单向导电的特性,即外加正向电压时导通,外加反向电压时截止,所以,它相当于一个受外加电压极性控制的开关。如果用一个二极管代替图 2.1.1(a)中的开关 S,可以得到图 2.1.1(b)所示的二极管开关电路。

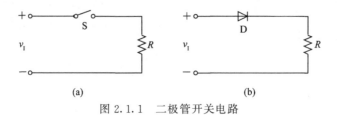

(a)　　　　　　　　　(b)

图 2.1.1　二极管开关电路

半导体二极管电路表示及其伏安特性如图 2.1.2 所示,二极管的特性可以近似地用下式描述:

$$i_D = I_S(e^{v_D/V_T} - 1) \tag{2.1.1}$$

式中,i_D 为流过二极管的电流;v_D 为加到二极管两端的电压;$V_T = \dfrac{nkT}{q}$,k 为玻耳兹曼常数,T 为热力学温度,q 为电子电荷,n 是一个修正系数;I_S 为二极管的反相饱和电流,和二极管的材料、工艺、几何尺寸有关,对每只二极管来说是一个定值。

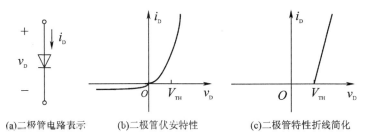

(a)二极管电路表示　　(b)二极管伏安特性　　(c)二极管特性折线简化

图 2.1.2　二极管电路及其伏安特性

当外加正向电压时,正向电流 i_D 随正向电压 v_D 的增加按指数规律增加。当正向电压较小时,通过二极管的电流 i_D 很小。只有当 v_D 增加到一定值 V_{TH} 时,电流 i_D 才有明显的数值,并且随着电压 v_D 的增加,电流 i_D 有明显的增长。通常,把 V_{TH} 称为二极管的正向开启电压或阈值电压。一般,硅二极管的阈值电压为 $0.6\sim$ $0.7V$,锗二极管的阈值电压为 $0.2\sim0.3V$。

当外加反向电压时,式(2.1.1)可以近似为

$$i_D = -I_S \tag{2.1.2}$$

上式说明,反向电流 i_D 是个常数,即反向饱和电流。在一定的反向电压范围内,反向饱和电流 I_S 与反向电压 v_D 无关。

半导体二极管在稳态状态下,当外加正向电压大于其阈值电压 V_{TH} 时,二极管导通,如同一个具有阈值电压的闭合开关;当外加反向电压时,二极管截止,流过的电流很小,常常忽略不计,如同开关断开。所以,可以将二极管的伏安特性用图 2.1.2(c)的折线简化表示。然而,在分析各种实际的二极管电路时发现,由于二极管结电容的存在,使得二极管的特性并不是理想的开关特性,其开关状态的转换不能在瞬时完成,二极管从导通到截止或从截止到导通需要一定的时间,这就需要分析二极管的瞬态变化情况,即动态特性。

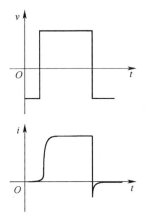

在动态情况下,当外加电压由反向突然变为正向时,要等到 PN 结内部建立起足够的电荷梯度才会形成扩散电流,所以,正向导通电流的建立要稍微滞后一点。当外加电压突然由正向变为反向时,由于 PN 结内有一定数量的存储电荷,所以,形成较大的瞬态反向电流,随着存储电荷的消散,反向电流迅速衰减并趋近于稳态时的反向饱和电流。二极管电流随交变电压变化的关系如图 2.1.3 所示。

图 2.1.3　二极管的动态电流波形

由图 2.1.3 可知,反向电流的大小和其所持续时间的长短是影响二极管开关作用的主要因素。通常,将反向电流从峰值衰减到峰值的十分之一所经过的时间称为反向恢复时间,用 t_{re} 表示。普通二极管在一般条件下 t_{re} 的数值很小,在几纳秒以内。

2.1.2 二极管与门

用电子电路实现逻辑运算时,它的输入、输出量均为电压(以 V 为单位)或电平(用 1 或 0 表示)。输入量与输出量之间满足与逻辑关系的电路称为与门电路。

最简单的与门可以用半导体二极管和电阻组成。图 2.1.4 是有两个输入端的与门电路,A、B 为两个输入变量,Y 为输出变量。

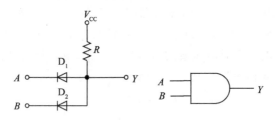

图 2.1.4　二极管与门

设 $V_{CC}=5V$,A、B 输入端的高、低电平分别为 $V_{IH}=3V$,$V_{IL}=0V$,二极管 D_1、D_2 的正向导通压降 $V_{DF}=0.7V$,则此电路按输入信号的不同可有以下两种情况。

(1)若输入端 A、B 当中只要有一个是低电平 0V,则必有一个二极管导通,使得 Y 点电压被钳制在 0.7V。由此可见,电路的输入端中,若输入端为低电平,则只有加低电平输入的二极管才导通,并把 Y 钳制在低电平,而加高电平输入的二极管截止。

(2)若输入端 A、B 同时为高电平 3V 时,D_1、D_2 都导通,则输出端 Y 点电压为 3.7V,为高电平。

将输出与输入逻辑电平的关系列表,即得表 2.1.1。

如果规定 3V 以上为高电平,用逻辑 1 表示;0.7V 以下为低电平,用逻辑 0 表示,则可以得到表 2.1.2 的真值表。分析表 2.1.2 可知,Y 和 A、B 是与逻辑关系。通常也用与逻辑运算的图形符号作为与门电路的逻辑符号。

表 2.1.1　图 2.1.4 所示电路的逻辑电平

A/V	B/V	Y/V
0	0	0.7
0	3	0.7
3	0	0.7
3	3	3.7

表 2.1.2　图 2.1.4 所示电路的真值表

A	B	Y
0	0	0
0	1	0
1	0	0
1	1	1

2.1.3 二极管或门

最简单的或门电路如图 2.1.5 所示,它也由二极管和电阻组成,A、B 是两个输入变量,Y 是输出变量。

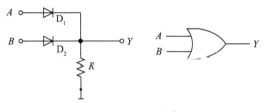

图 2.1.5 二极管或门

如果输入的高、低电平分别为 $V_{IH}=3V$、$V_{IL}=0V$,二极管 D_1、D_2 的导通压降 $V_{DF}=0.7V$,则此电路按照输入信号的不同也有两种情况。

(1)只要输入端 A、B 当中有一个是高电平,则对应的二极管导通,输出端 Y 点电压就是 2.3V。

(2)只有当输入端 A、B 同时为低电平时,D_1、D_2 都截止,输出端 Y 点电压才是 0V。将输出与输入逻辑电平的关系列表,可得表 2.1.3。如果规定高于 2.3V 为高电平,用逻辑 1 表示;而低于 0V 为低电平,用逻辑 0 表示,则可得到如表 2.1.4所示的真值表。显然,Y 和 A、B 之间是或逻辑关系。

表 2.1.3 图 2.1.5 所示电路的逻辑电平

A/V	B/V	Y/V
0	0	0.7
0	3	2.3
3	0	2.3
3	3	2.3

表 2.1.4 图 2.1.5 所示电路的真值表

A	B	Y
0	0	0
0	1	1
1	0	1
1	1	1

这种用二极管构成的与门电路和或门电路虽然很简单,但是存在着严重的缺点。

(1)有电平偏移。由于输出的高、低电平数值和输入的高、低电平数值不相等,相差一个二极管的导通压降。如果把这个门的输出作为下一级门的输入信号,将发生信号高、低电平的偏移。

(2)带负载能力差。所谓负载,是指接在输出端的其他电路。带负载能力是指维持输出电平在允许范围内电路能承受负载电流变化的能力。二极管门电路负载较小时,负载电流增大,可能使二极管失去钳位功能,从而电路的逻辑功能受到破坏,其带负载能力较差。

(3)抗干扰能力差。电路在干扰噪声的作用下,维持其原来逻辑状态的能力称为抗干扰能力。二极管门电路当输入电平受到干扰而波动时,输出电平随之变化,所以,输出状态容易受到干扰。

　　所以,二极管门电路常用来作为集成电路内部的逻辑单元,而不能用它直接去驱动负载电路。

2.2　TTL 门电路

　　目前,国产的 TTL 逻辑门电路有 CT54/74 系列(标准通用系列),CT54/74H 系列(高速系列)、CT54/74S 系列(肖特基系列)、CT54/74LS 系列(低功耗肖特基系列)等,其中,74 系列属民用产品,54 系列属军用产品,二者参数基本相同,只是在电源电压范围和工作环境范围上有所不同,后者比前者范围大些。TTL 逻辑门电路是由双极型三极管和电阻组成,其中,双极型三极管(bipolar junction transistor,BJT)作为开关器件,所以,在介绍 TTL 逻辑门电路之前需要先了解一下双极型三极管的开关特性。

2.2.1　双极型三极管的开关特性

　　双极型三极管简称三极管,是一种常用的半导体器件。在一般模拟电子线路中,常常当作线性放大元件或非线性元件来使用;而在数字电路中,三极管交替工作在截止区与饱和区,作为开关元件来使用。

　　1. 双极型三极管的结构

　　三极管由三个掺杂区,即两个背靠背的 PN 结构成。根据掺杂的不同,有 NPN 型和 PNP 型两种类型,如图 2.2.1 所示。三个掺杂区引出三个电极分别称为基极、集电极和发射极。因为在工作时有电子和空穴两种载流子参与导电过程,故称这类三极管为双极型三极管。

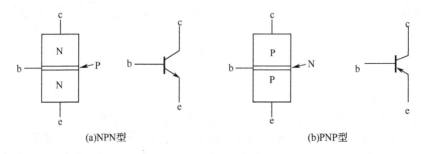

(a)NPN型　　　　　　　　　　　　　　　　　(b)PNP型

图 2.2.1　三极管的两种类型

2. 双极型三极管的开关特性

图 2.2.2 所示电路可以说明三极管的开关作用,图 2.2.3 为图 2.2.2 所示电路输出电压和输入电压的关系曲线,即电压传输特性。在图 2.2.2 中,输入电压 v_I 通过电阻 R_B 作用于三极管的发射结,输出电压 v_O 由三极管的集电极取出。因此有如下关系:

$$v_{BE} = v_I - R_B i_B \qquad (2.2.1)$$
$$v_O = v_{CE} = V_{CC} - R_C i_C \qquad (2.2.2)$$

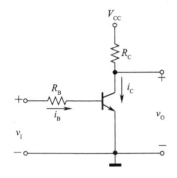

图 2.2.2 双极型三极管的基本开关电路 　　　图 2.2.3 图 2.2.2 电路的电压传输特性

当输入电压 v_I 小于三极管阈值电压 V_{TH} 时,三极管的 $v_{BE} = 0$,这时,基极电流 $i_B = 0$,三极管工作在截止区。三极管的发射结和集电结都处于反向偏置,由于 $i_B = 0$,所以,$i_C \approx 0$,电阻 R_C 上没有压降,因此,三极管开关电路的输出电平为高电平,且 $V_{OH} \approx V_{CC}$。此时,三极管相当于开关断开。

当输入电压 v_I 大于阈值电压 V_{TH} 以后,基极有电流 i_B 产生,同时,有相应的集电极电流 i_C 流过 R_C 和三极管的输出回路,三极管开始进入放大区。三极管的发射结正向偏置,集电结反向偏置。此时,i_B、i_C 随 v_I 的增加而增加,v_O 随 v_I 的增加而下降,二者基本上呈线性关系。若三极管的电流放大系数为 β,则有

$$v_O = v_{CE} = V_{CC} - R_C i_C = V_{CC} - \beta i_B R_C \qquad (2.2.3)$$

当输入电压 v_I 继续升高时,i_B 增加,R_C 上的压降也随之增大。当 R_C 上的压降接近电源电压 V_{CC} 时,三极管上的压降将接近于零,三极管的集电极-发射极之间最后只有一个很小的饱和导通压降,三极管工作于深度饱和区,开关电路处于导通状态,输出端为低电平 $v_O = V_{OL} \approx 0$。此时,三极管的发射结和集电结均处于正向偏置,而且基极电流 i_B 足够大,必须满足

$$i_B > I_{BS} = \frac{V_{CC} - V_{CE(sat)}}{\beta R_C} \qquad (2.2.4)$$

式中,$V_{CE(sat)}$ 表示三极管深度饱和时的压降;I_{BS} 为饱和基极电流。为使三极管处于

饱和工作状态,开关电路输出低电平,基极电流 i_B 必须满足式(2.2.4)。

综上所述,只要合理地选择电路参数,保证当 v_I 为低电平 V_{IL} 时,$v_{BE} < V_{TH}$,三极管工作在截止状态,三极管截止时相当于开关断开,在开关电路的输出端得到高电平;而 v_I 为高电平 V_{IH} 时,$i_B > I_{BS}$,三极管工作在深度饱和状态,相当于开关接通,在开关电路的输出端得到低电平。所以,三极管的集电极-发射极间就相当于一个受 v_I 控制的开关。

3. 双极型三极管的动态开关特性

双极型三极管的动态开关过程与二极管动态开关过程类似,是三极管在截止与饱和导通两种状态间迅速转换时电荷的累积和消失的过程。由于电荷的累积和消失都需要时间,所以,集电极电流 i_C 的变化将滞后于输入电压 v_I 的变化。在接成三极管开关电路以后,开关电路的输出电压 v_O 的变化也必然滞后于输入电压 v_I 的变化,如图 2.2.4 所示。

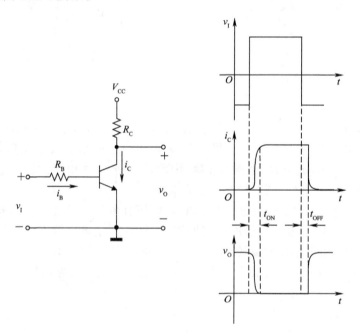

图 2.2.4 双极型三极管的动态开关特性

三极管由截止过渡到饱和状态所需要的时间称为开通时间 t_{ON},它是由延迟时间 t_d 和上升时间 t_r 两部分组成,产生开通时间的主要原因是由于三极管从截止向饱和过渡时,发射结将从反向偏置过渡到正向偏置,期间空间电荷区变薄所需的时间为延迟时间 t_d,向基区注入电子使载流子浓度增大所需的时间为上升时间 t_r。t_{ON} 对应图中集电极电流 i_C 的延迟和上升部分。

三极管由饱和过渡到截止状态所需要的过渡时间称为关闭时间 t_{OFF},它是由存储时间 t_{s} 和下降时间 t_{f} 两部分组成,三极管由饱和向截止状态过渡的过程中,由于三极管发射结存在电容效应,使其发射结电位不能跃变,所以经存储时间 t_{s} 后,载流子才能逐渐消散,所需时间即为下降时间 t_{f}。t_{OFF} 对应图中集电极电流 i_{C} 的存储和下降部分。

4. 三极管反相器

分析图 2.2.2 中给出的晶体三极管开关电路即可发现,当输入为高电平时输出为低电平,而输入为低电平时输出为高电平。因此,输出与输入的电平之间是反相关系,它实际上就是一个反相器(非门)。

在实际的三极管反相器电路中,为了保证输入低电平时三极管能可靠地截止,常将电路接成图 2.2.5 所示的形式。图 2.2.5 中,在三极管的基极增加了电阻 R_2 和负电源 V_{EE},这样,保证在输入低电平信号略大于零时,三极管的基极也为负电平,使三极管工作在截止区,输出高电平。

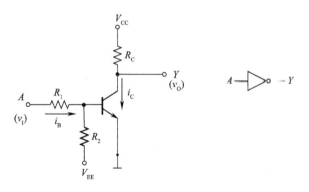

图 2.2.5 三极管反相器

2.2.2 TTL 反相器

1. 电路结构和工作原理

反相器是 TTL 集成门电路中电路结构最简单的一种,电路结构如图 2.2.6 所示,这是一个 74 系列 TTL 反相器的典型电路。因为这种类型电路的输入端和输出端均为晶体三极管结构,所以称为三极管-三极管逻辑电路(transistor-transistor logic),简称 TTL 电路。

由图 2.2.6 可以看出,TTL 反相器是由三部分组成(由虚线隔开):输入级由 T_1、R_1 和 D_1 组成,倒相级由 T_2、R_2 和 R_3 组成,输出级由 T_4、T_5、D_2 和 R_4 组成。

设电源电压 $V_{\mathrm{CC}} = 5\mathrm{V}$,电路输入信号低电平 $V_{\mathrm{IL}} = 0.3\mathrm{V}$,高电平 $V_{\mathrm{IH}} = 3.4\mathrm{V}$。

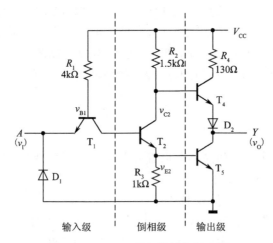

图 2.2.6　TTL 反相器的典型电路

PN 结的伏安特性可以用图 2.1.2(c)所示折线化的特性代替,并认为 PN 结的阈值电压 V_{TH} 为 0.7V。正常工作时,输入二极管 D_1 始终处于截止状态。只有输入端出现负向干扰电压时,D_1 导通使输入电平钳位在 $-0.7V$,从而保护输入级电路。D_1 允许通过的最大电流约为 20 mA。

　　分析图 2.2.6 可知,当输入电压为低电平 $v_I = V_{IL}$ 时,T_1 的发射结正向导通,并将 T_1 的基极电位钳位在 $v_{B1} = V_{IL} + V_{BE1} = 1V$,这个值小于 T_1 集电结和 T_2 发射结所需的导通电压 1.4V,T_2 处于截止状态,所以,v_{C2} 为高电平,而 v_{E2} 为低电平,从而使 T_4 导通,T_5 截止,输出为高电平 V_{OH}。即当电路输入端为低电平时,输出端为高电平。

　　当输入端为高电平 $v_I = V_{IH}$ 时,T_1 的基极电位升高,T_1 集电结、T_2 和 T_5 的发射结均导通,基极电位 $v_{B1} = V_{BC1} + V_{BE2} + V_{BE5} = 2.1V$,且被钳在 2.1 V,由于 T_2 导通,v_{C2} 降低,而 v_{E2} 升高,从而导致 T_4 截止,T_5 饱和导通。此时,输出变为低电平 V_{OL}。即电路输入端为高电平时,输出端为低电平。

　　综上所述,电路输出和输入之间实现的是反相逻辑功能,即 $Y = A'$。

　　由于 T_2 集电极输出的电压信号和发射极输出的电压信号相反,所以,将这一级称为倒相级。而在输出级中,T_4 组成电压跟随器,T_5 为共射极电路,作为 T_4 的射极负载。通常,将这种电路形式称为推拉式(push-pull)输出。推拉式输出级的特点是:提高开关速度,降低静态功耗,提高带负载能力。

2. TTL 反相器的静态特性

1) 电压传输特性

TTL 反相器电路的输出电压随输入电压的变化曲线叫做电压传输特性曲线,

如图 2.2.7 所示,该曲线大体可分为 4 个区段。

(1) 当输入为低电平 $v_{\mathrm{I}} < 0.6\mathrm{V}$ 时,T_1、T_4 导通,而 T_2 和 T_5 截止,所以,$v_{\mathrm{B1}} < 1.3\mathrm{V}$,输出为高电平 $V_{\mathrm{OH}} = V_{\mathrm{CC}} - i_{\mathrm{B4}}R_2 - v_{\mathrm{BE4}} - v_{\mathrm{D2}} \approx 3.4\mathrm{V}$,反相器工作在截止区,即 AB 段。

(2) 当输入电压 v_{I} 逐渐升高到大于 0.7V 但低于 1.3V 时,T_2 导通,而 T_5 依然截止。这时,T_2 工作在放大区,v_{C2} 和 v_{O} 随着 v_{I} 的升高线性地下降,反相器工作在线性区,即 BC 段。

(3) 当输入电压 v_{I} 上升到 1.4V 左右时,T_2 和 T_5 同时导通,v_{B1} 约为 2.1V,而 T_4 截止,输出电位急剧地下

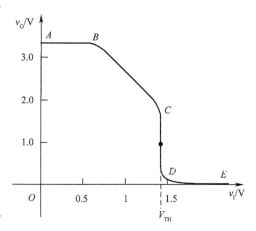

图 2.2.7 TTL 反相器的电压传输特性

降为低电平,反相器工作在转折区,即 CD 段。转折区中点对应的输入电压称为反相器的阈值电压或门槛电压,用 V_{TH} 表示。

(4) 当输入电压 v_{I} 继续上升到大于 1.4V 时,T_2、T_5 均饱和导通,v_{B1} 被钳在了 2.1V,v_{O} 将不再随着 v_{I} 的升高而变化,输出低电平 $V_{\mathrm{OL}} = V_{\mathrm{CE(sat)5}} \approx 0.3\mathrm{V}$。反相器工作在饱和,即 DE 段。

从电压传输特性曲线来看,其可以反映出 TTL 反相器的几个主要特性参数。

(1) 输出逻辑高电平和输出逻辑低电平。在电压传输特性曲线截止区的输出电压为输出逻辑高电平 V_{OH},饱和区的输出电压为输出逻辑低电平 V_{OL}。

(2) 开门电平 V_{ON}、关门电平 V_{OFF}。由于器件在制造过程中的差异,输出高电平和低电平略有差异。通常,规定 TTL 反相器输出高电平为 3V,输出低电平为 0.35V。定义在保证输出为额定高电平的 90%(2.7V)的条件下,允许输入低电平的最大值为关门电平 V_{OFF};在保证输出为额定低电平(0.35V)的条件下,允许输入高电平的最小值为开门电平 V_{ON}。一般,$V_{\mathrm{OFF}} \geq 0.8\mathrm{V}$,$V_{\mathrm{ON}} \leq 1.8\mathrm{V}$。

(3) 抗干扰能力。在集成电路中,经常以噪声容限的数值来定量地说明门电路的抗干扰能力。当输入信号为低电平(0.3V)时,电路应处于稳定的关态,在受到噪声干扰时,电路能允许的噪声干扰以不破坏其关态为原则。所以,输入低电平加上瞬态的干扰信号不应超过关门电平 V_{OFF}。因此,在输入低电平时,允许的干扰容限为

$$V_{\mathrm{NL}} = V_{\mathrm{OFF}} - V_{\mathrm{IL}} \tag{2.2.5}$$

称为低电平噪声容限。

同理,在输入高电平时,为了保证稳定在开态,输入高电平加上瞬态的干扰信

号不应低于开门电平 V_{ON}。因此,在输入高电平时,允许的干扰容限为

$$V_{NH} = V_{IH} - V_{ON} \qquad (2.2.6)$$

称为高电平噪声容限。

2) 输入特性

输入特性是指输入电压和输入电流之间的关系曲线。对于图 2.2.6 给出的 TTL 反相器电路,当考虑输入电压 v_I 在 0~5V 范围内变化时,输入电流 i_I 随输入电压 v_I 变化的曲线如图 2.2.8 所示。

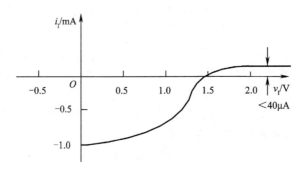

图 2.2.8 TTL 反相器的输入特性

当 $V_{CC}=5V$,$v_I=V_{IL}=0.3V$ 时,三极管 T_1 发射结导通,输入低电平电流为

$$I_{IL} = -\frac{V_{CC} - v_{BE1} - V_{IL}}{R_1} \approx -1mA \qquad (2.2.7)$$

$v_I=0$ 时的输入电流称为输入短路电流 I_{IS}。显然,I_{IS} 的数值比 I_{IL} 的数值要略大一点。在做近似分析计算时,经常用手册上给出的 I_{IS} 近似代替 I_{IL} 使用。

当 $v_I=V_{IH}=3.4V$ 时,T_1 管发射结反偏,集电结正偏导通,如同三极管的发射极和集电极颠倒使用一样。因此,称这种状态为倒置状态。倒置状态下,三极管的电流放大系数 β_i 极小(在 0.01 以下),如果近似地认为 $\beta_i=0$,则这时的输入电流只是发射结的反向电流,所以,高电平输入电流 I_{IH} 很小。74 系列门电路每个输入端的 I_{IH} 值在 $40\mu A$ 以下。

输入电压介于高、低电平之间的情况要复杂一些,但考虑到这种情况通常只发生在输入信号电平转换的短暂过程中,所以就不进行详细地分析了。

3) 输入端负载特性

在具体使用门电路时,有时需要在输入端与地之间或者输入端与信号的低电平之间接入电阻 R_P,如图 2.2.9 所示。由图可知,因为输入电流流过 R_P,这样,R_P 上会产生压降而形成输入端电位 v_I,而且,当 R_P 增大时,v_I 也随之升高。把 v_I 随 R_P 变化的特性称为输入端负载特性,如图 2.2.10 所示。

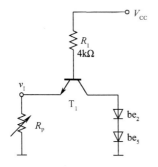

图 2.2.9　TTL 反相器输入
端经电阻接地时的等效电路

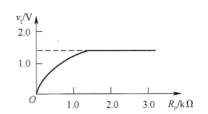

图 2.2.10　TTL 反相器输入端负载特性

当 $R_P \ll R_1$ 时,输入信号 v_I 几乎与 R_P 成正比,v_I 随着 R_P 增大而升高。此时满足

$$v_I = \frac{R_P}{R_1 + R_P}(V_{CC} - v_{BE1}) \tag{2.2.8}$$

但是,当 v_I 上升到 1.4V 以后,T_2 和 T_5 管的发射结同时导通,将 T_1 管的基极 v_{B1} 钳位在了 2.1V 左右,此后即使 R_P 再增大,v_I 也不会再升高了。这时,v_I 与 R_P 的关系也就不再遵守式(2.2.8)的关系,特性曲线趋近于 $v_I = 1.4$V 的一条水平线。

通常,将使 T_5 管刚开始导通时的输入电阻 R_P 叫做开门电阻 R_{ON},将 $v_I = 1.4$V 代入式(2.2.8),可以算得 $R_{ON} \approx 1.9$kΩ,也就是说,只要输入端所接电阻 $R_P > R_{ON}$,则相当于输入端接高电平,输出为低电平。

与之相应,反相器由导通进入截止状态的输入电阻叫做关门电阻 R_{OFF}。为了保证输出高电平,T_2、T_5 都必须截止,此时,$v_I < 0.7$V,将 $v_I = 0.7$V 代入式(2.2.8),可以算得 $R_{OFF} \approx 780$Ω。当 $R_P < R_{OFF}$ 时,相当于输入端接低电平。

4)输出特性

(1)低电平输出特性。当输出为低电平时,门电路输出级的 T_5 管饱和导通而 T_4 管截止,输出端的等效电路如图 2.2.11 所示。负载电流 i_L 流进反相器,故所接负载称为灌电流负载。由于 T_5 饱和导通时输出内阻很小(通常在 10Ω 以内),所以负载电流 i_L 增加时,输出的低电平 V_{OL} 上升不快。可见,电路带灌电流负载能力很强,其特性如图 2.2.12 所示。

可以看出,当忽略 T_4 管发射极电流时,负载电流 i_L 和 T_5 管集电极饱和电流 I_{CS} 基本相同,I_{CS} 的数值与反相器输出端所接逻辑门的个数有关,外接逻辑门越多,I_{CS} 越大,而 $I_{BS} = \dfrac{I_{CS}}{\beta}$,随着 I_{CS} 增大,I_{BS} 也将增大,导致 T_5 不再工作在饱和区。所以,为了保证反相器的正常逻辑状态,用反相器输出端连接同类门的个数 N_{OL} 要有

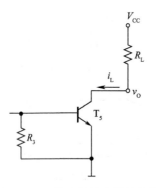

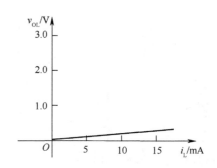

图 2.2.11　低电平输出等效电路　　　　　图 2.2.12　TTL 反相器低电平输出特性

一定的限制,用 N_{OL} 表示反相器的负载能力,称为反相器输出低电平时的扇出系数。为了保证反相器输出低电平,应该有

$$N_{\mathrm{OL}} \leqslant \frac{I_{\mathrm{OLmax}}}{\left| I_{\mathrm{IL}} \right|} \qquad\qquad (2.2.9)$$

式中,I_{OLmax} 为驱动反相器输出低电平时负载电流的最大值;$\left| I_{\mathrm{IL}} \right|$ 为负载反相器输入为低电平时的输入电流。

（2）高电平输出特性。当输出为高电平时,图 2.2.6 电路中的 T_4 和 D_2 导通,T_5 截止,输出端的等效电路可以画成图 2.2.13 所示的形式。由图可见,T_4 工作在射极输出状态,电路的输出电阻很小。在负载电流 i_{L} 较小的范围内,负载电流的变化对输出高电平 V_{OH} 的影响很小。图 2.2.14 是 74 系列门电路在输出为高电平时的输出特性曲线。

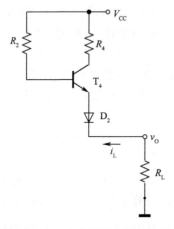

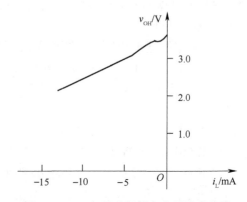

图 2.2.13　高电平输出等效电路　　　　　图 2.2.14　TTL 反相器高电平输出特性

随着负载电流 i_L 绝对值的增加，T_4 由放大区进入饱和区。这时，T_4 将失去射极跟随功能，因而 V_{OH} 随 i_L 绝对值的增加几乎线性地下降。从曲线上可见，在 $|i_L| < 5mA$ 的范围内，V_{OH} 变化很小。当 $|i_L| > 5mA$ 以后，随着 i_L 绝对值的增加，V_{OH} 下降较快。可见，电路带拉电流负载的能力很差。

考虑到功耗的限制，74 系列门电路的运用条件规定，输出为高电平时，最大负载电流不能超过 0.4mA。

输出高电平时，反相器带同类门的个数，即输出高电平时的扇出系数为

$$N_{OH} \leqslant \frac{|I_{OHmax}|}{I_{1H}} \qquad (2.2.10)$$

式中，$|I_{OHmax}|$ 为驱动反相器输出高电平时的最大负载电流，I_{1H} 为负载反相器输入为高电平时的输入电流。

例 2.2.1 TTL 反相器 G_1 接成图 2.2.15 所示电路。已知 G_1 的 $V_{OH} = 3.4V$，$V_{OL} = 0.3V$，$I_{OL} = 20mA$，$I_{OH} = -0.4mA$，$R_C = 1k\Omega$，$V_{CC} = 5V$，三极管的 $\beta = 40$，若要实现

$$Y = A', \quad V_O = (A')' = A$$

试确定电阻 R_B 的取值范围。

解：该电路是数字电路中常见的一种电路形式。门电路后所接三极管构成的反相器常常用于增加电路的驱动能力，也用于电平的转换，或者作为 TTL 电路和其他门电路的接口电路。

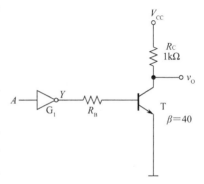

图 2.2.15 例 2.2.1 的电路

电路要求前级门既能推动后级的反相器正常工作，又要保证门电路本身输出的驱动电流不至于过大而超过正常的负载能力。因此，电阻 R_B 的选择要适中，R_B 过小将造成 G_1 门的输出电流过大，R_B 太大，则可能使注入 T 管基极的电流 i_B 太小以致不能满足三极管的饱和条件。

从电路的连接形式可以看出，G_1 门输出为低电平时，不可能有电流灌入，即 G_1 门输出为低电平时，电阻 R_B 的取值不受任何约束。当 G_1 门输出为高电平时，首先要求 G_1 门的拉电流小于其输出高电平时的电流 I_{OH}，可以得到下式：

$$\frac{V_{OH} - V_{BE}}{R_B} \leqslant I_{OH}$$

代入数值，解得

$$R_B \geqslant \frac{V_{OH} - V_{BE}}{|I_{OH}|} = \frac{3.4 - 0.7}{0.4} = 6.75k\Omega$$

其次，要求注入三极管 T 基极的电流 $i_B \geqslant I_{BS}$，即有下式：

$$\frac{V_{OH} - V_{BE}}{R_B} \geqslant \frac{V_{CC}}{\beta R_C}$$

代入数值,得

$$R_B \leqslant \frac{V_{OH} - V_{BE}}{V_{CC}} \times \beta R_C = \frac{3.4 - 0.7}{5} \times 40 \times 1 = 21.6\text{k}\Omega$$

因此,电阻 R_B 的取值范围为 $6.75\text{k}\Omega \leqslant R_B \leqslant 21.6\text{k}\Omega$。

　　3. TTL 反相器的动态特性

　　1) 传输延迟时间

　　在 TTL 电路中,当把理想的矩形电压信号加到 TTL 反相器的输入端时,输出电压的波形不仅要比输入信号滞后,而且波形的上升沿和下降沿也将变坏,这样的特性被称为传输延迟特性,如图 2.2.16 所示。这主要是由集成电路中二极管和三极管的瞬态开关特性引起的。

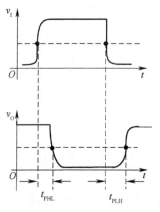

图 2.2.16　TTL 反相器的动态电压波形

　　由于高低电平的输出电压在跳变时传输延迟时间不同,将输出电压由低电平跳变为高电平时的传输延迟时间称为截止延迟时间,记作 t_{PLH},将输出电压由高电平跳变为低电平时的传输延迟时间称为导通延迟时间,记作 t_{PHL}。截止延迟时间和导通延迟时间的平均值称为平均延迟时间,记作 t_{pd}。

　　平均延迟时间的大小反映了 TTL 门的开关特性,主要说明 TTL 门的工作速度。因为传输延迟时间和电路的许多分布参数有关,不易准确计算,所以,t_{PLH} 和 t_{PHL} 的数值最后都是通过实验方法测定的。这些参数可以从产品手册上查出。

　　2) 电源特性——平均功耗和动态尖峰电流

　　TTL 反相器工作在开态和关态时,电源电流值是不同的。门电路处在稳定开态时的空载功耗称为空载导通功耗。在开态时,反相器电路(如图 2.2.6 所示)中的 T_1 集电结、T_2 和 T_5 导通,T_4 截止,电源电流 I_{CCL} 等于 i_{B1} 和 i_{C2} 之和,得到

$$I_{CCL} = i_{B1} + i_{C2} = \frac{V_{CC} - v_{B1}}{R_1} + \frac{V_{CC} - v_{C2}}{R_2} \tag{2.2.11}$$

　　由于当 T_2 和 T_5 同时导通时,v_{B1} 被钳位在 2.1V 左右。假定 T_5 发射结的导通压降为 0.7V,T_2 饱和导通压降 $V_{CE(sat)} = 0.1\text{V}$,则 $v_{C2} = 0.8\text{V}$,故得

$$I_{CCL} = \left(\frac{5 - 2.1}{4 \times 10^3} + \frac{5 - 0.8}{1.6 \times 10^3} \right)\text{A} = (0.73 + 2.63)\text{mA} \approx 3.4\text{mA}$$

空载导通功耗为

$$P_{\text{ON}} = I_{\text{CCL}} V_{\text{CC}} \tag{2.2.12}$$

对于典型的 TTL 反相器电路,$P_{\text{ON}} \approx 16\text{mW}$。

当电路处于稳定关态时,空载功耗称为空载截止功耗。这时,反相器电路中的 T_1 处于深度饱和,T_4 导通,T_2 和 T_5 截止。因为输出端没有接负载,T_4 没有电流流过,所以,电源电流 I_{CCH} 等于 i_{B1}。如果取 T_1 发射结的导通压降为 0.7V,则 $v_{\text{B1}} = 1\text{V}$,于是得到

$$I_{\text{CCH}} = i_{\text{B1}} = \frac{V_{\text{CC}} - v_{\text{B1}}}{R} = \frac{5 - 1}{4 \times 10^3}\text{A} \approx 1\text{mA} \tag{2.2.13}$$

空载截止功耗为

$$P_{\text{OFF}} = I_{\text{CCH}} V_{\text{CC}} \tag{2.2.14}$$

对于典型的 TTL 反相器电路,$P_{\text{OFF}} \approx 5\text{mW}$。

平均功耗为

$$P = \frac{1}{2}(P_{\text{ON}} + P_{\text{OFF}}) \tag{2.2.15}$$

而在动态情况下,特别是当输出电压由低电平突然转变成高电平的过渡过程中,由于 T_5 原来工作在深度饱和状态,所以,T_4 的导通必然先于 T_5 的截止,这样就出现了短时间内 T_4 和 T_5 同时导通的状态,有很大的瞬时电流流经 T_4 和 T_5,使电源电流出现尖峰脉冲,如图 2.2.17 所示。此时,流过电源的最大瞬时电流值为

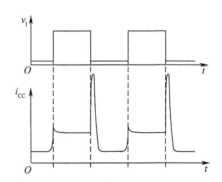

图 2.2.17　TTL 反相器的电源动态尖峰电流

$$I_{\text{CCM}} = i_{\text{C4}} + i_{\text{B4}} + i_{\text{B1}}$$

$$= \frac{V_{\text{CC}} - V_{\text{CE(sat)4}} - v_{\text{D2}} - V_{\text{CE(sat)5}}}{R_4} + \frac{V_{\text{CC}} - V_{\text{BE4}} - v_{\text{D2}} - V_{\text{CE(sat)5}}}{R_2} + \frac{V_{\text{CC}} - v_{\text{B1}}}{R_1} \tag{2.2.16}$$

代入数值,得到

$$I_{\text{CCM}} = \frac{5 - 0.1 - 0.7 - 0.1}{130}\text{A} + \frac{5 - 0.7 - 0.7 - 0.1}{1.6 \times 10^3}\text{A} + \frac{5 - 0.9}{4 \times 10^3}\text{A}$$

$$= 34.7 \times 10^{-3}\text{A} = 34.7\text{mA}$$

动态电源尖峰电流使电源电流在一个工作周期中的平均电流增加。因此,在计算一个数字电路系统的电源容量时,不能忽略动态尖峰电流的影响。如果输入信号的周期为 T,动态尖峰电流在一个周期内的平均值为

$$I_{PAV} = \frac{\frac{1}{2}(I_{CCM} - I_{CCL})t_{PLH}}{T} \qquad (2.2.17)$$

或以脉冲重复频率 $f = \frac{1}{T}$ 表示为

$$I_{PAV} = \frac{1}{2}f\,t_{PLH}(I_{CCM} - I_{CCL}) \qquad (2.2.18)$$

如果每个周期中输出高、低电平的持续时间相等,在考虑电源动态尖峰电流的影响之后,电源电流的平均值将为

$$I_{CCAV} = \frac{1}{2}(I_{CCH} + I_{CCL}) + \frac{1}{2}ft_{PLH}(I_{CCM} - I_{CCL}) \qquad (2.2.19)$$

其次,当系统中有许多门电路同时转换工作状态时,电源的瞬时尖峰电流数值很大,这个尖峰电流将通过电源线和地线及电源的内阻形成一个系统内部的噪声源。因此,在系统设计时,应采取有效的措施将这个噪声抑制在允许的限度以内,通常是在电源与地之间加上滤波电容。

2.2.3　其他逻辑功能的 TTL 门电路

TTL 集成门电路,除去上面介绍的反相器以外,还有与门、或门,下面简单介绍它们的工作原理。

1. 与非门

图 2.2.18 是 74 系列与非门的典型电路,它与图 2.2.6 所示反相器电路的区别在于输入端改成了多发射极三极管。多发射极三极管用于实现多个输入信号"相与"的逻辑功能,其等效电路如图 2.2.19 所示,该电路是一个具有三个独立发射极,而基极和集电极分别并联在一起的三极管。

在图 2.2.18 所示的与非门电路中,二极管 D_A、D_B、D_C 为输入端钳位二极管,其作用是限制出现在输入端的负极性干扰脉冲,起到保护 T_1 管的作用。T_2 管、R_2、R_3 组成倒相级,T_4、T_5、R_4 和 D 组成输出级。只要与非门电路的三个输入 A、B、C 中有一个接低电平,则 T_1 管必有一个发射结导通,并将 T_1 的基极电位钳在 $1.0V$(假定 $V_{IL} = 0.3V$, $v_{BE} = 0.7V$)。这时,T_2 和 T_5 都截止,输出为高电平 V_{OH}。只有当 A、B、C 同时为高电平时,T_2 和 T_5 才同时导通,并使输出为低电平 V_{OL}。因此,Y 和 A、B、C 之间为与非关系,即 $Y = (A \cdot B \cdot C)'$。可见,TTL 电路中的与逻辑关系是利用 T_1 管的多发射极结构实现的。

与非门输出电路的结构和电路参数与反相器相同,所以,反相器的输出特性也适用于与非门。区别在于分析与非门的负载能力时,应针对与非门输入端的不同工作状态区别对待。当与非门的输入端并联使用时,由图 2.2.18 可以看出,当输

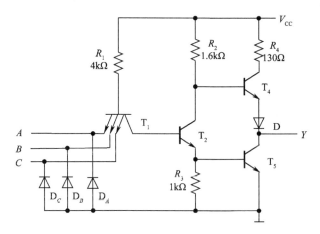

图 2.2.18　TTL 与非门电路

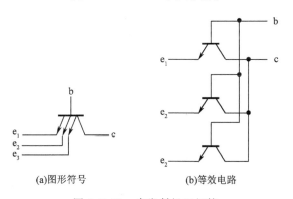

(a)图形符号　　　　　　　　　　(b)等效电路

图 2.2.19　多发射极三极管

入为低电平时,和反相器相同,输入电流仍可按式(2.2.7)计算。而输入接高电平时,T_1 倒置,e_1、e_2、e_3 分别等效为三极管的集电集,所以,总的输入申流为单个输入端的高电平输入电流的三倍。如果输入端信号有高有低,则低电平输入电流与反相器基本相同,而高电平输入电流比反相器的略大一些。

　　例 2.2.2　试计算图 2.2.20 所示电路中门 G_0 的扇出系数 N_O。已知门电路的参数如下:$I_{OH} = -0.4mA$,$I_{OL} = 16mA$,$I_{IH} = 40\mu A$,$I_{IL} = -1mA$。

　　解:求解门电路的扇出系数时,要对门电路输出高电平和输出低电平时的情况分别讨论,求出高电平的扇出系数和低电平的扇出系数,然后取两个系数中较小的作为逻辑门的扇出系数 N_O。

　　在门 G_0 输出高电平时,负载门输入电流 I_{IH} 是

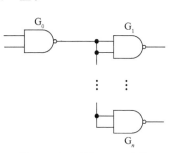

图 2.2.20　例 2.2.2 电路

流入的拉电流,由图 2.2.18 可知,负载门有几个并接的输入端,I_{IH} 就应扩大几倍。而门 G_0 输出低电平时,负载门输入电流 I_{IL} 为流出的灌电流,I_{IL} 的大小与门输入端并接的数量无关。

参数 I_{OH}、I_{OL} 分别为输出高电平和输出低电平时的最大负载电流 I_{OHmax} 和 I_{OLmax}。

当门 G_0 输出低电平时,后接的每个门都有 I_{IL} 流出,则可带同类门的数量 N_{OL} 应满足式(2.2.9),即

$$N_{OL} \leqslant \frac{I_{OLmax}}{|I_{IL}|} = \frac{16}{1} = 16$$

当门 G_0 输出高电平时,后接的每个门流入的电流为 $2I_{IH}$,则可带同类门的个数 N_{OH} 满足式(2.2.10),即

$$N_{OH} \leqslant \frac{|I_{OHmax}|}{2I_{IH}} = \frac{0.4}{2 \times 0.04} = 5$$

综合以上两种情况,可得出与非门 G_0 的扇出系数为 $N_O = 5$。

2. 或非门

或非门的典型电路如图 2.2.21 所示,与反相器相比,其增加了一个由 T_1'、T_2' 和 R_1' 所组成的输入级和倒相级电路,增加的电路和 T_1、T_2、R_1 组成的电路完全相同,T_2 和 T_2' 的集电极和发射极相并联。当 A 为高电平时,T_2 和 T_5 同时导通,T_1 的基极被钳位在 2.1V,T_4 截止,输出 Y 为低电平。当 B 为高电平时,T_2' 和 T_5 同时导通而 T_4 截止,Y 也是低电平。只有 A、B 都为低电平时,T_1 和 T_1' 的基极被钳定在 1V 左右,所以,T_2 和 T_2' 同时截止,T_5 也截止而 T_4 导通,输出 Y 为高电平。

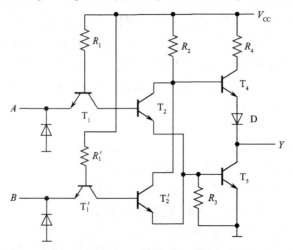

图 2.2.21　TTL 或非门电路

因此，输出 Y 和输入 A、B 间为或非关系，即 $Y=(A+B)'$。

3. 与或非门

与或非门的电路结构如图 2.2.22 所示，图中的输入级采用两个多发射极三极管组成"与或"逻辑形式。

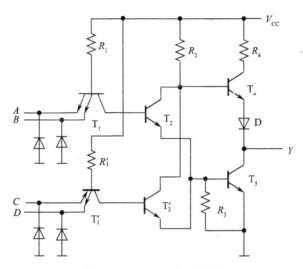

图 2.2.22　TTL 与或非门

由图 2.2.22 可见，当 A、B 同时为高电平时，T_2、T_5 导通而 T_4 截止，输出 Y 为低电平。同理，当 C、D 同时为高电平时，T_2'、T_5 导通而 T_4 截止，也使 Y 为低电平。只有 A、B 和 C、D 每一组输入都不同时为高电平时，T_2 和 T_2' 同时截止，使 T_5 截止而 T_4 导通，输出 Y 为高电平。所以，该电路实现的逻辑关系可以归纳为：当任何一组输入均为高电平时，输出为低电平；只有当每一组输入不全为高电平时，输出才为高电平。因此，Y 和 A、B 及 C、D 间是与或非关系，即 $Y=(AB+CD)'$。

4. 异或门

异或门典型的电路结构如图 2.2.23 所示。多发射极三极管 T_1 实现 A、B 相与的功能，以控制 T_6 的基极；三极管 T_2 和 T_3 实现相或的功能，以控制 T_4 和 T_5 的基极，再由 T_4 和 T_5 的集电极控制 T_7 的基极。

当输入 A、B 同时为高电平，T_1 倒置工作，使 T_6、T_9 导通而 T_8 截止，输出为低电平。反之，若 A、B 同时为低电平，则 T_4 和 T_5 同时截止，其集电极为高电平，使 T_7 和 T_9 导通而 T_8 截止，输出也为低电平。只有当输入 A、B 不同时（即一个是高电平而另一个是低电平），T_1 正向饱和导通，T_6 截止。同时，由于 A、B 中必有一个是高电平，使 T_4、T_5 中有一个导通，T_4、T_5 的集电极为低电平，从而使 T_7 截止。

T_6、T_7 同时截止以后，T_8 导通，T_9 截止，故输出为高电平。因此，Y 和 A、B 间为异或关系，即 $Y=A\oplus B$。

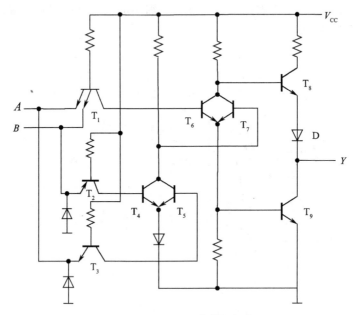

图 2.2.23　TTL 异或门电路

2.2.4　其他类型的 TTL 门电路

1. 集电极开路输出的门电路（OC 门）

为了增强 TTL 门的驱动能力和扩展逻辑功能，常常需要将几个逻辑门的输出端并联在一起，而前面介绍的 TTL 门电路由于是推拉式输出的结构无法实现这种并联。由图 2.2.24 可见，将两个 TTL 门电路输出端并联在一起，当一个门的输出是高电平而另一个门的输出是低电平时，由于推拉式输出级门电路无论是开态还是关态，都呈现低阻性，因而将会有一个很大的电流同时流过这两个门的输出级，这个电流的数值将远远超过正常工作电流，可能使门电路损坏。

推拉式输出结构的局限性还在于在采用推拉式输出级的门电路中，电源一经确定（通常规定工作在 +5V），输出的高电平也就固定了，因而无法满足对不同输出高电平的需要。此外，推拉式电路结构也不能满足驱动较大电流及较高电压负载的要求。

克服上述局限性的方法就是将输出级改为集电极开路的三极管结构，称为集电极开路输出的门电路，简称 OC 门。电路结构和图形符号如图 2.2.25 所示，门电路符号中的菱形记号表示 OC 门输出结构,菱形下方的横线表示输出低电平时为低输出电阻。该电路的特点是去掉了推拉输出级的 T_4、R_4、D,使得 T_5 的集电极开路。

OC 门在工作时需要外接负载电阻 R_L 和电源。只要电阻的阻值和电源电压的数值选择得当,就能够做到既保证输出的高、低电平符合要求,输出端三极管的负载电流又不过大。如果将两个 OC 结构与非门输出并联在一起,如图 2.2.26 所示,由图可知,只有 A、B 同时为高电平时,T_5 才导通,Y_1 输出低电平,故 $Y_1 = (A \cdot B)'$。同理,$Y_2 = (C \cdot D)'$。若将 Y_1、Y_2 两条输出线直接接在一起,则只要 Y_1、Y_2 有一个是低电平,Y 就是低电平,只有 Y_1、Y_2 同时为高电平时,Y 才是高电平,于是得到 $Y = Y_1 \cdot Y_2$,这一功能被称为"线与",在逻辑图中用方框表示。所以,图 2.2.26 实现的是与或非的逻辑功能。

$$Y = Y_1 \cdot Y_2 = (AB)' \cdot (CD)' = (AB + CD)'$$

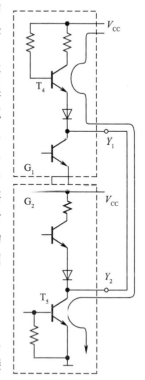

图 2.2.24 推拉式输出级并联的情况

为了使"线与"输出的电平符合数字电路系统的要求,对外接电阻 R_L 阻值的选取要恰当。下面简要介绍外接电阻 R_L 的计算方法。图 2.2.27 表示出了计算 OC 门负载电阻的工作状态,图中有 n 个 OC 与非门输出端并联,驱动 m' 个负载与非门。

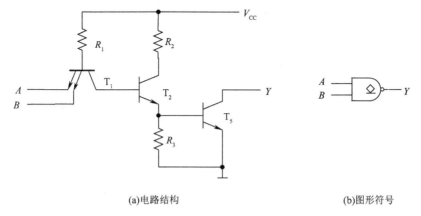

(a)电路结构   (b)图形符号

图 2.2.25 集电极开路输出与非门的电路结构和图形符号

1) 求负载电阻的最大值

当所有 OC 门同时截止时,输出为高电平。为了保证高电平不低于规定的最

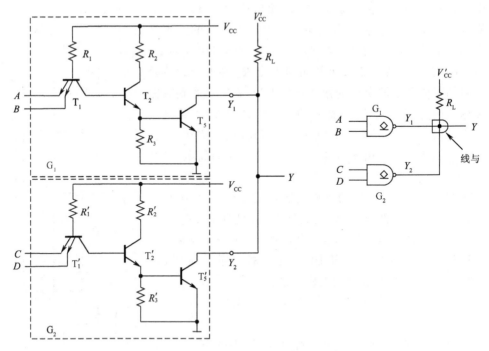

图 2.2.26　OC 门输出并联的接法及逻辑图

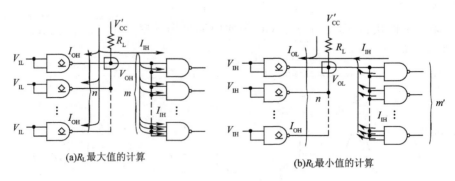

(a)R_L最大值的计算　　　　　(b)R_L最小值的计算

图 2.2.27　OC 门外接上拉电阻的计算

小输出高电平 V_{OH} 值,显然 R_L 不能选得过大,如图 2.2.27(a)所示,得到计算 R_L 最大值的公式为

$$R_{L(max)} = \frac{V'_{CC} - V_{OH}}{nI_{OH} + mI_{IH}} \qquad (2.2.20)$$

式中,V'_{CC}是外接电源电压,其数值可以不同于门电路本身的电源 V_{CC},因此,可以利用改变 V'_{CC}数值的大小来改变 OC 门输出高电平 V_{OH} 的值;I_{OH}是每个 OC 门输出高电平时的输出漏电流;I_{IH}是负载门每个输入端为高电平时的输入电流;m 是

TTL 负载门输入端的个数。

2）求负载电阻的最小值

当 OC 门中只有一个导通时，电流的实际流向如图 2.2.27(b) 所示。因为这时负载电流全部都流入导通的那个 OC 门，所以，R_L 值不能太小，以确保流入导通 OC 门的电流不会超过最大允许的负载电流 I_{LM}，由此得到计算 R_L 最小值的公式为

$$R_{L(min)} = \frac{V'_{CC} - V_{OL}}{I_{LM} - m'I_{IL}} \qquad (2.2.21)$$

式中，V_{OL} 是规定的输出低电平；I_{IL} 是每个负载门的低电平输入电流的绝对值；m' 为负载门的数目。

如果负载门是或非门，根据图 2.2.21 所示，将输入端并联以后，总的低电平输入电流等于每个输入端单独接低电平时的输入电流乘以并联输入端的数目，而不是乘以门的数目。因此，在用式 (2.2.21) 计算 $R_{L(min)}$ 时，式中的 m' 等于输入端的个数，而不是负载门的数目。

例 2.2.3　试确定图 2.2.28 所示电路中的负载电阻 R_L 的值。已知 G_1、G_2 为 OC 门，G_3、G_4、G_5 是 74 系列的与非门。OC 门输出管导通时的最大负载电流为 $I_{LM} = 16mA$，输出管截止时的漏电流为 $I_{OH} = 200\mu A$。负载门的高电平输入电流为 $I_{IH} = 40\mu A$，低电平输入电流为 $I_{IL} = 1mA$。给定 $V'_{CC} = 5V$，要求 OC 门输出的高电平 $V_{OH} \geqslant 3.0V$，低电平 $V_{OL} \leqslant 0.4V$。

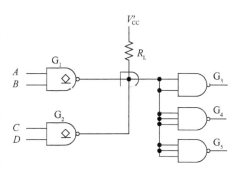

图 2.2.28　例 2.2.3 的电路

解：由图 2.2.28 可以看出，OC 门的个数 $n = 2$，负载门的个数 $m' = 3$，负载门输入端的个数 $m = 8$，将上述条件分别代入式 (2.2.20) 和式 (2.2.21)，可得

$$R_{L(max)} = \frac{V'_{CC} - V_{OH}}{nI_{OH} + mI_{IH}} = \frac{5 - 3}{2 \times 0.2 + 8 \times 0.04} = 2.78k\Omega$$

$$R_{L(min)} = \frac{V'_{CC} - V_{OL}}{I_{LM} - m'I_{IL}} = \frac{5 - 0.4}{16 - 3 \times 1} = 0.35k\Omega$$

选定的 R_L 值应在 $0.35 \sim 2.78k\Omega$ 之间，故取 $R_L = 1k\Omega$。

2. 三态输出门电路（TS 门）

普通的 TTL 门有两个状态，即输出逻辑"0"和输出逻辑"1"，这两个状态都是低阻输出。三态输出简称 TS 门是在普通门电路的基础上附加控制电路而构成的，它的特点是在原有两种状态的基础上多了一种高阻状态，电路结构和逻辑符号

如图 2.2.29 所示。在图 2.2.29(a)电路中,当控制端 EN 为低电平时(EN＝0),P 点为低电平,它是输入多发射极的一个输入信号,因此,T_2、T_5 截止。同时,二极管 D 导通,T_4 的基极电位被钳在 0.7V,使 T_4 截止。由于 T_4、T_5 同时截止,所以,输出端呈高阻状态。而当控制端 EN 为高电平时(EN＝1),P 点为高电平,二极管 D 截止,电路实现正常的与非功能,即 $Y＝(A \cdot B)'$,电路输出由输入信号 A、B 的状态决定。

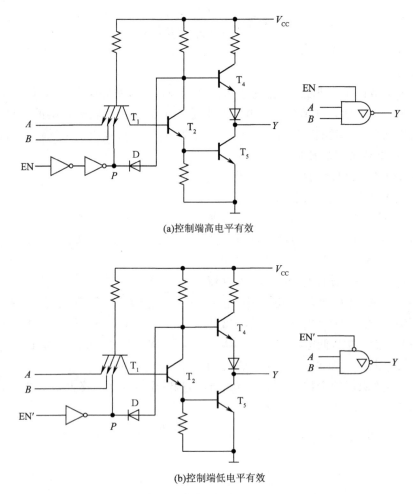

(a)控制端高电平有效

(b)控制端低电平有效

图 2.2.29　三态输出门的电路图和逻辑符号

　　图 2.2.29(a)电路中,EN 称为三态控制端(或使能端),当 EN＝0 时,呈现高阻态;EN＝1 时,电路实现正常的与非功能,所以称为控制端高电平有效。而在图 2.2.29(b)电路中,EN'＝0 时为工作状态,故称这个电路为控制端低电平有效。图形符号中,反相器内的三角形记号表示三态输出结构,EN' 输入端处的小圆圈表

示 EN′为低电平有效信号,即只有在 EN′为低电平时,电路方处于正常工作状态。如果为高电平有效,则没有这个小圆圈。

利用三态输出门可以实现总线结构,如图 2.2.30 所示。只要控制端各个门的 EN 端,轮流定时地使各个 EN 端为 1,而且在任何时刻只有一个 EN 端为 1,就可以把各个门的输出信号轮流传输到总线上,而互不干扰。这种连接方式称为总线结构。

利用三态输出门还可以实现数据的双向传输,如图 2.2.31 所示,门 G_1、G_2 为三态反相器,G_1 高电平有效,G_2 低电平有效。当三态使能端 EN=1 时,数据 D_0 经门 G_1 反相后送到数据总线,门 G_2 呈现高阻态;当三态使能端 EN=0 时,数据总线中的数据 D_1 由门 G_2 反相后输出,而门 G_1 呈现高阻态。

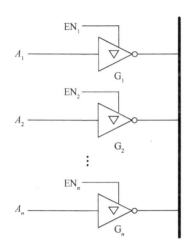

图 2.2.30　用三态输出门输出反相器接成总线结构

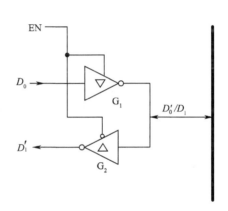

图 2.2.31　用三态输出门输出反相器实现数据双向传输

3. 其他系列 TTL 门电路

前面分析了 54/74 系列的典型非门电路,为了提高工作速度,降低功耗,继 54/74 系列之后又相继生产了 54H/74H、54S/74S、54LS/74LS、54AS/74AS、54ALS/74ALS、54F/74F 等改进系列。

1) 54H/74H 系列

54H/74H (high-speed TTL)系列是早期曾经采用过的改进系列,又称为高速系列。54H/74H 系列将所有的电阻减小了近一倍,从而将传输延迟时间缩短了一半,但却增加了电路的静态功耗。通常,用传输延迟时间和功耗的乘积(简称功耗-延迟积或 pd 积)评价门电路的性能优劣。那么,54H/74H 系列的 pd 积和 54/74 系列的 pd 积差不多,说明它们的综合性能并未获得改善。因此,54H/74H 系列的改进效果不够理想。

　　2）54S/74S 系列

　　54/74 系列、54H/74H 系列都属于饱和型的逻辑门。当电路中的三极管在导通时几乎都处于饱和状态,由三极管开关特性可知,当三极管由饱和状态转为截止状态时,需要较长的一段时间,这是产生门电路传输延迟时间的主要原因。

　　54S/74S（Schottky TTL）系列又称肖特基系列,电路为了缩短传输延迟时间,采用了抗饱和三极管（或称为肖特基钳位三极管）。抗饱和三极管是由普通的双极型三极管和肖特基势垒二极管（Schottky barrier diode,SBD）组合而成,如图2.2.32 所示。

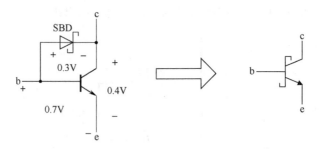

图 2.2.32　抗饱和三极管

　　由于 SBD 的开启电压很低,只有 0.3V 左右,所以,当三极管的集电结进入正向偏置以后,SBD 首先导通,并将集电结的正向电压钳位在 0.3V。使 v_{CE} 保持在0.4V 左右,从而有效制止三极管进入深度饱和状态,大致工作在临界饱和状态,大大提高工作速度。

　　图 2.2.33 是 54S/74S 系列与非门的电路结构图,T_1、T_2、T_3、T_5 和 T_6 都是抗饱和三极管。因为 T_4 的集电结不会出现正向偏置,亦即不会进入饱和状态,所

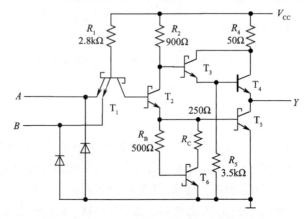

图 2.2.33　54S/74S 系列与非门的电路结构

以,不必改用抗饱和三极管。电路中仍采用了较小的电阻阻值。

电路结构的另一个特点是用 T_6、R_B 和 R_C 组成的有源电路代替 54/74 系列中的电阻 R_3。这一方面为 T_5 管的基极提供了有源泄放回路;另一方面,当改为有源网络后,由于 T_6 的存在,不会出现 T_2 导通、T_5 仍截止的情况,因此,有较好的电压传输特性,如图 2.2.34 所示,从而提高了低电平输入时的抗干扰特性。

但 54S/74S 系列由于减小电路中电阻的阻值及采用抗饱和三极管,使静态功耗有所增加。另外,由于 T_5 脱离了深度饱和状态,导致输出低电平略有提高,在 0.5V 左右。

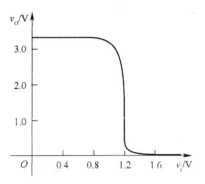

图 2.2.34 54S/74S 系列反相器的
电压传输特性

3) 54LS/74LS 系列

为了得到更小的 pd 积,又进一步开发了 54LS/74LS(low-power Schottky TTL)系列(也称为低功耗肖特基系列)。54LS/74LS 系列与非门的典型电路如图 2.2.35 所示。

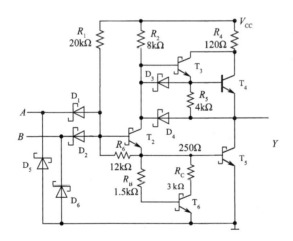

图 2.2.35 54LS/74LS 系列与非门

与 54S/74S 系列相比,其改进为:一是电阻增大了,同时将 R_5 由接地改接到输出端,这样,在 T_3 导通时减小了 R_5 上的功耗,使得 54LS/74LS 系列门电路的功耗仅为 54/74 系列的 1/5,为 54H/74H 系列的 1/10;二是为了由于电阻值加大不利于提高工作速度这一缺陷,54LS/74LS 系列除了采用抗饱和三极管和引入有源泄放电路外,还将输入端的多发射极三极管用 SBD 代替,此外,为进一步加速电路开关状态的转换过程,又接入了 D_3、D_4 这两个 SBD。当输出端由高电平跳变为低电平时，D_4 通过 T_2 的集电极既加速了负载电容的放电，又加大了对 T_5 管基极的驱动。同时，D_3 也通过 T_2 的集电极为 T_4 的基极提供一个附加的低内阻放电通路，使 T_4 更快地截止。这些都大大缩短了传输延迟时间。由于采用了这一系列的措施，使得 54LS/74LS 系列在功耗大大减小的情况下，传输延迟时间仍可达到 54/74 系列的水平。54LS/74LS 系列的 pd 积仅为 54/74 系列的 1/5，54S/74S 系列的 1/3。

2.3　CMOS 门电路

CMOS 逻辑门电路是在 TTL 电路问世之后所开发的第二种广泛应用的数字集成器件，从发展趋势来看，由于制造工艺的改进，CMOS 电路的性能可能成为占主导地位的逻辑器件。CMOS 电路的功耗和抗干扰能力远优于 TTL 电路。

早期生产的 CMOS 门电路为 4000 系列，随后发展为 4000B 系列。当前与 TTL 电路兼容的 CMOS 器件如 74HCT 系列等可与 TTL 器件交换使用。

2.3.1　MOS 管的开关特性

在 CMOS 集成电路中，以 MOS 管作为开关器件。MOS 管有三个电极：源极 S、漏极 D 和栅极 G。它是电压控制器件，用栅极电压来控制漏源电流。

1. MOS 管的 4 种类型

MOS 管有 P 型沟道和 N 型沟道两种，按其工作特性又分为增强型和耗尽型两类。

1）N 沟道增强型 MOS 管

图 2.3.1 是 N 沟道增强型 MOS 管的结构示意图和符号。在 P 型半导体衬底（图中用 B 标示）上制作两个高掺杂浓度的 N 型区，形成 MOS 管的源极 S 和漏极 D。栅极通常用金属铝或多晶硅制作。栅极和衬底之间被 SiO_2 绝缘层隔开，绝缘层的厚度极薄，在 $0.1\mu m$ 以内。其特点是栅极-源极之间的电压 $v_{GS}=0$ 时，没有导电沟道，只有 v_{GS} 大于开启电压 $V_{GS(th)}$ 时，才建立导电沟道，产生漏极电流。开启电压 $V_{GS(th)}$ 大于 0。工作时，漏极使用正电源，同时，应将衬底接源极或系统的最低电位上。

2）P 沟道增强型 MOS 管

图 2.3.2 是 P 沟道增强型 MOS 管的结构示意图和符号。它采用 N 型衬底，导电沟道为 P 型。$v_{GS}=0$ 时，没有导电沟道，只有在栅极上加以足够的负电压，使 v_{GS} 小于开启电压 $V_{GS(th)}$ 时，才能建立 P 型导电沟道。因此，P 沟道增强型 MOS 管的开启电压 $V_{GS(th)}$ 为负值。这种 MOS 管工作时使用负电源，同时，需将衬底接源

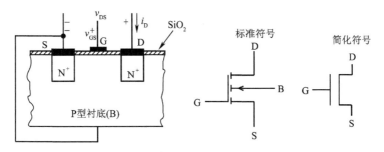

图 2.3.1 N 沟道增强型 MOS 管的结构和符号

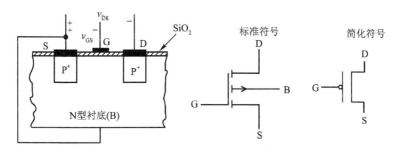

图 2.3.2 P 沟道增强型 MOS 管的结构和符号

极或系统的最高电位上。

3）N 沟道耗尽型 MOS 管

N 沟道耗尽型 MOS 管的结构与 N 沟道增强型 MOS 管基本相同,都采用 P 型衬底,导电沟道为 N 型。所不同的是在耗尽型 MOS 管中,栅极下面的 SiO_2 绝缘层中掺进了大量的正离子。由于正离子的作用,即使在 $v_{GS}=0$ 时,漏极-源极之间已存在导电沟道。如果漏极-源极之间外加电压,即有漏极电流 i_D。当 $v_{GS}>0$,导电沟道变宽,i_D 增大;当 $v_{GS}<0$,导电沟道变窄,i_D 减小。直到 v_{GS} 小于某一个负电压值 $V_{GS(off)}$ 时,导电沟道消失,i_D 等于 0,MOS 管截止。$V_{GS(off)}$ 称为 N 沟道耗尽型 MOS 管的夹断电压。

图 2.3.3 是 N 沟道耗尽型 MOS 管的符号,图中,漏极-源极间是连通的,表示 $v_{GS}=0$ 时已有导电沟道存在。其余部分的画法和增强型 MOS 管相同。

在正常工作时,N 沟道耗尽型 MOS 管的衬底同样应接至源极或系统的最低电位上。

4）P 沟道耗尽型 MOS 管

P 沟道耗尽型 MOS 管与 P 沟道增强型 MOS 管的结构形式相同,也是 N 型衬底,导电沟道为 P 型。所不同的是在 P 沟道耗尽型 MOS 管中,$v_{GS}=0$ 时已经有导电沟道存在了。当 v_{GS} 为负时,导电沟道进一步加宽,i_D 的绝对值增加;而 v_{GS} 为正时,导电沟道变窄,i_D 的绝对值减小。当 v_{GS} 的正电压大于夹断电压 $V_{GS(off)}$ 时,导电沟道消失,管子截止。

图 2.3.4 是 P 沟道耗尽型 MOS 管的符号。工作时,应将它的衬底和源极相连,或将衬底接至系统的最高电位上。

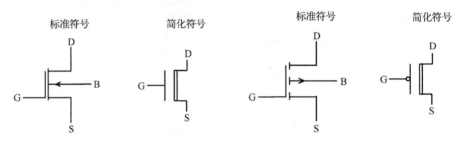

图 2.3.3　N 沟道耗尽型 MOS 管的符号　　　图 2.3.4　P 沟道耗尽型 MOS 管的符号

2. MOS 管的转移特性和输出特性曲线

对于 N 沟道 MOS 管来说,如果在漏极和源极之间加上电压 v_{DS},在栅极和源极之间也加正电压 v_{GS},以栅极-源极间的回路为输入回路,以漏极-源极间的回路为输出回路,则称为共源接法,如图 2.3.5(a)所示。由图 2.3.1 可见,栅极和衬底间被 SiO_2 绝缘层所隔离,在栅极和源极间加上的电压 $v_{GS} < v_{GS(th)}$ 时,不会有栅极电流流通,可以认为栅极电流等于零。因此,通常用转移特性曲线和输出特性曲线来表示 MOS 管的导电特性。

漏极电流 i_D 与栅源间电压 v_{GS} 的关系即为转移特性,如图 2.3.5(b)所示,其数学表达式为

$$i_D = I_{DS}\left(\frac{v_{GS}}{V_{GS(th)}} - 1\right)^2 \qquad (2.3.1)$$

式中,I_{DS} 是 $v_{GS} = 2V_{GS(th)}$ 时的 i_D 值。

图 2.3.5(c)为共源接法下的输出特性曲线,输出特性曲线反映在一定栅源电压 v_{GS} 下漏源电流 i_D 和漏源电压 v_{DS} 之间的关系,这个曲线又称为 MOS 管的漏极特性曲线。

漏极特性曲线分为三个工作区。当 $v_{GS} < V_{GS(th)}$ 时,漏极和源极之间没有导电沟道,$i_D \approx 0$。这时,漏极-源极间的内阻非常大,可达 $10^9\,\Omega$ 以上。因此,将曲线上 $v_{GS} < V_{GS(th)}$ 的区域称为截止区。

当 $v_{GS} > V_{GS(th)}$ 以后,漏极-源极间出现导电沟道,有 i_D 产生。

在 v_{DS} 较小时,i_D 和 v_{DS} 成近似线性关系,因此,可把漏极-源极之间看成是一个可由 v_{GS} 进行控制的电阻。v_{GS} 越大,曲线越陡,等效电阻越小,把这个区域称为可变电阻区,如图 2.3.5(c)所示漏极特性上虚线左边的区域。

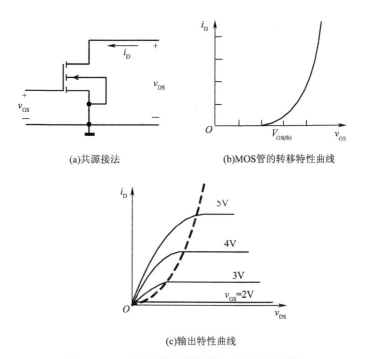

(a)共源接法   (b)MOS管的转移特性曲线

(c)输出特性曲线

图 2.3.5 NMOS 管的共源接法和其特性曲线

而在 v_{DS} 比较大时,漏极电流 i_D 的大小由 v_{GS} 决定,而与 v_{DS} 几乎无关,特性曲线近似水平线,如图 2.3.5(c)所示漏极特性上虚线右边的区域,称为恒流区。漏极-源极之间可以看成是一个受 v_{GS} 控制的电流源。

3.MOS 管的基本开关电路

图 2.3.6 所示电路为 MOS 管开关电路。当 $v_I = v_{GS} < V_{GS(th)}$ 时,MOS 管工作在截止区。MOS 管的截止内阻 R_{OFF} 很大,MOS 管的漏极-源极之间相当于断开的开关,输出高电平,且 $V_{OH} \approx V_{DD}$。

当 $v_I > V_{GS(th)}$ 并且在 v_{DS} 较高的情况下,MOS 管工作在恒流区,随着 v_I 的升高 i_D 增加,而 v_O 随之下降。这时,电路工作在放大状态。

当 v_I 继续升高以后,MOS 管导通进入到可变电阻区,导通内阻 R_{ON} 通常只有几百欧姆,甚至更小,MOS 管的漏极-源极间相当于一个闭合的开关,输出端为低电平 V_{OL},且 $V_{OL} \approx 0$。

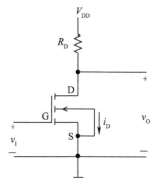

图 2.3.6 NMOS管的基本开关电路

综上所述,只要电路中 R_D 参数选择得合理,就可以做到输入为低电平时,MOS 管截止,输出高电平;而输入为高电平时,MOS 管导通,输出低电平。

由于开关电路的输出端不可避免地会带有一定的负载电容,所以,在动态工作情况下(即 v_I 在高、低电平间跳变时),漏极电流 i_D 的变化和输出电压 v_{DS} 的变化都将滞后于输入电压的变化。

2.3.2　CMOS 反相器

CMOS 集成电路的许多基本的逻辑单元,其电路结构都是用一对增强型 NMOS 管和 PMOS 管按照互补对称形式连接起来构成的。典型电路有 CMOS 反相器和 CMOS 传输门。下面分析 CMOS 反相器的工作原理和特性。

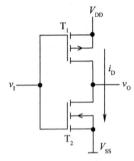

图 2.3.7　CMOS 反相器的电路图

1. CMOS 反相器的电路结构

CMOS 反相器的基本电路结构形式如图 2.3.7 所示,由一对增强型 NMOS 管和 PMOS 管组成,T_2 是驱动管,T_1 是负载管。由图可见,T_1 和 T_2 的漏极相连作为反相器的输出,栅极连在一起作为逻辑输入端,T_1 的源极接 $+V_{DD}$,T_2 的源极接地。T_1 管的开启电压 $V_{GS(th)}<0$,T_2 的开启电压 $V_{GS(th)}>0$。通常,为了保证正常工作,令 $V_{DD}>|V_{GS(th)P}|+V_{GS(th)N}$。

当 $v_I=V_{IL}=0$ 时,有 $v_{GS2}=0<V_{GS(th)N}$,所以,T_2 截止,内阻很高(可达 $10^8 \sim 10^9\,\Omega$)。同时,$|v_{GS1}|=|v_I-V_{DD}|=V_{DD}>|V_{GS(th)P}|$,所以,$T_1$ 导通,等效为一个较小的导通内阻(1kΩ 以下)。因此,输出为高电平 V_{OH},且 $V_{OH} \approx V_{DD}$。

当 $v_I=V_{OH}=V_{DD}$ 时,则有 $v_{GS2}=V_{DD}>V_{GS(th)N}$,所以,$T_2$ 导通,而 $v_{GS1}=0<|V_{GS(th)P}|$,所以,T_1 截止,输出为低电平 V_{OL},且 $V_{OL} \approx 0$。

由以上分析可见,输出与输入之间为逻辑非的关系。

在正常工作时,无论 v_I 是高电平还是低电平,T_1 和 T_2 总是工作在一个导通而另一个截止的状态,即所谓互补状态,所以,把这种电路结构形式称为 CMOS 电路。

由于静态下无论 v_I 是高电平还是低电平,T_1 和 T_2 总有一个是截止的,而且截止内阻又极高,流过 T_1 和 T_2 的静态电流极小,因而 CMOS 反相器的静态功耗极小。这是 CMOS 电路最突出的一大优点。

2. 电压传输特性和电流传输特性

在图 2.3.7 所示的 CMOS 反相器电路中,设 $V_{DD} > V_{GS(th)N} + |V_{GS(th)P}|$,且 $V_{GS(th)N} = |V_{GS(th)P}|$,$T_1$ 和 T_2 具有同样的导通内阻 R_{ON} 和截止内阻 R_{OFF},则输出电压随输入电压变化的曲线,即电压传输特性如图 2.3.8 所示。

当反相器输入 v_I 为低电平时,$v_I < V_{GS(th)N}$,而 $|v_{GS1}| > |V_{GS(th)P}|$,故 T_1 导通,T_2 截止,流过管子的电流近似为 0,输出高电平 $v_O = V_{OH} \approx V_{DD}$,如图中的 AB 段。当反相器输入 v_I 为高电平时,由于 $v_I > V_{DD} - |V_{GS(th)P}|$,使 $|v_{GS1}| < |V_{GS(th)P}|$,故 T_1 截止。而 $v_{GS2} > V_{GS(th)N}$,T_2 导通,流过管子的电流也近似为 0,输出低电平 $v_O = V_{OL} \approx 0$,如 CD 段。当反相器的输入在 $V_{GS(th)N} < v_I < V_{DD} - |V_{GS(th)P}|$ 的区间里时,$v_{GS2} > V_{GS(th)N}$,$|v_{GS1}| > |V_{GS(th)P}|$,$T_1$ 和 T_2 同时导通,即 BC 段。如果 T_1 和 T_2 的参数完全对称,则 $v_I = \frac{1}{2} V_{DD}$ 时两管的导通内阻相等,$v_O = \frac{1}{2} V_{DD}$,即工作于电压传输特性转折区的中点。将电压传输特性转折区中点所对应的输入电压称为反相器的阈值电压,用 V_{TH} 表示。因此,CMOS 反相器的阈值电压为 $V_{TH} \approx \frac{1}{2} V_{DD}$。

图 2.3.9 为 CMOS 反相器的电流传输特性,这个特性也可以分成三个工作区。在 AB 段,由于 T_2 管截止,所以流过的电流极小,近似等于零。在 CD 段,因为 T_1 管截止,所以流过电流也近似为零。只有在特性曲线的 BC 段中,由于 T_1 和 T_2 同时导通,有电流 i_D 流过 T_1 和 T_2,而且 $v_I = \frac{1}{2} V_{DD}$ 附近 i_D 最大。

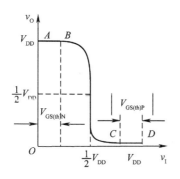

图 2.3.8 CMOS 反相器的电压传输特性

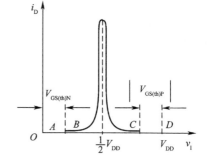

图 2.3.9 CMOS 反相器的电流传输特性

由上面分析可以看出,CMOS 反相器具有如下特点。

(1) 静态功耗极低。在稳定时,CMOS 反相器工作在 AB 段和 CD 段,这时总有一个 MOS 管处于截止状态,流过的电流为极小的漏电流。只有在急剧翻转的 BC 段才有较大的电流,因此,动态功耗会增大。所以,CMOS 反相器在低频工作时功耗很小,低功耗是 CMOS 的最大特点。

(2) 抗干扰能力较强。由于阈值电压近似为 $\frac{1}{2}V_{DD}$,在输入信号变化时,过渡变化陡峭,所以,低电平噪声容限和高电平噪声容限近似相等,而且随电源电压升高,抗干扰能力增强。

(3) 电源利用率高。电路输出高电平为 $V_{OH} \approx V_{DD}$,同时,其阈值电压随 V_{DD} 变化而变化,所以允许电源 V_{DD} 在一个较宽的范围内变化。一般,V_{DD} 允许范围为 $+3V \sim +18V$。

(4) 输入阻抗高,带负载能力强。

3. 输入特性

因为 CMOS 电路的栅极和衬底之间存在一层 SiO_2 绝缘层,其厚度约为 $0.1\mu m$,极易被永久性击穿(耐压约 100 V),所以,在 CMOS 输入端必须加上保护电路,如图 2.3.10 所示。D_1 和 D_2 都是双极型二极管,它们的正向导通压降 $V_{DF} = 0.5 \sim 0.7V$,反向击穿电压约为 30V。电阻 R_s 通常为 $1 \sim 3k\Omega$。D_1 是在输入端的 P 型区和 N 型衬底间自然形成的,是一种分布式二极管结构,所以在图中用一条虚线和两端的两个二极管表示。这种分布式二极管结构可以通过较大的电流。C_1 和 C_2 分别表示 T_1 和 T_2 的栅极等效电容。由于二极管的钳位作用,使得 MOS 管在正或负尖峰脉冲作用下不易发生损坏。

考虑了 CMOS 反相器的输入保护电路以后,它的输入特性如图 2.3.11 所示。输入信号在 $-V_{DF} < v_1 < V_{DD} + V_{DF}$ 范围内,输入保护二极管均不导通,输入电流 $i_1 \approx 0$。当输入信号 $v_1 > V_{DD} + V_{DF}$ 时,输入饱和二极管 D_1 导通,输入电流迅速增大。当输入信号 $v_1 < -V_{DF}$ 时,保护二极管 D_2 导通,i_1 的绝对值随 v_1 绝对值的增加而迅速增加。

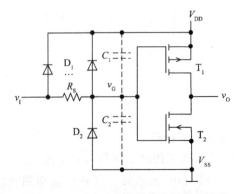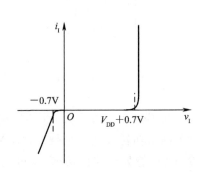

图 2.3.10　CMOS 反相器输入的保护电路　　　图 2.3.11　CMOS 反相器的输入特性

4. 输出特性

1) 低电平输出特性

当输入 v_1 为高电平时,反相器的 P 沟道管截止,N 沟道管导通,因此,负载电流 I_{OL} 从负载电路注入 T_2 管,工作状态如图 2.3.12 所示。这时,灌入的电流就是 N 沟道管的 i_{DS2},输出电平 V_{OL} 就是 v_{DS2},所以,V_{OL} 与 I_{OL} 的关系曲线实际上也就是 T_2 管的漏极特性曲线,如图 2.3.13 所示。从曲线上还可以看到,由于 T_2 的导通内阻与 v_{GS2} 的大小有关,v_{GS2} 越大,导通内阻越小,所以,同样的 I_{OL} 值下,V_{DD} 越高,T_2 导通时的 v_{GS2} 越大,V_{OL} 也越低,反相器允许的灌电流负载也越大。

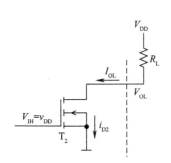

图 2.3.12　$v_O = V_{OL}$ 时 CMOS
反相器的工作状态

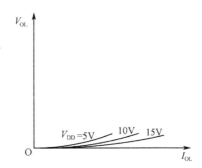

图 2.3.13　CMOS 反相器的低电平
输出特性

2) 高电平输出特性

当输入 v_1 为低电平时,反相器的 P 沟道管导通,N 沟道管截止,电路的工作状态如图 2.3.14 所示。这时的负载电流 I_{OH} 是从门电路的输出端流出的,与规定的负载电流正方向相反,在图 2.3.15 所示的输出特性曲线上为负值。

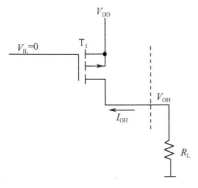

图 2.3.14　$v_O = V_{OH}$ 时 CMOS 反相
器的工作状态

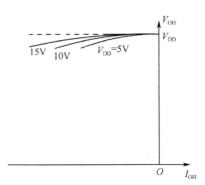

图 2.3.15　CMOS 反相器的高电平
输出特性

由图 2.3.14 可见，$I_{OH} = -i_{DS1}$，$V_{OH} = V_{DD} - v_{DS1}$。随着负载电流的增加，$T_1$ 的导通压降 v_{DS1} 加大，V_{OH} 下降。如前所述，因为 MOS 管的导通内阻与 v_{GS} 大小有关，所以，在同样的 I_{OH} 值下，V_{DD} 越高，则 T_1 导通时 $|v_{GS1}|$ 越大，它的导通内阻越小，V_{OH} 也就下降得越少，其带拉电流负载能力就越强。

5. 电源特性

CMOS 反相器的电源特性包含它工作时的静态功耗和动态功耗。在静态下，由于 P 沟道管和 N 沟道管总有一个处于截止的工作状态，而截止时管子的内阻极高，所以，此时的电流很小，由这个电流产生的功耗可以忽略不计。但实际上，由于存在输入保护二极管和许多寄生二极管，它们的反向漏电流要比 MOS 管的漏电流大得多，从而构成了静态电流 I_{DD} 的主要部分。这些二极管都是 PN 结，一般在室温（25℃）条件下，静态电流不超过 $1\mu A$。静态功耗 P_S 为

$$P_S = V_{DD} I_{DD} \tag{2.3.2}$$

因而 CMOS 反相器的功耗主要取决于动态功耗，尤其是在工作频率较高的情况下。动态功耗由两部分组成，一部分是 T_1 和 T_2 在状态转换过程中所产生的瞬时导通功耗 P_T，另一部分是输出端的负载电容 C_L 充放电所产生的功耗 P_C。

设在 T_1 和 T_2 同时饱和导通时的瞬时电流为 i_T，持续时间为 Δt，则在一个周期内电流的平均值为

$$I_{AV} = \frac{2}{T} \int_0^{\Delta t} i_T \mathrm{d}t \tag{2.3.3}$$

瞬时导通功耗为

$$P_T = V_{DD} I_{AV} \tag{2.3.4}$$

若工作频率为 f，则负载电容充放电所产生的功耗为

$$P_C = C_L f V_{DD}^2 \tag{2.3.5}$$

总的动态功耗

$$P_D = P_T + P_C \tag{2.3.6}$$

6. 传输延迟时间

尽管 CMOS 门电路的开关过程中没有电荷的积累和消散现象，但由于集成电路内部电阻、电容的存在，以及负载电容的影响，输出电压的变化仍然滞后于输入电压的变化，产生传输延迟时间。在 CMOS 电路中，t_{PHL} 和 t_{PLH} 是以输入和输出波形对应边上等于最大幅度 50% 的两点间时间间隔来定义的，如图 2.3.16 所示。因为 CMOS 电路的 t_{PHL} 和 t_{PLH} 通常是相等的，所以也经常以平均传输延迟时间 t_{pd} 表示 t_{PHL} 和 t_{PLH}。

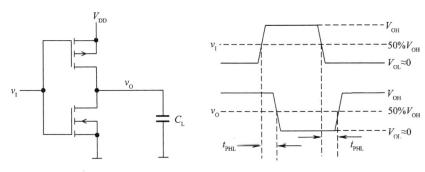

图 2.3.16 CMOS 反相器的传输延迟时间

2.3.3 其他逻辑功能的 CMOS 门电路

在 CMOS 门电路的系列产品中,除反相器外常用的还有或非门、与非门、或门、与门、与或非门、异或门等几种。

1. CMOS 与非门

图 2.3.17 是 CMOS 与非门的基本结构形式,其由两个并联的 P 沟道增强型 MOS 管 T_1、T_3 和两个串联的 N 沟道增强型 MOS 管 T_2、T_4 组成。当 A、B 两个输入信号中有一个为 0 时,与该端相连的 N 沟道 MOS 管截止,P 沟道 MOS 管导通。由于两个 N 沟道 MOS 管串联,只要其中一个截止,输出端对地的电阻就非常大;而两个并联的 P 沟道 MOS 管只要其中一个导通,输出端和电源之间的电阻就很小,因此,输出端 Y 就输出高电平。只有两个输入信号均为 1 时,两个 N 沟道 MOS 管均导通,两个 P 沟道 MOS 管均截止,输出 Y 为 0。因此,该电路具有与非功能,即 $Y = (A \cdot B)'$。

2. CMOS 或非门

图 2.3.18 是 CMOS 或非门的基本结构形式,其由两个并联的 N 沟道增强型 MOS 管 T_2、T_4 和两个串联的 P 沟道增强型 MOS 管 T_1、T_3 组成。在这个电路中,只要 A、B 当中有一个是高电平,输出就是低电平。只有当 A、B 同时为低电平时,才使 T_2 和 T_4 同时截止,T_1 和 T_3 同时导通,输出为高电平。因此,Y 和 A、B 间是或非关系,即 $Y = (A + B)'$。

利用与非门、或非门和反相器又可组成与门、或门、与或非门、异或门等,这里就不再一一列举。

3. 带缓冲级的 CMOS 门电路

图 2.3.17 所示的与非门电路虽然简单,但存在一些严重缺点。

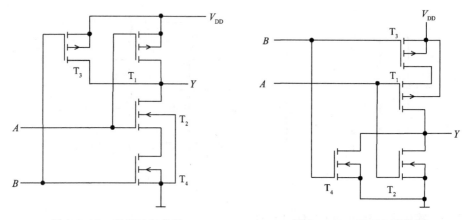

图 2.3.17　CMOS 与非门　　　　　　　图 2.3.18　CMOS 或非门

首先,它的输出电阻 R_O 受输入端状态的影响:当 $A=B=0$,则 $R_O=R_{ON1}//$ $R_{ON3}=\dfrac{1}{2}R_{ON}$;若 $A=1,B=0$,则 $R_O=R_{ON3}=R_{ON}$;若 $A=0,B=1$,则 $R_O=R_{ON1}=$ R_{ON};当 $A=B=1$,则 $R_O=R_{ON2}+R_{ON4}=2R_{ON}$。可见,输入状态的不同可以使输出电阻相差 4 倍之多。

其次,当输入端数目增多时,输出高、低电平也随着相应提高,因为在输出低电平时,所有的 N 沟道 MOS 管导通,输出低电平为各串联 NMOS 管导通压降之和,所以,输入端数目越多,输出的低电平 V_{OL} 也越高;而当输入全部为低电平时,输入端越多,P 沟道 MOS 管并联的数目越多,输出高电平 V_{OH} 也更高一些。

图 2.3.18 所示的或非门电路中也存在类似的问题。

为了克服这些缺点,在上述基本门电路基础上,每个输入端、输出端各增加一级反相器,构成带缓冲级的 CMOS 门电路,加进的这些具有标准参数的反相器称为缓冲器。带缓冲级的 CMOS 与非门是在或非门电路的输入端和输出端接入反相器构成,如图 2.3.19 所示。

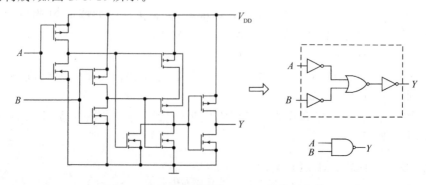

图 2.3.19　带缓冲级的 CMOS 与非门电路

这些带缓冲级的门电路其输出电阻、输出高、低电平及电压传输特性将不受输入端状态的影响。此外,前面讲到的 CMOS 反相器的输入特性和输出特性对这些门电路也适用。

2.3.4 其他类型的 CMOS 门电路

1. 漏极开路输出门电路(OD 门)

与 TTL 电路中的 OC 门一样,CMOS 门的输出级电路结构也可以改为一个漏极开路输出的 MOS 管,构成漏极开路输出门电路,简称 OD 门。这种结构可用于实现"线与"的逻辑功能,也常用在输出缓冲/驱动器当中,或者用于输出电平的转换,以及满足吸收大负载电流的需要。

图 2.3.20(a)是 OD 输出与非门 74HC03 的电路结构示意图,它的输出电路是一个漏极开路的 N 沟道增强型 MOS 管 T_N。图 2.3.20(b)是它的图形符号,与 OC 门所用符号相同。OD 门在工作时同样需要外接上拉电阻 R_L 和电源,如图 2.3.20(a)所示。设 T_N 的截止内阻和导通内阻分别为 R_{OFF} 和 R_{ON},则只要满足 $R_{OFF} \gg R_L \gg R_{ON}$,就一定能使得 T_N 截止时 $v_O = V_{OH} \approx V_{DD2}$,$T_N$ 导通时 $v_O = V_{OL} \approx 0$。因为 V_{DD2} 可以选为不同于 V_{DD1} 的数值,所以,就很容易地将输入的高、低电平 $V_{DD1}/0V$ 变换为输出的高、低电平 $V_{DD2}/0V$ 了。

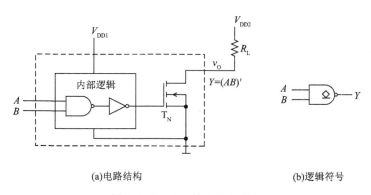

(a)电路结构   (b)逻辑符号

图 2.3.20 OD 输出的与非门

OD 门外接电阻的计算方法和 OC 门外接电阻的计算方法基本类似。在负载是 CMOS 门电路的情况下,计算 $R_{L(max)}$ 时,可以直接用式(2.2.20),式中的 n 为并联 OD 门的数目,m 是负载门电路高电平输入电流的数目;而在用式(2.2.21)计算 $R_{L(min)}$ 时,式中的 m' 是负载门电路低电平输入电流的数目,与负载门输入端的个数相同,而不是负载门的数目。

2. CMOS 传输门

CMOS 传输门由 P 沟道 MOS 管和 N 沟道 MOS 管并联互补组成,如图 2.3.21 所示。CMOS 传输门同 CMOS 反相器一样,也是构成各种逻辑电路的一种基本单元电路。

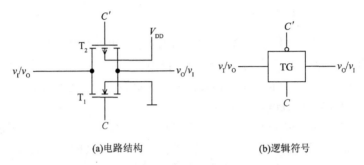

(a)电路结构　　　　　　　　　　　(b)逻辑符号

图 2.3.21　CMOS 传输门的电路结构和逻辑符号

图 2.3.21(a)中,T_1 是 N 沟道增强型 MOS 管,T_2 是 P 沟道增强型 MOS 管。P 沟道管的源极与 N 沟道管的漏极相连,作为输入/输出端;P 沟道管的漏极和 N 沟道管的源极相连,作为另一个输入/输出端。两个栅极受一对互补的控制信号 C 和 C' 控制。由于 T_1、T_2 管的结构形式是对称的,即漏极和源极可互易使用,因而信号可以双向传输,输入端和输出端可以互易使用,是一种双向器件。

如果设控制信号 C 和 C' 的高、低电平分别为 V_{DD} 和 0V,那么,当 $C=0,C'=1$ 时,只要输入信号的变化范围不超出 $0\sim V_{DD}$,则 T_1 和 T_2 两个 MOS 管都截止,输入与输出之间呈现高阻态(大于 $10^9\Omega$),传输门截止。当 $C=1,C'=0$ 时,如果 $0<v_I<V_{DD}-V_{GS(th)N}$ 时,则 T_1 管导通;如果 $|V_{GS(th)P}|<v_I<V_{DD}$,则 T_2 管导通。因此,当 v_I 在 $0\sim V_{DD}$ 之间变化时,总有一个 MOS 管导通,使输入和输出之间呈低阻态(小于 $1\,k\Omega$),传输门导通。所以,变换两个控制端互补信号的电平,可以使传输门截止或导通,从而决定输入信号能否传送到输出端。

利用 CMOS 传输门和 CMOS 反相器可以组合成各种复杂的逻辑电路,如异或门、数据选择器、寄存器、计数器等。

图 2.3.22 就是用反相器和传输门构成异或门的一个实例。由图可知:当 $A=1,B=0$ 时,TG_1 截止而 TG_2 导通,$Y=B'=1$;当 $A=0,B=1$ 时,TG_1 导通而 TG_2 截止,$Y=B=1$;当 $A=B=0$ 时,TG_1 导通而 TG_2 截止,$Y=B=0$;当 $A=B=1$ 时,TG_1 截止而 TG_2 导通,$Y=B'=0$。因此,Y 与 A、B 之间是异或逻辑关系,即 $Y=A\oplus B$。

传输门的另一个重要用途是作模拟开关,用来传输连续变化的模拟电压信号。

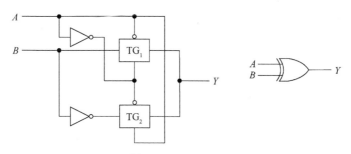

图 2.3.22 用反相器和传输门构成的异或门电路

模拟开关的基本电路是由 CMOS 传输门和一个 CMOS 反相器组成的,如图 2.3.23 所示。与 CMOS 传输门一样,它也是双向器件。由图 2.3.23 可知,当 C 为高电平时,传输门导通,开关接通;当 C 为低电平时,传输门截止,开关断开。

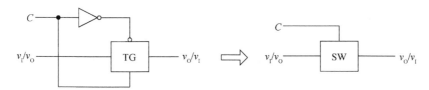

图 2.3.23 CMOS 双向模拟开关的电路结构和符号

3. 三态输出 CMOS 门电路

三态输出 CMOS 门是在普通门电路基础上增加了控制端和控制电路构成。图 2.3.24 是三态输出反相器的电路结构图和逻辑符号。因为这种电路结构总是接在集成电路的输出端,所以,也将这种电路称为输出缓冲器。

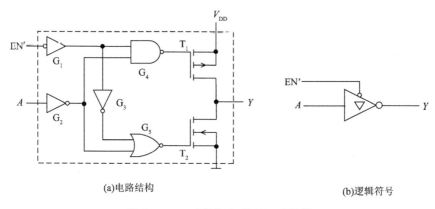

(a)电路结构   (b)逻辑符号

图 2.3.24 三态输出 CMOS 反相器

分析电路可知,当 $EN'=0$ 时,若 $A=1$,则 G_4、G_5 的输出同为高电平,T_1 截止,T_2 导通,$Y=0$;若 $A=0$,则 G_4、G_5 的输出同为低电平,T_1 导通,T_2 截止,$Y=1$。因此,$Y=A'$,反相器处于正常工作状态。而当 $EN'=1$ 时,不管 A 的状态如何,G_4 输出高电平,而 G_5 输出低电平,T_1 和 T_2 同时截止,输出呈现高阻态。所以,这是一个控制端低有效的三态门。

4. 改进的 CMOS 门电路

自 CMOS 电路问世以来,便以其功耗低、抗干扰能力强等优点引起了用户和生产厂商的重视。然而,早期的 CMOS 器件 4000 系列工作速度较低,使它的应用范围受到一定的限制。最早投放市场的 CMOS 集成电路产品是 4000 系列,传输延迟时间很长,可达 100ns 左右,而且,带负载能力也较弱。目前,CMOS 电路在工艺上得到了很大的改进,使各类门电路在工作速度上和带负载能力上有了很大的提高。主要的改进形式有两种。一种是高速的 CMOS 电路,采用工艺改进模式,减小沟道的长度,缩小整个 MOS 管的尺寸,从而降低了寄生电容的数值,其平均传输延迟时间小于 10ns,带负载能力提高到 4mA 左右,这种 CMOS 门电路的通用系列为 HC/HCT 系列。HC 系列可以在 $2\sim6V$ 间的任何电源电压下工作,在提高工作速度作为主要要求的情况下,可以选择较高的电源电压;而在降低功耗为主要要求的情况下,可以选用较低的电源电压。但由于 HC 系列门电路要求的输入电平与 TTL 电路输出电平不相匹配,所以,HC 系列电路不能与 TTL 电路混合使用,只适用于全部由 HC 系列电路组成的系统。HCT 系列工作在单一的 5V 电源电压下,它的输入、输出电平与 TTL 电路的输入、输出电平完全兼容,因此,可以用于 HCT 与 TTL 混合的系统。另一种是双极型-CMOS 电路(bipolar-CMOS,Bi-CMOS),这种电路的特点是实现逻辑功能部分采用 CMOS 结构,而输出级采用双极型三极管。因此,其兼有 CMOS 电路的低功耗和双极型电路低输出内阻的优点。由于其输出阻抗低,就加快了负载电容 C_L 的充、放电速度,从而减小了电路的传输延迟时间。目前,面市的 Bi-CMOS 系列集成电路有 TI 公司生产的 ABT 逻辑(advanced Bi-CMOS technology logic)系列,该产品的最大驱动电流可达 64mA,平均传输延迟时间的典型参数为 2.8ns,最小值可达 1ns 以下。

2.3.5　CMOS 电路的正确使用

1. 输入电路的静电防护

虽然在 CMOS 电路的输入端已经设置了保护电路,但它所能承受的静电电压和脉冲功率均有一定的限度。因此,在储存和运输时不要使用易产生静电高压的化工材料和化纤织物包装,最好采用金属屏蔽层作包装材料。在组装、调试时,仪器仪表、工作台面及烙铁等均应良好接地。不用的多余输入端不能悬空。

2. 输入电路的过流保护

由于输入保护电路中的钳位二极管电流容量有限，一般为 1mA，因此，在可能出现较大输入电流的场合必须增加过流保护措施。如在输入端接有低电阻信号源时，或在长线接到输入端时，或在输入端接有大电容时，均应在输入端接入保护电阻。

3. CMOS 电路锁定效应的防护

由于 CMOS 结构中，在同一片 N 型衬底上要同时制作 P 沟道和 N 沟道两种 MOS 管，就形成了多个 NPN 型和 PNP 型寄生三极管。在一定条件下，这些寄生三极管很可能构成正反馈电路，称为锁定效应，会造成 CMOS 器件永久失效。因此，为了防护 CMOS 器件锁定效应的产生，可以在输入端和输出端设置钳位电路；在电源输入端加去耦电路；在电源和输入端之间加限流电阻。若一个系统中由几个电源分别供电时，各电源的开、关顺序必须合理。启动时，应先接通 CMOS 电路的供电电源，然后再接入信号源或负载电路。关闭时，应先切断信号源和负载电路，再切断 CMOS 电路的电源。

2.4 TTL 电路与 CMOS 电路的连接

数字系统一般是由几个子系统组成，为了合理的使用器件，在一个系统中往往需要同时使用不同结构的电路，也就存在两种不同类型器件的连接问题。由于通常 TTL 电路和 CMOS 电路的外特性不完全相同，必须有适当的接口电路来实现它们之间的信号转换。

数字系统连接时可定义前级为驱动电路，后级为负载电路，如图 2.4.1 所示。无论是用 TTL 电路驱动 CMOS 电路，还是用 CMOS 电路驱动 TTL 电路，驱动门必须能为负载门提供符合标准的高、低电平和足够的驱动电流，即必须同时满足下列各式：

驱动门　　　负载门

$$V_{OH(min)} \geqslant V_{IH(min)} \quad (2.4.1)$$

$$V_{OL(max)} \leqslant V_{IL(max)} \quad (2.4.2)$$

$$|I_{OH(max)}| \geqslant nI_{IH(max)} \quad (2.4.3)$$

$$I_{OL(max)} \geqslant m|I_{IL(max)}| \quad (2.4.4)$$

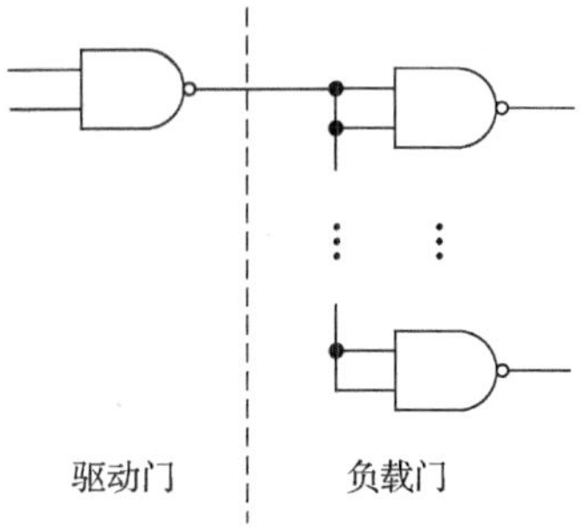

图 2.4.1 驱动门与负载门的连接

式中,n 和 m 分别为负载电流中 I_{IH} 和 I_{IL} 的个数。从式中可以看出,在电路的连接问题上,为了保证电路能够正常工作,需要解决的问题就是电平转换和电流转换问题。

为了便于对照比较,将 TTL 电路和 CMOS 电路的常用系列的外部特性参数列于表 2.4.1 中。

表 2.4.1　TTL、CMOS 电路的输入、输出特性参数

系列 \\ 参数名称	TTL 74 系列	TTL 74LS 系列	CMOS* 4000 系列	高速 CMOS 74HC 系列	高速 CMOS 74HCT 系列
$V_{CC}(V_{DD})/V$	5	5	3~18	2~6	4.5~5.5
$V_{OH(min)}/V$	2.4	2.7	4.4	4.4	4.4
$V_{OL(max)}/V$	0.4	0.5	0.05	0.33	0.33
$I_{OH(max)}/mA$	−0.4	−0.4	−0.51	−4	−4
$I_{OL(max)}/mA$	16	8	0.51	4	4
$V_{IH(min)}/V$	2.0	2.0	3.15	3.15	2
$V_{IL(max)}/V$	0.8	0.8	1.5	1.35	0.8
$I_{IH(max)}/\mu A$	40	20	0.1	0.1	0.1
$I_{IL(max)}/mA$	1.0	0.4	-0.1×10^3	-0.1×10^3	-0.1×10^3

* CC4000 系列 CMOS 门电路在 $V_{DD}=5V$ 时的参数。

1. 用 TTL 电路驱动 CMOS 电路

由表 2.4.1 可以看出,用 TTL 电路驱动 CMOS(4000 系列、74HC 系列)电路时,只有 TTL 电路的输出高电平无法满足对负载管的驱动,即不满足式(2.4.1),而其他三个式子均满足。因此,需要对 TTL 电路输出高电平的下限值进行调整。

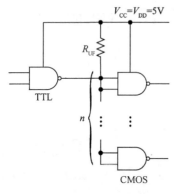

图 2.4.2　用接入上拉电阻提高 TTL 电路输入的高电平

最简单的方法是在 TTL 电路的输出端与电源之间接入上拉电阻 R_{UF},如图 2.4.2 所示。当 TTL 电路输出为高电平时,其输出电压为

$$V_{OH} = V_{DD} - R_{UF}(I_{OH} + nI_{IH}) \quad (2.4.5)$$

由于电流 I_{OH} 和 I_{IH} 都很小,当 R_{UF} 的阻值不是特别大时,输出高电平将被提升至 $V_{OH} \approx V_{DD}$。

在有些情况下,CMOS 电路的电源电压较高(如 $V_{DD}=15V$),其输入高电平将要求达到 $V_{IH(min)}=11V$,此时,采用电源电压为 5V 的 TTL 驱动电路将无法满足这么高的电平要求。为了解决这一问题,可以采用 OC 门作为驱动电路。OC 门的输出

端耐压可达 30V 以上。

　　若用 TTL 电路驱动 CMOS 高速 HCT 系列,由于 74HCT 系列工艺上的改进,其 $V_{\mathrm{IH(min)}}$ 降至 2V,所以,不需要外接任何接口电路即可实现 TTL 电路对这种电路的驱动。

　　2. 用 CMOS 电路驱动 TTL 电路

　　比较表 2.4.1 中的数据可以看出,用 74HC 系列和 74HCT 系列驱动 TTL 电路时,式(2.4.1)～式(2.4.4)均能满足,电路可以直接相连,通过简单计算即可确定连接负载门的个数。

　　当电路不能满足大负载电流要求的情况下,可以用以下方法来解决:一是将驱动门并接使用来增大输出低电平的灌电流;二是在 CMOS 电路的输出端增加一级 CMOS 驱动器;第三种是采用分立元件电流放大器来实现电流放大,如图 2.4.3 所示。例如,用 CC4000 系列 CMOS 电路驱动 74 系列 TTL 电路时,可以用这种接口电路。只要电流放大电路的参数选择合理,就一定可以同时满足输出电流和电压的要求。

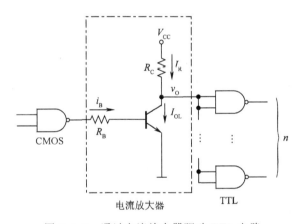

图 2.4.3　通过电流放大器驱动 TTL 电路

习题

题 2.1　试说明能否将与非门、或非门、异或门当作反相器使用? 如果可以,各输入端应如何连接?

题 2.2　在图 2.1.4 所示的与门电路中,输入端 A、B 的波形如图 2.1 所示,试画出电路输出端 v_{O} 的波形。已知输入 A、B 的高低电平分别为 3.0V 和 0V,V_{CC} 为 5V。

题 2.3　三极管 T 构成的反相器电路如图 2.2 所示。已知三极管 T 的 $V_{\mathrm{BE}}=0.7\mathrm{V}$,$\beta=30$,三极管饱和时的管压降 $V_{\mathrm{CES}}\approx0.1\mathrm{V}$。试计算:

(1) 当 V_1 为何值时,三极管 T 可进入饱和状态?

(2) 在 $V_1 = 3.0V$ 的情况下,V_O 端灌入电流为多大时,T 将脱离饱和?

(3) 当 $|V_O = V_{OH}$ 时,电路外拉电流的能力为多大?

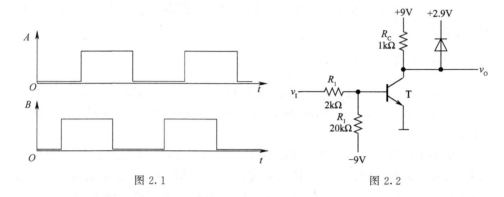

图 2.1   图 2.2

题 2.4 试分析图 2.3 中各门电路的输出是什么状态(高电平、低电平或高阻态)。已知这些门电路都是 74 系列 TTL 电路。

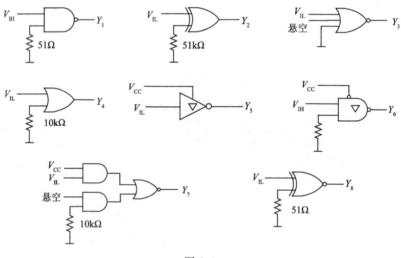

图 2.3

题 2.5 74 系列 TTL 与非门组成的电路如图 2.4 所示。已知门电路参数输入电流为 $I_{IH} \leqslant 40\mu A$,$|I_{IL}| \leqslant 1.6mA$,低电平输出电流最大值为 $I_{OL} = 16mA$,高电平输出电流最大值为 $I_{OH} = -0.4mA$,试计算:

(1) 门 G_M 能驱动多少同样的与非门?

(2) 若将上述与非门改为 4 输入与非门,而电路参数不变,则门 G_P 能驱动多少同样的与非门?

(3) 若将上述与非门改为 2 输入或非门,而电路参数不变,则门 G_P 能驱动多少同样的或非门?

题 2.6 试说明在下列情况下,用万用表测量图 2.5 中的 v_{I2} 端得到的电压各为多少。

(1) v_{I1} 悬空。

(2) v_{I1} 接低电平(0.3V)。

(3) v_{I1} 接高电平(3.2V)。

(4) v_{I1} 经 51Ω 电阻接地。

(5) v_{I1} 经 10kΩ 电阻接地。

图 2.5 中的与非门为 74 系列 TTL 电路,万用表使用 5V 量程,内阻为 20kΩ/V。

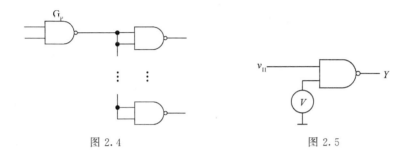

图 2.4   图 2.5

题 2.7 若将上题中的与非门改为 74 系列 TTL 或非门,试问在上述 5 种情况下测得的 v_{I2} 各为多少?

题 2.8 TTL 电路如图 2.6 所示,试分析各个电路的逻辑功能,并写出其输出逻辑表达式。

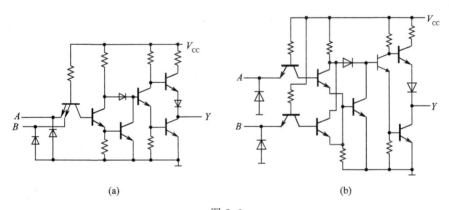

(a)   (b)

图 2.6

题 2.9 试计算图 2.7 电路中的上拉电阻 R_L 的阻值范围。其中,G_1、G_2 是 74LS 系列 OC 门,输出管截止时的漏电流 $I_{OH} \leqslant 100\mu A$,输出低电平 $V_{OL} \leqslant 0.4V$ 时允许的最大负载电流 $I_{OL(max)} = 8mA$。G_3、G_4、G_5 是 74LS 系列与非门,输入电流 $|I_{IL}| \leqslant 0.4mA$,$I_{IH} \leqslant 20\mu A$。要求 OC 门的输出高、低电平应满足 $V_{OH} \geqslant 3.2V$,$V_{OL} \leqslant 0.4V$。

题 2.10 在图 2.8 所示电路中,已知 G_1、G_2、G_3 是 74LS 系列 OC 门,输出管截止时的漏电流 $I_{OH} \leqslant 100\mu A$,输出低电平 $V_{OL} \leqslant 0.4V$ 时允许的最大负载电流 $I_{OL(max)} = 8mA$。G_4、G_5、G_6 是 74LS 系列或非门,输入电流 $|I_{IL}| \leqslant 0.4mA$,$I_{IH} \leqslant 20\mu A$。要求 OC 门的输出高、低电平应满足

$V_{OH} \geqslant 3.2V$，$V_{OL} \leqslant 0.4V$，试计算上拉电阻 R_L 的阻值范围。

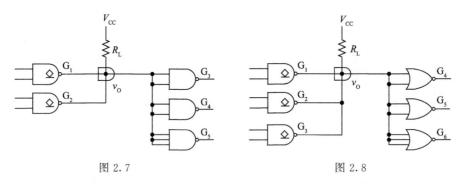

图 2.7　　　　　　　　　　　　　　　　　图 2.8

题 2.11　　在图 2.9(a)所示电路中，已知三极管导通时 $V_{BE}=0.7V$，饱和压降 $V_{CE(sat)}=0.3V$，饱和导通内阻为 $R_{CE(sat)}=30\Omega$，三极管的电流放大系数 $\beta=100$。OC 门 G_1 输出管截止时的漏电流约为 $60\mu A$，导通时允许的最大负载电流为 16mA，输出低电平 $\leqslant 0.3V$。$G_2 \sim G_5$ 均为 74 系列 TTL 电路，其中，G_2 为反相器，G_3 和 G_4 是与非门，G_5 是或非门，它们的输入特性如下图(b)所示。试问：

(1) 在三极管集电极输出的高、低电压满足 $V_{OH} \geqslant 3.5V$、$V_{OL} \leqslant 0.3V$ 的条件下，R_B 的取值范围是多少？

(2) 若将 OC 门改成推拉式输出的 TTL 门电路，会发生什么问题？

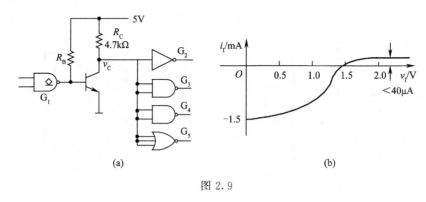

(a)　　　　　　　　　　　　　　　　　　(b)

图 2.9

题 2.12　　试分析图 2.10 所示 CMOS 电路的逻辑功能，并写出其逻辑表达式。

题 2.13　　说明图 2.11 中各门电路的输出是高电平还是低电平。已知它们都是 74HC 系列的 CMOS 电路。

题 2.14　　若将题 2.6 中的门电路改为 CMOS 与非门，试说明当 v_{I1} 为题 2.6 给出的 5 种状态时测得的 v_{I2} 各等于多少？

题 2.15　　在图 2.12 所示电路中，已知 G_1、G_2、G_3 是 74HC 系列 OD 门，输出端 MOS 管截止时的漏电流 $I_{OH} \leqslant 5\mu A$，输出低电平 $V_{OL} \leqslant 0.33V$ 时允许的最大负载电流 $I_{OL(max)}=5mA$。G_4、G_5 是 74HC 系列与非门，G_6 是 74HC 系列或非门，每个输入端低电平输入电流 $|I_{IL}| \leqslant 1\mu A$，高电

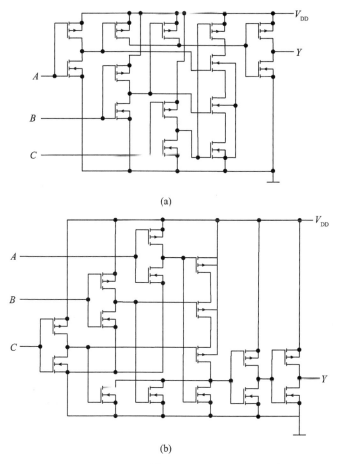

图 2.10

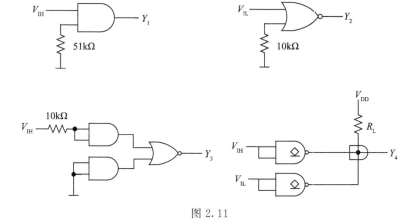

图 2.11

平输入电流 $I_{IH} \leqslant 1\mu A$。要求在 $V_{DD} = 5V$，并且 OD 门的输出高、低电平满足 $V_{OH} \geqslant 4.4V$、$V_{OL} \leqslant$ 0.33V 的情况下，计算上拉电阻 R_L 的阻值范围。

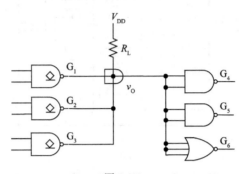

图 2.12

题 2.16　CMOS 门原理电路如图 2.13 所示，试分析电路输入、输出的逻辑关系，写出逻辑表达式，并画出相应的逻辑符号。

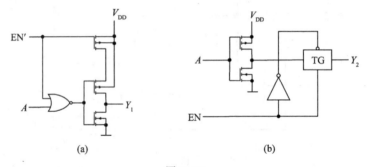

(a)　　　　　　　　　　　(b)

图 2.13

题 2.17　图 2.14 所示使用 TTL 电路驱动 CMOS 电路的实例，试计算上拉电阻 R_L 的取值范围。TTL 与非门在 $V_{OL} \leqslant 0.3V$ 时的最大输出电流为 8mA，输出端的 T_5 管截止时有 $50\mu A$ 的漏电流。CMOS 或非门的高电平输入电流最大值和低电平输入电流最大值均为 $1\mu A$。要求加到 CMOS 或非门输入端的电压满足 $V_{IH} \geqslant 4V$，$V_{IL} \leqslant 0.3V$。

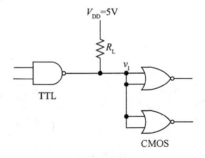

图 2.14

第3章　组合逻辑电路

3.1　组合逻辑电路的分析与设计

3.1.1　组合逻辑电路的特点

在数字电路中,根据逻辑功能和电路结构的不同特点,数字电路可以分成两大类:一类称为组合逻辑电路(简称组合电路),另一类称为时序逻辑电路(简称时序电路)。

组合逻辑电路在逻辑功能上的特点是:电路任意时刻的输出仅仅取决于该时刻的输入,而与电路原来的状态无关。

对于任何一个多输入、多输出的组合逻辑电路,都可以用图 3.1.1 所示的框图表示。$X_1, X_2, \cdots, X_n$ 表示输入变量,$Y_1, Y_2, \cdots, Y_m$ 表示输出变量。输出与输入间的逻辑关系可以用如下一组逻辑函数表示:

$$\begin{cases} Y_1 = f_1(X_1, X_2, \cdots, X_n) \\ Y_2 = f_2(X_1, X_2, \cdots, X_n) \\ \vdots \\ Y_m = f_m(X_1, X_2, \cdots, X_n) \end{cases} \quad (3.1.1)$$

由于电路的输出仅取决于该时刻各输入信号,不具备记忆电路原来输出的能力,因此,组合电路在电路结构上的特点是:①电路不包含存储单元,在结构上由逻辑门电路组成;②只有输入到输出的传输通路,没有从输出到输入的反馈电路。

图 3.1.1　组合逻辑电路框图

3.1.2　组合逻辑电路的分析方法

所谓分析一个给定的组合逻辑电路,就是要通过分析找出电路的逻辑功能来。在实际工作中会遇到大量的数字电路分析问题,组合逻辑电路的分析框图如图 3.1.2 所示,分析步骤如下。

图 3.1.2　组合逻辑电路的分析步骤

(1) 根据给定的组合电路图,从电路的输入到输出逐级写出逻辑函数表达式,最后得到表示输出与输入关系的逻辑函数表达式。

（2）利用公式化简法或卡诺图化简法得到简化的逻辑函数表达式。

（3）为了使电路的逻辑功能更加直观,有时还可以将逻辑函数表达式转换为真值表的形式。

（4）根据真值表,描述电路实现的逻辑功能。

例 3.1.1　试分析图 3.1.3 所示电路的逻辑功能,指出该电路的用途。

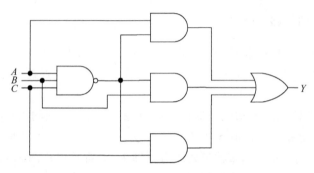

图 3.1.3　例 3.1.1 组合电路图

解:（1）根据给定的组合电路图,从电路的输入到输出逐级写出逻辑函数表达式,最后得到表示输出与输入关系的逻辑函数表达式。

$$Y = A \cdot (ABC)' + B \cdot (ABC)' + C \cdot (ABC)'$$

（2）简化逻辑函数表达式。

$$Y = (ABC)'(A + B + C)$$

（3）由逻辑函数表达式列出真值表 3.1.1。

表 3.1.1　例 3.1.1 真值表

A	B	C	Y
0	0	0	0
0	0	1	1
0	1	0	1
0	1	1	1
1	0	0	1
1	0	1	1
1	1	0	1
1	1	1	0

（4）描述电路实现的逻辑功能。

由真值表可知,当 A、B、C 三个输入变量不一致时,电路输出为 1。

3.1.3　组合逻辑电路的设计方法

根据给出的实际逻辑问题,求出实现这一逻辑功能的最简单逻辑电路,这就是设计组合逻辑电路时要完成的工作。这里所说的"最简",是指电路所用的器件数最少,器件的种类最少,而且器件之间的连线也最少。

组合逻辑电路的设计工作通常可按以下步骤进行,如图 3.1.4 所示。

图 3.1.4　组合逻辑电路设计步骤

(1) 把实际逻辑问题进行逻辑抽象。在许多情况下,提出的设计要求是用文字描述的一个具有一定因果关系的事件。这时,就需要通过逻辑抽象的方法,用一个逻辑函数来描述这一因果关系。逻辑抽象的工作通常是这样进行的:①分析事件的因果关系,确定输入变量和输出变量。输入变量一般被定义为引起事件的原因,输出变量一般被定义为事件的结果。②定义逻辑状态的含意,进行逻辑状态赋值。以二值逻辑的 0、1 两种状态分别代表输入变量和输出变量的两种不同状态。这里,0 和 1 的具体含意完全是由设计者人为选定的。③根据给定的因果关系列出逻辑真值表。至此,便将一个实际的逻辑问题抽象成一个逻辑函数了。而且,这个逻辑函数首先是以真值表的形式给出的。

(2) 写出逻辑函数表达式。为便于对逻辑函数进行化简和变换,需要把真值表转换为对应的逻辑函数表达式。

(3) 选定器件的类型。为了实现最终的逻辑函数,既可以用小规模集成门电路组成相应的逻辑电路,也可以用中规模集成的常用组合逻辑器件或可编程逻辑器件等构成相应的逻辑电路。应该根据对电路的具体要求和器件的资源情况决定采用哪一种类型的器件。

(4) 根据需要将逻辑函数化简或变换成适当的形式。在使用小规模集成的门电路进行设计时,为获得最简单的设计结果,应将逻辑函数表达式化成最简形式,即函数式中相加的乘积项最少,而且每个乘积项中的因子也最少。如果对所用器件的种类有附加的限制(例如只允许用单一类型的或非门),则还应将逻辑函数表达式变换成与器件种类相适应的形式。在使用中规模集成的常用组合逻辑电路设计电路时,需要将逻辑函数表达式变换为适当的形式,以便能用最少的器件和最简单的连线接成所要求的逻辑电路。在使用这些器件设计组合逻辑电路时,应该将待产生的逻辑函数变换成与所用器件的逻辑函数表达式相同或类似的形式。

(5) 根据化简或变换后的逻辑函数表达式画出逻辑电路图。

至此,组合逻辑电路设计已经完成。

例 3.1.2　设计一个将余三码变换成 8421BCD 码的转换电路。

解:(1) 把实际逻辑问题进行逻辑抽象,列出真值表(如表 3.1.2 所示)。

表 3.1.2　例 3.1.2 真值表

输入(余三码)				输出(8421 BCD 码)			
A_3	A_2	A_1	A_0	Y_3	Y_2	Y_1	Y_0
0	0	1	1	0	0	0	0
0	1	0	0	0	0	0	1
0	1	0	1	0	0	1	0
0	1	1	0	0	0	1	1
0	1	1	1	0	1	0	0
1	0	0	0	0	1	0	1
1	0	0	1	0	1	1	0
1	0	1	0	0	1	1	1
1	0	1	1	1	0	0	0
1	1	0	0	1	0	0	1
1	1	0	1	×	×	×	×
1	1	1	0	×	×	×	×
1	1	1	1	×	×	×	×
0	0	0	0	×	×	×	×
0	0	0	1	×	×	×	×
0	0	1	0	×	×	×	×

　　(2) 根据真值表,画出卡诺图,准备化简。本例题为 4 个输入,4 个输出,可知用卡诺图方法可以写出真值表对应的逻辑函数表达式,同时可以进行化简。卡诺图中包含有无关项,可以充分利用这些无关项,力求最简(如图 3.1.5 所示)。

　　(3) 根据卡诺图,写出最简的逻辑函数式。

$$Y_3 = A_3 A_2 + A_3 A_1 A_0 = ((A_3 A_2)' \cdot (A_3 A_1 A_0)')'$$

$$Y_2 = A_2' A' + A_2 A_1 A_0 + A_3 A_1' A_0 = ((A_2' A_0)' \cdot (A_2 A_1 A_0)' \cdot (A_3 A_1' A_0)')'$$

$$Y_1 = A_1 A_0' + A_1' A_0 = A_1 \oplus A_0$$

$$Y_0 = A_0'$$

　　(4) 根据化简或变换后的逻辑函数表达式画出逻辑电路图,如图 3.1.6 所示。

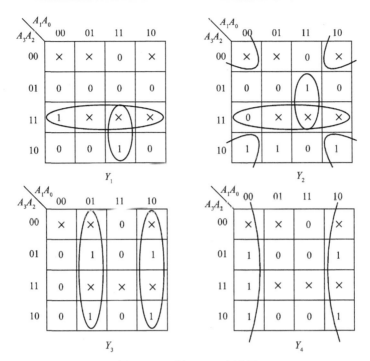

图 3.1.5　例 3.1.2 卡诺图

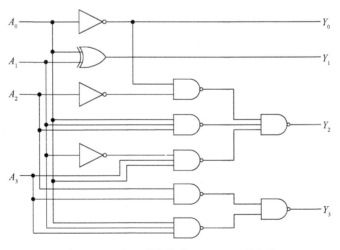

图 3.1.6　余三码转换成 8421BCD 码电路

3.2　常用的组合逻辑功能器件

随着技术的发展,有些逻辑电路经常、大量地出现在各种数字系统当中,这些电路包括编码器、译码器、数据选择器、数值比较器、加法器等。为了使用方便,已经将这些逻辑电路制成了中、小规模集成的标准化集成电路产品。在设计大规模集成电路时,也经常调用这些模块电路已有的、经过使用验证的设计结果,作为所设计电路的组成部分。

3.2.1　编码器

为了区分一系列不同的事物,将其中每个事物用多位二进制数码组合表示,这就是编码的含意。编码器就是完成这样功能的电路。编码器有若干个输入,对每个有效的输入信号,产生唯一的一组二进制代码与之对应。编码器是一个多输入、多输出电路,m 个输入信号,需要 n 位二进制编码,显然,m 不应该大于 2^n。

1. 普通编码器

目前,经常使用的编码器有普通编码器和优先编码器两类。在普通编码器中,任何时刻只允许输入一个编码信号,否则输出将发生混乱。

现以 3 位二进制普通编码器为例,分析一下普通编码器的工作原理。图 3.2.1 是 3 位二进制编码器的框图,输入是 $I_0 \sim I_7$ 8 个高电平信号,输出是 3 位二进制代码 $Y_2 Y_1 Y_0$,为此,又称为 8 线-3 线编码器。输出与输入的对应关系由表 3.2.1 给出。

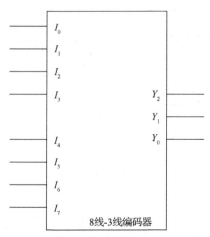

图 3.2.1　3 位二进制编码器的框图

表 3.2.1　3 位二进制编码器的真值表

输　　入								输　　出		
I_0	I_1	I_2	I_3	I_4	I_5	I_6	I_7	Y_2	Y_1	Y_0
1	0	0	0	0	0	0	0	0	0	0
0	1	0	0	0	0	0	0	0	0	1
0	0	1	0	0	0	0	0	0	1	0
0	0	0	1	0	0	0	0	0	1	1
0	0	0	0	1	0	0	0	1	0	0
0	0	0	0	0	1	0	0	1	0	1
0	0	0	0	0	0	1	0	1	1	0
0	0	0	0	0	0	0	1	1	1	1

将表 3.2.1 所示的真值表写成对应的逻辑函数表达式,如下:

$$\begin{cases} Y_2 = I_0'I_1'I_2'I_3'I_4I_5'I_6'I_7' + I_0'I_1'I_2'I_3'I_4'I_5I_6'I_7' + I_0'I_1'I_2'I_3'I_4'I_5'I_6I_7' + I_0'I_1'I_2'I_3'I_4'I_5'I_6'I_7 \\ Y_1 = I_0'I_1'I_2I_3'I_4'I_5'I_6'I_7' + I_0'I_1'I_2'I_3I_4'I_5'I_6'I_7' + I_0'I_1'I_2'I_3'I_4'I_5'I_6I_7' + I_0'I_1'I_2'I_3'I_4'I_5'I_6'I_7 \\ Y_0 = I_0'I_1I_2'I_3'I_4'I_5'I_6'I_7' + I_0'I_1'I_2'I_3I_4'I_5'I_6'I_7' + I_0'I_1'I_2'I_3'I_4'I_5I_6'I_7' + I_0'I_1'I_2'I_3'I_4'I_5'I_6'I_7 \end{cases}$$

$$(3.2.1)$$

如果任何时刻 $I_0 \sim I_7$ 当中仅有一个取值为 1,即输入变量取值的组合仅有表 3.2.1 中列出的 8 种状态,则输入变量为其他取值下其值等于 1 的那些最小项均为约束项。利用这些约束项将式(3.2.1)化简,得到

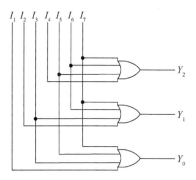

$$\begin{cases} Y_2 = I_4 + I_5 + I_6 + I_7 \\ Y_1 = I_2 + I_3 + I_6 + I_7 \\ Y_0 = I_1 + I_3 + I_5 + I_7 \end{cases} \quad (3.2.2)$$

图 3.2.2 就是根据式(3.2.2)得出的编码器电路,这个电路是由三个或门组成的。

图 3.2.2　3 位二进制编码器电路图

2. 优先编码器

在优先编码器电路中,允许同时输入两个以上的编码信号。不过,在设计优先编码器时,已经将所有的输入信号按优先顺序排了队,当几个输入信号同时出现时,只对其中优先权最高的一个进行编码。图 3.2.3 给出了 8 线-3 线优先编码器 74LS148 的逻辑符号和芯片管脚图。

为了扩展电路的功能和增加使用的灵活性,在 74LS148 的逻辑电路中附加了控制电路。其中,S' 为选通输入端,只有在 $S'=0$ 的条件下,编码器才能正常工作;而在 $S'=1$ 时,所有的输出端均被封锁在高电平。选通输出端 Y_S' 和扩展端 Y_{EX}' 用

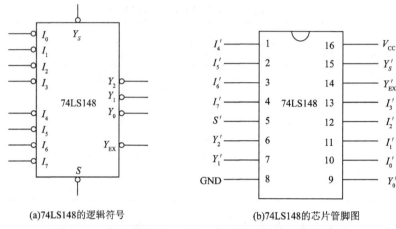

(a)74LS148的逻辑符号　　　　　　　　　(b)74LS148的芯片管脚图

图 3.2.3　优先编码器 74LS148 逻辑符号和芯片管脚图

于扩展编码功能。

　　只有当所有的编码输入端都是高电平(即没有编码输入),而且 $S=1$ 时,Y'_S 才是低电平。因此,Y'_S 的低电平输出信号表示"电路工作,但无编码输入"。

　　只要任何一个编码输入端有低电平信号输入,且 $S=1$,Y'_{EX} 即为低电平。因此,Y'_{EX} 的低电平输出信号表示"电路工作,而且有编码输入"。

　　总结 74LS148 的功能,可以列出表 3.2.2 所示的 74LS148 的功能表,它的输入和输出均以低电平作为有效信号。

表 3.2.2　74LS148 的功能表

输　　　　入									输　　出				
S'	I'_0	I'_1	I'_2	I'_3	I'_4	I'_5	I'_6	I'_7	Y'_2	Y'_1	Y'_0	Y'_S	Y'_{EX}
1	×	×	×	×	×	×	×	×	1	1	1	1	1
0	1	1	1	1	1	1	1	1	1	1	1	0	1
0	×	×	×	×	×	×	×	0	0	0	0	1	0
0	×	×	×	×	×	×	0	1	0	0	1	1	0
0	×	×	×	×	×	0	1	1	0	1	0	1	0
0	×	×	×	×	0	1	1	1	0	1	1	1	0
0	×	×	×	0	1	1	1	1	1	0	0	1	0
0	×	×	0	1	1	1	1	1	1	0	1	1	0
0	×	0	1	1	1	1	1	1	1	1	0	1	0
0	0	1	1	1	1	1	1	1	1	1	1	1	0

　　由表 3.2.2 不难看出,在 $S'=0$ 电路正常工作状态下,允许 $I'_0 \sim I'_7$ 当中同时有几个输入端为低电平,即有编码输入信号。I'_7 的优先级最高,I'_0 的优先级最低。当 $I'_7=0$ 时,无论其他输入端有无输入信号(表中以×表示),输出端只给出 I'_7 的

编码,即 $Y_2'Y_1'Y_0'=000$。当 $I_7'=1$、$I_6'=0$ 时,无论其余输入端有无输入信号,只对 I_6' 编码,输出为 $Y_2'Y_1'Y_0'=001$。其余的输入状态以此类推。

表 3.2.2 中出现的三种 $Y_2'Y_1'Y_0'=111$ 的情况可以用 Y_S' 和 Y_{EX}' 的不同状态加以区分。下面通过一个具体例子说明利用 Y_S' 和 Y_{EX}' 信号实现电路功能扩展的方法。

例 3.2.1 试用两片 74LS148 接成 16 线-4 线优先编码,将 $A_0' \sim A_{15}'$ 16 个低电平输入信号编为 0000～1111 16 个 4 位二进制代码,其中,A_{15}' 的优先级最高,A_0' 的优先级最低。

解: 由于每片 74LS148 只有 8 个编码输入,所以,需将 16 个输入信号分别接到两片上。现将 $A_0' \sim A_7'$ 8 个优先级低的输入信号接到第(2)片的 $I_0' \sim I_7'$ 输入端,而将 $A_8' \sim A_{15}'$ 8 个优先级高的输入信号接到第(1)片的 $I_0' \sim I_7'$ 输入端。按照优先顺序的要求,只有 $A_8' \sim A_{15}'$ 均无输入信号时,才允许对 $A_0' \sim A_7'$ 的输入信号编码。因此,只要将第(1)片的"无编码信号输入"信号 Y_S' 作为第(2)片的选通输入信号

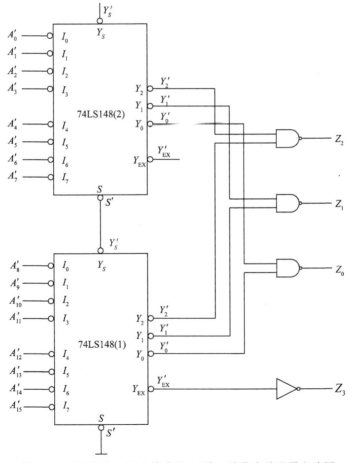

图 3.2.4　两片 74LS148 接成的 16 线-4 线优先编码器电路图

S' 就行了。此外,当第(1)片有编码信号输入时,它的 $Y'_{\text{EX}}=0$,无编码信号输入时,$Y'_{\text{EX}}=1$,正好可以用它作为输出编码的第 4 位,以区分 8 个高优先级输入信号和 8 个低优先级输入信号的编码。编码输出的低 3 位应为两片输出 Y'_2、Y'_1、Y'_0 的逻辑或。依照上面的分析,便得到了图 3.2.4 所示的逻辑图。

由图 3.2.4 可见,当 $A'_8 \sim A'_{15}$ 中任一输入端为低电平时,例如 $A'_{10}=0$,则片(1)的 $Y'_{\text{EX}}=0$,$Z_3=1$,$Y'_2 Y'_1 Y'_0=101$。同时,片(1)的 $Y'_{\text{S}}=1$,片(2)将封锁,使它的输出 $Y'_2 Y'_1 Y'_0=111$。于是,在最后的输出端得到 $Z_3 Z_2 Z_1 Z_0=1010$。如果 $A'_8 \sim A'_{15}$ 中同时有几个输入端为低电平,则只对其中优先级最高的一个信号编码。当 $A'_8 \sim A'_{15}$ 全部为高电平(没有编码输入信号)时,片(1)的 $Y'_{\text{S}}=0$,故片(2)的 $S'=0$,处于编码工作状态,对 $A'_0 \sim A'_7$ 输入的低电平信号中优先级最高的一个进行编码。例如,$A'_4=0$,则片(2)的 $Y'_2 Y'_1 Y'_0=011$,而此时片(1)的 $Y'_{\text{EX}}=1$,$Z_3=0$,片(1)的 $Y'_2 Y'_1 Y'_0=111$。于是,在输出端得到了 $Z_3 Z_2 Z_1 Z_0=0100$。

3. 二-十进制优先编码器

在常用的优先编码器电路中,除了二进制编码器以外,还有一类称为二-十进制优先编码器,它能将 $I'_0 \sim I'_9$ 10 个输入信号分别编成 10 个 BCD 代码。在 $I'_0 \sim I'_9$ 10 个输入信号中,I'_9 的优先级最高,I'_0 的优先级最低。图 3.2.5 是二-十进制优先编码器 74LS147 的逻辑符号和管脚图。

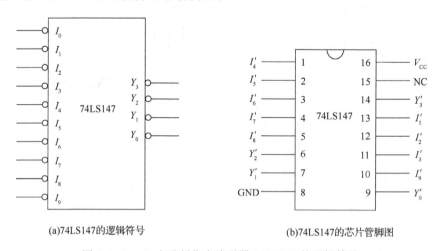

(a)74LS147的逻辑符号　　　　　　　　(b)74LS147的芯片管脚图

图 3.2.5　二-十进制优先编码器 74LS147 的逻辑符号

表 3.2.3 是对应的 74LS147 的功能表。由表可知,优先级以 I'_9 为最高,I'_1 为最低。当 $I'_9 \sim I'_1$ 均为 1 时,相当于 I'_0,输出编码为 1111,故 I'_0 被省略。编码器的输出是反码形式的 8421 BCD 码,如 I'_9 的编码输出为 0110,I'_1 的编码输出为 1110。

表 3.2.3　二-十进制编码器 74LS147 的功能表

输　入									输　出			
I_9'	I_8'	I_7'	I_6'	I_5'	I_4'	I_3'	I_2'	I_1'	Y_3'	Y_2'	Y_1'	Y_0'
0	×	×	×	×	×	×	×	×	0	1	1	0
1	0	×	×	×	×	×	×	×	0	1	1	1
1	1	0	×	×	×	×	×	×	1	0	0	0
1	1	1	0	×	×	×	×	×	1	0	0	1
1	1	1	1	0	×	×	×	×	1	0	1	0
1	1	1	1	1	0	×	×	×	1	0	1	1
1	1	1	1	1	1	0	×	×	1	1	0	0
1	1	1	1	1	1	1	0	×	1	1	0	1
1	1	1	1	1	1	1	1	0	1	1	1	0
1	1	1	1	1	1	1	1	1	1	1	1	1

3.2.2　译码器

译码是编码的逆过程,译码器的功能与编码器相反。译码器的逻辑功能是将每个输入的二进制代码译成对应的输出电平信号或另外一个代码。译码器是多输入、多输出电路,对于译码器每一组输入,在若干个输出中仅有一个输出有效电平(高电平或者低电平),其余输出都处于无效电平。如果一个译码器的有 n 个二进制输入信号,m 个输出信号,如果 $m=2^n$,就称为二进制全译码器,常见的二进制译码器有 2 线-4 线译码器、3 线-8 线译码器、4 线-16 线译码器等。如果 $m<2^n$,就成为不完全译码器,如二-十进制译码器等。

1. 二进制译码器

图 3.2.6 是 3 位二进制译码器。输入的 3 位二进制代码共有 8 种状态,译码器将每个输入代码译成对应的一根输出线上的高、低电平信号。因此,也将这个译码器称为 3 线-8 线译码器。对应的输入与输出之间的对应关系如表 3.2.4 所示。

74HC138 就是用 CMOS 门电路组成的 3 线-8 线译码器,它的逻辑符号如图 3.2.7 所示,逻辑功能表如表 3.2.5 所示。

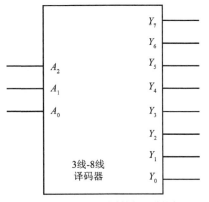

图 3.2.6　3 位二进制译码器的框图

表 3.2.4　3 位二进制译码器的真值表

输　　入			输　　出							
I_2'	I_1'	I_0'	Y_7'	Y_6'	Y_5'	Y_4'	Y_3'	Y_2'	Y_1'	Y_0'
0	0	0	0	0	0	0	0	0	0	1
0	0	1	0	0	0	0	0	0	1	0
0	1	0	0	0	0	0	0	1	0	0
0	1	1	0	0	0	0	1	0	0	0
1	0	0	0	0	0	1	0	0	0	0
1	0	1	0	0	1	0	0	0	0	0
1	1	0	0	1	0	0	0	0	0	0
1	1	1	1	0	0	0	0	0	0	0

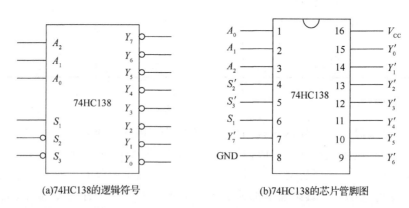

(a)74HC138的逻辑符号　　　　(b)74HC138的芯片管脚图

图 3.2.7　3 线-8 线译码器 74HC138 逻辑符号

表 3.2.5　74HC138 功能表

输　　入					输　　出							
S_1	$S_2'+S_3'$	A_2	A_1	A_0	Y_7'	Y_6'	Y_5'	Y_4'	Y_3'	Y_2'	Y_1'	Y_0'
0	×	×	×	×	1	1	1	1	1	1	1	1
×	1	×	×	×	1	1	1	1	1	1	1	1
1	0	0	0	0	1	1	1	1	1	1	1	0
1	0	0	0	1	1	1	1	1	1	1	0	1
1	0	0	1	0	1	1	1	1	1	0	1	1
1	0	0	1	1	1	1	1	1	0	1	1	1
1	0	1	0	0	1	1	1	0	1	1	1	1
1	0	1	0	1	1	1	0	1	1	1	1	1
1	0	1	1	0	1	0	1	1	1	1	1	1
1	0	1	1	1	0	1	1	1	1	1	1	1

当使能端有效时,可由逻辑图写出

$$\begin{cases}
Y'_0 = (A'_2 A'_1 A'_0)' = m'_0 \\
Y'_1 = (A'_2 A'_1 A_0)' = m'_1 \\
Y'_2 = (A'_2 A_1 A'_0)' = m'_2 \\
Y'_3 = (A'_2 A_1 A_0)' = m'_3 \\
Y'_4 = (A_2 A'_1 A'_0)' = m'_4 \\
Y'_5 = (A_2 A'_1 A_0)' = m'_5 \\
Y'_6 = (A_2 A_1 A'_0)' = m'_6 \\
Y'_7 = (A_2 A_1 A_0)' = m'_7
\end{cases} \tag{3.2.3}$$

由上式可以看出，$I'_0 \sim I'_7$ 同时又是 A_2、A_1、A_0 这三个变量的全部最小项的译码输出，所以，也将这种译码器称为最小项译码器。

74HC138 有 3 个附加的控制端 S_1、S'_2 和 S'_3。当 $S_1 = 1$、$S'_2 + S'_3 = 0$ 时，译码器处于工作状态。否则，译码器被禁止，所有的输出端被封锁在高电平，如表 3.2.5 所示。这 3 个控制端也称为"片选"输入端，利用片选的作用可以将多片连接起来以扩展译码器的功能。

带控制输入端的译码器又是一个完整的数据分配器。在图 3.2.7 所示电路中，如果将 S_1 作为"数据"输入端（同时令 $S'_2 = S'_3 = 0$），而将 $A_2 A_1 A_0$ 作为"地址"输入端，那么，从 S_1 送来的数据只能通过由 $A_2 A_1 A_0$ 所指定的一根输出线送出去，这就不难理解为什么把 $A_2 A_1 A_0$ 叫地址输入了。例如，当 $A_2 A_1 A_0 = 101$ 时，S_1 的数据以反码的形式从 Y'_5 输出，而不会被送到其他任何一个输出端上。

2. 二-十进制译码器

二-十进制译码器的逻辑功能是将输入 BCD 码的 10 个代码译成 10 个高、低电平输出信号。图 3.2.8 是二-十进制译码器 74HC42 的逻辑图。根据逻辑图得到

$$\begin{cases}
Y'_0 = (A'_3 A'_2 A'_1 A'_0)', & Y'_5 = (A'_3 A_2 A'_1 A_0)' \\
Y'_1 = (A'_3 A'_2 A'_1 A_0)', & Y'_6 = (A'_3 A_2 A_1 A'_0)' \\
Y'_2 = (A'_3 A'_2 A_1 A'_0)', & Y'_7 = (A'_3 A_2 A_1 A_0)' \\
Y'_3 = (A'_3 A'_2 A_1 A_0)', & Y'_8 = (A_3 A'_2 A'_1 A'_0)' \\
Y'_4 = (A'_3 A_2 A'_1 A'_0)', & Y'_9 = (A_3 A'_2 A'_1 A_0)'
\end{cases} \tag{3.2.4}$$

并可列出电路的真值表，如表 3.2.6 所示。

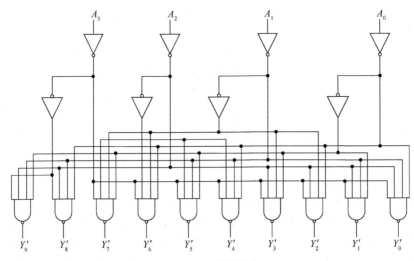

(a)74HC42的逻辑图

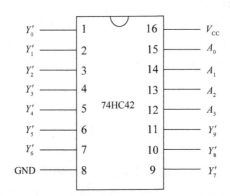

(b)74HC42的芯片管脚图

图 3.2.8　二-十进制译码器 74HC42

表 3.2.6　二-十进制译码器 74HC42 的真值表

输　　入				输　　　出									
A_3	A_2	A_1	A_0	Y_0'	Y_1'	Y_2'	Y_3'	Y_4'	Y_5'	Y_6'	Y_7'	Y_8'	Y_9'
0	0	0	0	0	1	1	1	1	1	1	1	1	1
0	0	0	1	1	0	1	1	1	1	1	1	1	1
0	0	1	0	1	1	0	1	1	1	1	1	1	1
0	0	1	1	1	1	1	0	1	1	1	1	1	1
0	1	0	0	1	1	1	1	0	1	1	1	1	1
0	1	0	1	1	1	1	1	1	0	1	1	1	1
0	1	1	0	1	1	1	1	1	1	0	1	1	1

续表

输　　入				输　　出									
A_3	A_2	A_1	A_0	Y_0'	Y_1'	Y_2'	Y_3'	Y_4'	Y_5'	Y_6'	Y_7'	Y_8'	Y_9'
0	1	1	1	1	1	1	1	1	1	1	0	1	1
1	0	0	0	1	1	1	1	1	1	1	1	0	1
1	0	0	1	1	1	1	1	1	1	1	1	1	0

对于 BCD 代码以外的伪码(即 1010～1111 6 个代码)Y_0'～Y_9'均无低电平信号产生,译码器拒绝"翻译",所以,这个电路结构具有拒绝伪码的功能。

在一些 CMOS 译码器中,为了电路简单,利用伪码项作为任意项将输出函数进行了简化,由于利用了任意项,故使用时不允许输入有伪码输入,否则,译码器将产生错误输出,这种电路被称为不拒绝伪输入电路,如译码器 74LS28 等。

3. 显示译码器

数字电路中,常常需要将数字、字母、符号等直观显示出来,能够显示数字、字母、符号的器件称为数字显示器,应用比较广泛的是由发光二极管构成的七段字符显示器,或称为七段数码管。

数字电路中,数字量都是以一定的代码形式出现的,所以,这些数字量要先经过译码,才能送到数字显示器去显示,这种能把数字量编译成数字显示器所能识别的信号的译码器称为数字显示器译码器。

七段字符显示器用 7 个发光二极管做成 a,b,c,d,e,f,g 7 个笔划段,并分为共阴极与共阳极两种连接方法,如图 3.2.9 所示。共阴极是将 7 个发光二极管的阴极连在一起并接地,阳极接译码器的各输出端,哪一个阳极为高电平时对应的那个发光二极管就发光。共阳极是将 7 个发光二极管的阴极连在一起并接在正电源上,阴极接译码器的各输出端,哪个阴极为低电平时对应的那个发光二极管就发光。

七段字符显示器可以用 TTL 或 CMOS 集成电路直接驱动。为此,就需要使用显示译码器将 BCD 代码译成数码管所需要的驱动信号,以便使数码管用十进制数字显示出 BCD 代码所表示的数值。

现以 $A_3A_2A_1A_0$ 表示显示译码器输入的 BCD 代码,以 Y_a～Y_g 表示输出的 7 位二进制代码,并规定用 1 表示数码管中线段的点亮状态,用 0 表示线段的熄灭状态,则根据显示字形的要求得到表 3.2.7 所示的真值表。表中除列出了 BCD 代码的 10 个状态与 Y_a～Y_g 状态的对应关系外,还规定了输入为 1010～1111 这 6 个状态下显示的字形。

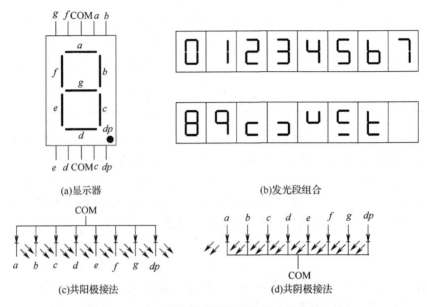

图 3.2.9　七段字符显示器发光段组合及内部电路

表 3.2.7　七段显示译码器 7448 的真值表

数字	输　　入				输　　出						
	A_3	A_2	A_1	A_0	Y_a	Y_b	Y_c	Y_d	Y_e	Y_f	Y_g
0	0	0	0	0	1	1	1	1	1	1	0
1	0	0	0	1	0	1	1	0	0	0	0
2	0	0	1	0	1	1	0	1	1	0	1
3	0	0	1	1	1	1	1	1	0	0	1
4	0	1	0	0	0	1	1	0	0	1	1
5	0	1	0	1	1	0	1	1	0	1	1
6	0	1	1	0	0	0	1	1	1	1	1
7	0	1	1	1	1	1	1	0	0	0	0
8	1	0	0	0	1	1	1	1	1	1	1
9	1	0	0	1	1	1	1	0	0	1	1
10	1	0	1	0	0	0	0	1	1	0	1
11	1	0	1	1	0	0	1	1	0	0	1
12	1	1	0	0	0	1	0	0	0	1	1
13	1	1	0	1	1	0	0	1	0	1	1
14	1	1	1	0	0	0	0	1	1	1	1
15	1	1	1	1	0	0	0	0	0	0	0

　　图 3.2.10 给出了七段显示译码器 7448 的逻辑符号。下面介绍一下附加控制端的功能和用法。

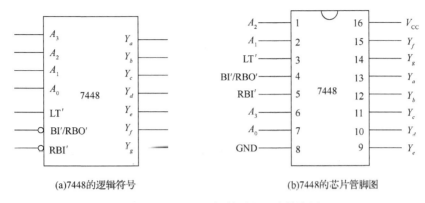

(a)7448的逻辑符号　　　　　　　　　　(b)7448的芯片管脚图

图 3.2.10　7448 逻辑符号和芯片管脚图

灯测试输入 LT′：当有 LT′=0 的信号输入时，无论输入为任何信号，$Y_a \sim Y_g$ 将全部输出为高电平。由此可知，数码管的 7 段同时点亮。可见，只要令 LT′=0，便可检查该数码管各段能否正常发光。平时置位 LT′=1。

灭零输入 RBI′：当输入的 RBI′=0，而输入 $A_3 A_2 A_1 A_0 = 0000$ 时，译码器的输出 $Y_a \sim Y_g$ 全为低电平，使显示器全灭；只有当 RBI′=1 时，才产生 0 的 7 段显示码。所以，称 RBI′为灭零输入端。

特殊控制 BI′/RBO′：这是一个双功能的输入/输出端，既可以当作输入端，也可以作为输出端。BI′/RBO′ 作为输入端使用时，无论 $A_3 A_2 A_1 A_0$ 的状态是什么，定可将被驱动数码管的各段同时熄灭。BI′/RBO′ 作为输出端使用时，称为灭零输出端。当输入 RBI′=0，$A_3 A_2 A_1 A_0 = 0000$ 时，RBO′=0，指示该芯片正处于灭零状态。

4. 用译码器设计组合逻辑电路

前面已经详细介绍了二进制译码器的电路结构和工作原理。由图 3.2.7 所示的 3 线-8 线译码器中可以看到，当使能端有效时，若将 A_2、A_1、A_0 作为 3 个输入逻辑变量，则 8 个输出端给出的就是这 3 个输入变量的全部最小项 $m_0' \sim m_7'$，如式 (3.2.3) 所示。利用附加的门电路将这些最小项适当地组合起来，便可产生任何形式的三变量组合逻辑函数。

同理，由于 n 位二进制译码器的输出给出了 n 变量的全部最小项，因而用 n 变量二进制译码器和或门（当译码器的输出为原函数 $m_0 \sim m_{2^n-1}$ 时）或者与非门（当译码器的输出为反函数 $m_0' \sim m_{2^n-1}'$ 时）定能获得任何形式输入变量数不大于 n 的组合逻辑函数。

例 3.2.2　试利用 3 线-8 线译码器 74HC138 设计一个多输出的组合逻辑电路，输出的逻辑函数式为

$$\begin{cases} Z_1 = AC' + A'BC + AB'C \\ Z_2 = BC + A'B'C \\ Z_3 = A'B + AB'C \\ Z_4 = A'BC' + B'C' + ABC \end{cases} \quad (3.2.5)$$

解：首先将式(3.2.5)给定的逻辑函数化为最小项之和的形式,得到

$$\begin{cases} Z_1 = ABC' + AB'C' + A'BC + AB'C = m_3 + m_4 + m_5 + m_6 \\ Z_2 = ABC + A'BC + A'B'C = m_1 + m_3 + m_7 \\ Z_3 = A'BC + A'BC' + AB'C = m_2 + m_3 + m_5 \\ Z_4 = A'BC' + AB'C' + A'B'C' + ABC = m_0 + m_2 + m_4 + m_7 \end{cases} \quad (3.2.6)$$

由表 3.2.5 和式(3.2.3)可知,只要令 74HC138 的输入 $A_2 = A, A_1 = B, A_0 = C$,则它的输出 $Y'_0 \sim Y'_7$ 就是式(3.2.3)中的 $m'_0 \sim m'_7$。由于这些最小项是以反函数形式给出的,所以,还需要将 $Z_1 \sim Z_4$ 变换为 $m'_0 \sim m'_7$ 的函数式,即

$$\begin{cases} Z_1 = (m'_3 \cdot m'_4 \cdot m'_5 \cdot m'_6)' \\ Z_2 = (m'_1 \cdot m'_3 \cdot m'_7)' \\ Z_3 = (m'_2 \cdot m'_3 \cdot m'_5)' \\ Z_4 = (m'_0 \cdot m'_2 \cdot m'_4 \cdot m'_7)' \end{cases} \quad (3.2.7)$$

上式表明,只需在 74HC138 的输出端附加 4 个与非门,即可得到 $Z_1 \sim Z_4$ 的逻辑电路。电路的接法如图 3.2.11 所示。如果译码器的输出为原函数形式($m_0 \sim m_7$),则只要将图 3.2.11 中的与非门换成或门就行了。

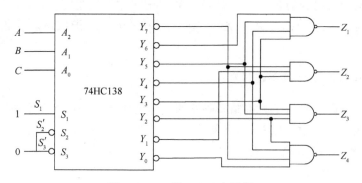

图 3.2.11　例 3.2.2 电路图

3.2.3　数据选择器

1. 数据选择器的工作原理

数据选择器又称多路开关,主要功能是根据地址选择信号从多个输入数据中选出一个送到输出端,它在数字电路中的作用与单刀多掷开关相似。

现以双 4 选 1 数据选择器 74HC153 为例说明它的工作原理。图 3.2.12 是 74HC153 的逻辑符号,其包含两个完全相同的 4 选 1 数据选择器。两个数据选择器有公共的地址输入端,而数据输入端和输出端是各自独立的。通过给定不同的地址代码(即 $A_1 A_0$),即可从 4 个输入数据中选出所要的一个,并送至输出端 Y。S_1' 和 S_2' 是附加控制端,用于控制电路工作状态和扩展功能。74HC153 的功能如表 3.2.8 所示。根据功能表,可写出输出逻辑函数表达式为

$$Y_1 = [D_{10}(A_1' A_0') + D_{11}(A_1' A_0) + D_{12}(A_1 A_0') + D_{13}(A_1 A_0)] \cdot S_1$$

$$Y_2 = [D_{20}(A_1' A_0') + D_{21}(A_1' A_0) + D_{22}(A_1 A_0') + D_{23}(A_1 A_0)] \cdot S_2$$

$$(3.2.8)$$

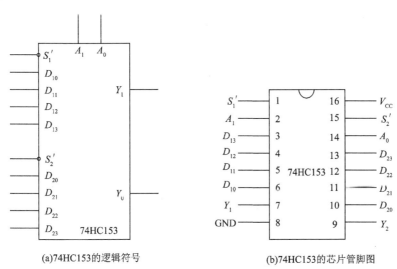

(a)74HC153的逻辑符号　　　　　　　(b)74HC153的芯片管脚图

图 3.2.12　74HC153 的逻辑符号

表 3.2.8　双 4 选 1 数据选择器 74HC153 的真值表

输　入							输　出
S'	A_1	A_0	D_3	D_2	D_1	D_0	Y
1	×	×	×	×	×	×	0
0	0	0	×	×	×	0	0
			×	×	×	1	1
	0	1	×	×	0	×	0
			×	×	1	×	1
	1	0	×	0	×	×	0
			×	1	×	×	1
	1	1	0	×	×	×	0
			1	×	×	×	1

注:表中只列出一个 4 选 1 数据真值表,另一个同。

同时,上式也表明 $S'=0$ 时数据选择器工作,$S'=1$ 时数据选择器工作禁止,输出被封锁为低电平。

例 3.2.3 试用两个带附加控制端的 4 选 1 数据选择器组成一个 8 选 1 数据选择器。

解:如果使用两个 4 选 1 数据选择器,可以有 8 个数据输入端,是够用的。为了能指定 8 个输入数据中的任何一个,必须用 3 位输入地址代码,而 4 选 1 数据选择器的输入地址代码只有两位,第三位地址输入端只能借用控制端 S'。

用一片 74HC153 双 4 选 1 数据选择器,将输入的低位地址代码 A_1 和 A_0 接到芯片的公共地址输入端 A_1 和 A_0,将高位输入地址代码 A_2 接至 S_1',而将 A_2' 接至 S_2',同时,将两个数据选择器的输出进行逻辑或,就得到了图 3.2.13 所示的 8 选 1 数据选择器。

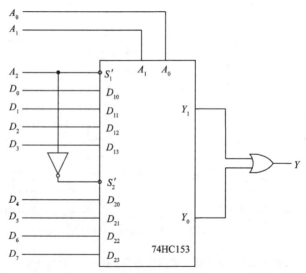

图 3.2.13 两个 4 选 1 数据选择器接成的 8 选 1 数据选择器

当 $A_2=0$ 时,上边一个数据选择器工作,通过给定 A_1 和 A_0 的状态,即可从 $D_3 \sim D_0$ 中选择某一个数据,并经过或门送到输出端 Y。反之,若 $A_2=1$,则下边一个 4 选 1 数据选择器工作,通过给定 A_1 和 A_0 的状态,便能从 $D_7 \sim D_4$ 中选出一个数据,再经过或门送到输出端 Y。

如果用逻辑函数表达式表示图 3.2.13 所示电路输出与输入间的逻辑关系,则得到

$$Y = D_0(A_2'A_1'A_0') + D_1(A_2'A_1'A_0) + D_2(A_2'A_1A_0') + D_3(A_2'A_1A_0)$$
$$+ D_4(A_2A_1'A_0') + D_5(A_2A_1'A_0) + D_6(A_2A_1A_0') + D_7(A_2A_1A_0)$$

$$(3.2.9)$$

在需要对接成的 8 选 1 数据选择器进行工作状态控制时,只需在或门上增加一个控制输入端就够了。74HC151 就是这样的 8 选 1 数据选择器,表 3.2.9 列出了 74HC151 的功能表。

表 3.2.9　8 选 1 数据选择器 74HC151 的真值表

输　　入				输　　出	
S'	A_2	A_1	A_0	Y	Y'
1	$\times$	$\times$	$\times$	0	1
	0	0	0	D_0	D_0'
	0	0	1	D_1	D_1'
	0	1	0	D_2	D_2'
	0	1	1	D_3	D_3'
0	1	0	0	D_4	D_4'
	1	0	1	D_5	D_5'
	1	1	0	D_6	D_6'
	1	1	1	D_7	D_7'

常见的数据选择器产品除"4 选 1"这种以外,还有"2 选 1"、"8 选 1"、"16 选 1"几种类型,它们的工作原理和 4 选 1 数据选择器类似,只是数据输入端和地址输入端的数目各不相同而已。

2. 用数据选择器设计组合逻辑电路

由式(3.2.9)可见,具有三位地址输入 A_2、A_1 和 A_0 的 8 选 1 数据选择器在 $S'=0$ 时输出与输入间的逻辑关系可以写成

$$Y = D_0(A_2'A_1'A_0') + D_1(A_2'A_1'A_0) + D_2(A_2'A_1A_0') + D_3(A_2'A_1A_0)$$
$$+ D_4(A_2A_1'A_0') + D_5(A_2A_1'A_0) + D_6(A_2A_1A_0') + D_7(A_2A_1A_0)$$

$$(3.2.10)$$

若将 A_2、A_1 和 A_0 作为三个输入变量,同时令 $D_0 \sim D_7$ 为另一个输入变量的适当状态(包括原变量、反变量、0 和 1),就可以在数据选择器的输出端产生任何形式的四变量组合逻辑函数。同理,用具有 n 位地址输入的数据选择器可以产生任何形式输入变量数不大于 $n+1$ 的组合逻辑函数。

例 3.2.4　试用 8 选 1 数据选择器实现下列逻辑函数:

$$Y = AB + BC + AC$$

解:(1)将逻辑函数表达式转换成最小项表达式,即

$$Y = A'BC + AB'C + ABC' + ABC = m_3 + m_5 + m_6 + m_7 \quad (3.2.11)$$

(2)将输入接至数据选择器的地址输入端,即 $A_2 = A$,$A_1 = B$,$A_0 = C$,输出接至数据选择器的输出端 Y。将逻辑函数表达式和 74HC151 的功能表达式

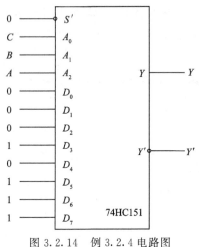

图 3.2.14　例 3.2.4 电路图

(3.2.10)相比较,显然,式(3.2.10)中出现的最小项对应的数据输入端应接 1,式(3.2.10)中没有出现的最小项对应的数据输入端应接入 0,即

$$D_3 = D_5 = D_6 = D_7 = 1$$
$$D_0 = D_1 = D_2 = D_4 = 0$$

（3）画出硬件连接图,如图 3.2.14 所示。

3.2.4　加法器

在计算机体系中,两个二进制数之间的算术运算,无论是加、减、乘、除,都由若干的加法运算来完成,加法器是构成算术运算器的基本单元。

1. 半加器

如果不考虑有来自低位的进位将两个 1 位二进制数相加,称为半加。实现半加运算的电路称为半加器。按照二进制加法运算规则可以列出表 3.2.10 所示的半加器真值表,其中,A、B 是两个加数,S 是相加的和,CO 是向高位的进位。由真值表可以得到 S、CO 和 A、B 的逻辑函数表达式,如下:

$$\begin{cases} S = A'B + AB' = A \oplus B \\ CO = AB \end{cases} \quad (3.2.12)$$

表 3.2.10　半加器的真值表

输　　入		输　　出	
被加数 A	加数 B	和数 S	进位数 CO
0	0	0	0
0	1	1	0
1	0	1	0
1	1	0	1
0	0	1	0
0	1	0	1
1	0	0	1
1	1	1	1

因此,半加器是可以由一个异或门和一个与门组成的,如图 3.2.15 所示。

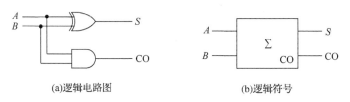

(a)逻辑电路图　　　　　　　　　(b)逻辑符号

图 3.2.15　半加器

2. 全加器

在将两个多位二进制数相加时,除了最低位以外,每一位都应该考虑来自低位的进位,即将两个对应位的加数和来自低位的进位 3 个数相加。这种运算称为全加,完成全加功能的电路称为全加器。根据二进制加法运算规则可列出 1 位全加器的真值表,如表 3.2.11 所示。

表 3.2.11　全加器的真值表

输　　入			输　　出	
低位的进位 CI	被加数 A	加数 B	和数 S	进位数 CO
0	0	0	0	0
0	0	1	1	0
0	1	0	1	0
0	1	1	0	1
1	0	0	1	0
1	0	1	0	1
1	1	0	0	1
1	1	1	1	1

由表 3.2.11 列出的全加器真值表可知,全加器的输出逻辑函数表达式为

$$\begin{cases} S = (A'B'\mathrm{CI}' + AB'\mathrm{CI} + A'B\mathrm{CI} + AB\mathrm{CI}')' \\ \mathrm{CO} = (A'B' + B'\mathrm{CI}' + A'\mathrm{CI}')' \end{cases}$$

$$(3.2.13)$$

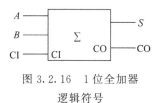

图 3.2.16　1 位全加器
逻辑符号

双全加器 74LS183 就是实现式(3.2.13)功能的一类集成电路,图 3.2.16 是它的逻辑符号。

3. 多位加法器

两个多位数相加时,每一位都是带进位相加的,因而必须使用全加器。只要依次将低位全加器的进位输出端 CO 接到高位全加器的进位输入端 CI,就可以构成多位加法器了。图 3.2.17 就是根据上述原理接成的 4 位加法器电路。显然,每一

位的相加结果都必须等到低一位的进位产生以后才能建立起来,因此,将这种结构的电路称为串行进位加法器。

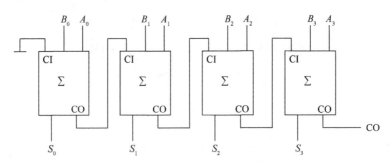

图 3.2.17　4 位串行进位加法器

　　这种加法器的最大缺点是运算速度慢,在最不利的情况下,做一次加法运算需要经过 4 个全加器的传输延迟时间(从输入加数到输出状态稳定建立起来所需要的时间)才能得到稳定可靠的运算结果。但考虑到串行进位加法器的电路结构比较简单,因而在对运算速度要求不高的设备中,这种加法器仍不失为一种可取的电路。

　　为了提高运算速度,必须设法减小由于进位信号逐级传递所耗费的时间,实现快速进位。所谓快速进位,是指加法运算过程中,各级进位信号同时送到各位全加器的进位输入端。根据该思路构成的快速进位集成 4 位加法器 74LS283 逻辑符号和管脚图如图 3.2.18 所示。

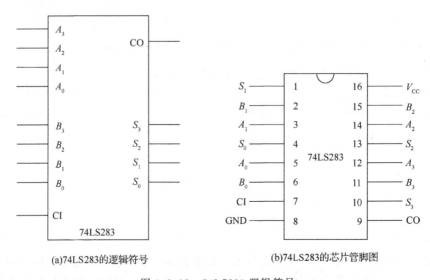

(a)74LS283的逻辑符号　　　　　　(b)74LS283的芯片管脚图

图 3.2.18　74LS283 逻辑符号

必须指出,运算时间得以缩短是用增加电路复杂程度的代价换取的。当加法器的位数增加时,电路的复杂程度也随之急剧上升。

4. 用加法器设计组合逻辑电路

如果要产生的逻辑函数能化成输入变量与输入变量或者输入变量与常量在数值上相加的形式,这时用加法器来设计这个组合逻辑电路往往会非常简单。

例 3.2.5　设计一个代码转换电路,将十进制代码 8421 码转换为余 3 码。

解: 以 8421 码为输入、余 3 码为输出,即可列出代码转换电路的逻辑真值表,如表 3.2.12 所示。

表 3.2.12　例 3.2.5 的逻辑真值表

输		入		输		出	
D	C	B	A	Y_3	Y_2	Y_1	Y_0
0	0	0	0	0	0	1	1
0	0	0	1	0	1	0	0
0	0	1	0	0	1	0	1
0	0	1	1	0	1	1	0
0	1	0	0	0	1	1	1
0	1	0	1	1	0	0	0
0	1	1	0	1	0	0	1
0	1	1	1	1	0	1	0
1	0	0	0	1	0	1	1
1	0	0	1	1	1	0	0

仔细观察表 3.2.12 不难发现,$Y_3 Y_2 Y_1 Y_0$ 和 $DCBA$ 所代表二进制数始终相差 0011,即十进制数的 3,故可得

$$Y_3 Y_2 Y_1 Y_0 = DCBA + 0011 \qquad (3.2.14)$$

其实,这也正是余 3 码的特征。根据式 (3.2.14),用一片 4 位加法器 74LS283 便可接成要求的代码转换电路,如图 3.2.19 所示。

3.2.5　数值比较器

在数字系统中,经常要求比较两个数值的大小,完成这一功能所设计的各种逻辑电路统称为数值比较器。

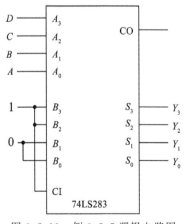

图 3.2.19　例 3.2.5 逻辑电路图

1.1 位数值比较器

首先讨论两个 1 位二进制数 A 和 B 相比较的情况,比较结果有三种可能,即 $A>B,A<B,A=B$。真值表如表 3.2.13 所示。

表 3.2.13　1 位数值比较器真值表

输　入		输　出		
A	B	$Y_{A>B}$	$Y_{A<B}$	$Y_{A=B}$
0	0	0	0	1
0	1	0	1	0
1	0	1	0	0
1	1	0	0	1

根据真值表写出逻辑函数表达式,即

$$Y_{A>B} = AB'$$
$$Y_{A<B} = A'B \qquad\qquad (3.2.15)$$
$$Y_{A=B} = A'B' + AB$$

图 3.2.20 就是根据式(3.2.15)给出的一种实用的 1 位数值比较器电路。

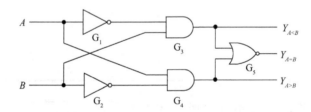

图 3.2.20　1 位数值比较器逻辑电路图

2. 多位数值比较器

在比较两个多位数的大小时,自高而低地逐位比较,只有在高位相等时,才需要比较低位。例如,A、B 是两个 4 位二进制数 $A_3A_2A_1A_0$ 和 $A_3A_2A_1A_0$,进行比较时,应首先比较 A_3 和 B_3。如果 $A_3>B_3$,那么,不管其他几位数码为何值,肯定是 $A>B$。反之,若 $A_3<B_3$,则不管其他几位数码为何值,肯定是 $A<B$。如果 $A_3=B_3$,这就必须通过比较下一位 A_2 和 B_2 来判断 A 和 B 的大小了。依此类推,定能比出结果。图 3.2.21(a)就是依据上述功能实现的 4 位数值比较器 74LS85 的逻辑符号。表 3.2.14 列出 74LS85 的真值表。该电路还可以利用 $I_{A>B}$、$I_{A<B}$ 和 $I_{A=B}$ 这三个输入端,将两片以上的 74LS85 组合成位数更多的数值比较器电路。

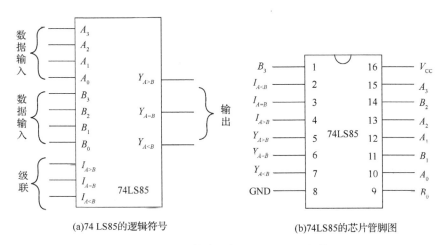

(a)74 LS85的逻辑符号　　　　　　　　　　　　(b)74LS85的芯片管脚图

图 3.2.21　4 位数值比较器 74LS85 逻辑符号

表 3.2.14　数值比较器 74LS85 真值表

输　　入							输　　出		
A_3,B_3	A_2,B_2	A_1,B_1	A_0,B_0	$I_{A>B}$	$I_{A<B}$	$I_{A=B}$	$Y_{A>B}$	$Y_{A<B}$	$Y_{A=B}$
$A_3>B_3$	$\times$	$\times$	$\times$	$\times$	$\times$	$\times$	1	0	0
$A_3<B_3$	$\times$	$\times$	$\times$	$\times$	$\times$	$\times$	0	1	0
$A_3=B_3$	$A_2>B_2$	$\times$	$\times$	$\times$	$\times$	$\times$	1	0	0
$A_3=B_3$	$A_2<B_2$	$\times$	$\times$	$\times$	$\times$	$\times$	0	1	0
$A_3=B_3$	$A_2=B_2$	$A_1>B_1$	$\times$	$\times$	$\times$	$\times$	1	0	0
$A_3=B_3$	$A_2=B_2$	$A_1<B_1$	$\times$	$\times$	$\times$	$\times$	0	1	0
$A_3=B_3$	$A_2=B_2$	$A_1=B_1$	$A_0>B_0$	$\times$	$\times$	$\times$	1	0	0
$A_3=B_3$	$A_2=B_2$	$A_1=B_1$	$A_0<B_0$	$\times$	$\times$	$\times$	0	1	0
$A_3=B_3$	$A_2=B_2$	$A_1=B_1$	$A_0=B_0$	1	0	0	1	0	0
$A_3=B_3$	$A_2=B_2$	$A_1=B_1$	$A_0=B_0$	0	1	0	0	1	0
$A_3=B_3$	$A_2=B_2$	$A_1=B_1$	$A_0=B_0$	0	0	1	0	0	1
$A_3=B_3$	$A_2=B_2$	$A_1=B_1$	$A_0=B_0$	$\times$	$\times$	1	0	0	1
$A_3=B_3$	$A_2=B_2$	$A_1=B_1$	$A_0=B_0$	1	1	0	0	0	0
$A_3=B_3$	$A_2=B_2$	$A_1=B_1$	$A_0=B_0$	0	0	0	1	1	0

例 3.2.6　试用两片 74LS85 组成一个 8 位数值比较器。

解：根据多位数比较的规则,在高位相等时,取决于低位的比较结果。因此,只要将两个数的高 4 位 $C_7C_6C_5C_4$ 和 $D_7D_6D_5D_4$ 接到第(2)片 74LS85 上,而将低 4 位 $C_3C_2C_1C_0$ 和 $D_3D_2D_1D_0$ 接到第(1)片的 74LS85 上,同时,把第(1)片的 $Y_{A>B}$、$Y_{A<B}$ 和 $Y_{A=B}$ 接到第(2)片 $I_{A>B}$、$I_{A<B}$ 和 $I_{A=B}$ 就行了。因为第(1)片 74LS85 没有来自低位的比较信号输入,所以,将它的 $I_{A>B}$ 和 $I_{A<B}$ 端接 0,同时,将它的 $I_{A=B}$ 端接 1。这样,就得到了图 3.2.22 所示的 8 位数值比较电路。

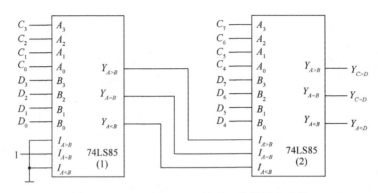

图 3.2.22　两片 74LS85 接成 8 位数值比较器

3.3　组合逻辑电路中的竞争-冒险现象

前面在分析和设计组合逻辑电路时,只是讨论了输入、输出处于稳定时的逻辑关系。没有考虑信号变化时的过渡过程和信号在电路内部的传输延迟时间。而在实际电路中,由于信号变化时的过渡过程不一致和门电路的传输延迟的存在,会对电路的工作产生不可忽视的影响,所以,有必要再观察一下当输入信号逻辑电平发生变化的瞬间电路的工作情况。

3.3.1　竞争-冒险现象及其成因

如图 3.3.1(a)所示,中间变量 $T=(AB)'$,输出变量 $Y=(AB)' \cdot B$。稳定状态下,无论 $A=1,B=0$,还是 $A=0,B=1$,与非门 G_1 的输出 T 总是 1。由于不同输入信号的上升和下降的过渡过程一般不完全一致,如果 A 和 B 的信号同时发生变化,A 由 1 变化为 0,同时,B 由 0 变化为 1,假设 A 信号的下降速度比 B 信号的上升速度慢,则会在一个极短的时间间隔 Δt 内,A 和 B 的信号电平都大于与非门 G_1 输入阈值电压,此时,T 就会产生一个极窄的负向尖峰脉冲,也称为毛刺,如图 3.3.1(b)所示,显然,这个尖峰脉冲是与非门 G_1 的错误输出,会对整个逻辑电路的正常逻辑功能造成未知的错误。

假设 A 为 1 不变,稳态下,无论 B 信号是否发生变化,电路都输出 $Y=B' \cdot B=0$。然而,当 B 信号由 0 变化为 1 时,B 信号在一个门的传输延迟 t_{pd} 之后传输到 T 点,使之由 1 变化为 0。在这个延时间隔内,与门 G_2 的两个输入都为高电平,因此,电路输出会产生一个正向尖峰脉冲,如图 3.3.1 所示,显然,这也是不符合电路逻辑功能的错误输出。

将门电路多个输入信号同时向相反的逻辑电平跳变(一个从 1 变为 0,另一个

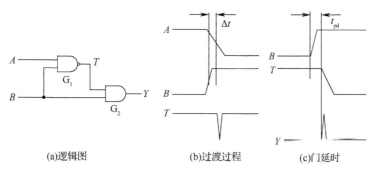

(a)逻辑图　　　　(b)过渡过程　　　　(c)门延时

图 3.3.1　由竞争产生冒险现象

从 0 变为 1),或者一个信号经由不同的路径传到同一个门的输入致使信号到达时间不同的现象称为竞争。应当指出,有竞争现象时不一定都会产生尖峰脉冲。如图 3.3.1(b)所示,如果 A 信号的下降速度比 B 信号的上升速度快,T 点就不会产生毛刺。如图 3.3.1(c)所示,如果 B 信号由 1 变化为 0,Y 也不会产生毛刺。

由于竞争而在电路输出端可能产生尖峰脉冲的现象就称为冒险。

3.3.2　消除竞争-冒险现象的方法

1. 输出接入滤波电容

由于竞争-冒险而产生的尖峰脉冲一般都很窄(多在几十纳秒以内),所以,只要在可能产生冒险的输出端并接一个很小的滤波电容 C_f(一般为 4～20pF),就足以把尖峰脉冲的幅度削弱至门电路的阈值电压以下。这种方法的优点是简单易行,而缺点是增加了输出电压波形的上升时间和下降时间,使波形有可能变坏。

2. 引入选通脉冲

第二种常用的方法是在电路中引入一个选通脉冲,当输入信号变换完成,进入稳态后,才启动选通脉冲,将输出门打开。这样,输出就不会出现冒险脉冲。

3. 修改逻辑设计,增加冗余项

以图 3.3.2(a)所示电路为例,能够得到了它输出的逻辑函数式为 $Y=AB+A'C$,而且在 $B=C=1$ 的条件下,当 A 改变状态时,存在竞争-冒险现象。

根据逻辑代数的常用公式可知

$$Y = AB + A'C = AB + A'C + BC \tag{3.3.1}$$

在增加了 BC 项以后,在 $B=C=1$ 时,无论 A 如何改变,输出始终保持 $Y=1$。因此,A 的状态变化不再会引起竞争-冒险现象。

因为 BC 项对函数 Y 来说是多余的,所以,将它称为 Y 的冗余项,同时,将这种修改逻辑设计的方法称为增加冗余项的方法。增加冗余项以后的电路如图 3.3.2(b)所示。

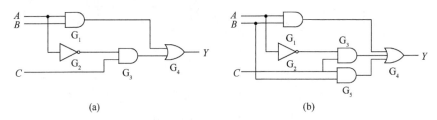

(a)　　　　　　　　　　　　　　　　　(b)

图 3.3.2　增加冗余项消除竞争-冒险现象

用增加冗余项的方法消除竞争-冒险现象适用范围是很有限的。由图 3.3.2 (a)所示电路中不难发现,如果 A 和 B 同时改变状态,即 AB 从 10 变为 01 时,电路仍然存在竞争-冒险现象。可见,增加了冗余项 BC 以后仅仅消除了 $B=C=1$ 时,由于 A 的状态改变所导致的竞争-冒险。

将上述三种方法比较一下不难看出,接滤波电容的方法简单易行,但输出电压的波形随之变坏。因此,只适用于对输出波形的前、后沿无严格要求的场合。引入选通脉冲的方法也比较简单,而且不需要增加电路元件,但使用这种方法时必须设法得到一个与输入信号同步的选通脉冲,对这个脉冲的宽度和作用的时间均有严格的要求。至于修改逻辑设计的方法,倘能运用得当,有时可以收到令人满意的效果。然而,这样有利的条件并不是任何时候都存在,而且这种方法能解决的问题也是很有限的。

习题

题 3.1　分析图 3.1 电路的逻辑功能,写出输出的逻辑函数表达式,列出真值表,说明电路逻辑功能的特点。

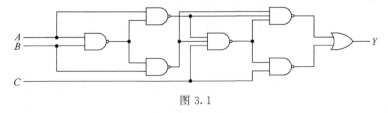

图 3.1

题 3.2　设计一个 5211BCD 码的判决电路,当输入代码 D、C、B、A 中有奇数个 1 时,电路的输出 Y 为 1,否则为 0。试用与非门实现该电路,写出输出逻辑函数表达式的与非-与非形式。

题 3.3　试画出 3 线-8 线译码器 74HC138 和门电路产生如下多输出逻辑函数的逻辑图。

$$\begin{cases} Y_1 = AC \\ Y_2 = A'B'C + ABC' + BC \\ Y_3 = B'C' + AB' \end{cases}$$

题 3.4　用 3 线-8 线译码器 74HC138 和门电路设计 1 位二进制全减器电路。输入为被减数、减数和来自低位的借位;输出为两数之差和向高位的借位信号。

题 3.5　用 8 选 1 数据选择器 74HC151 产生如下逻辑函数:

$$Y = AB'D + A'BC'D + BC + B'CD'$$

题 3.6　试用 4 位并行加法器 74LS283 设计一个加/减运算电路。当控制信号 $M=0$ 时,它将两个输入的 4 位二进制数相加,而 $M=1$ 时,它将两个输入的 4 位二进制数相减(两数相加的绝对值不大于 15,允许附加必要的门电路)。

题 3.7　试利用两片 4 位二进制并行加法器 74LS283 和必要的门电路组成 1 个二-十进制加法器电路(提示:根据 BCD 码中 8421 码的加法运算规则,当两数之和小于等于 9(1001)时,相加的结果和按二进制数相加所得到的结果一样,当两数之和大于 9(即等于 1010~1111)则应有按二进制数相加的结果上加 6(0110),这样,就可以给出进位信号,同时行到一个小于 9 的和)。

题 3.8　用 4 位数值比较器 74LS85 组成十位数值比较器,画出硬件连接图。

第4章 触 发 器

前面介绍了各种集成逻辑门电路和由它们组成的各种组合逻辑电路,这些电路有一个共同的特点,就是某一时刻的输出完全取决于当时的输入信号,它们没有记忆功能。而在数字系统中,常常需要存储一些数字信息,这就需要具有记忆功能的时序逻辑电路。构成时序逻辑电路的基本单元是触发器,触发器是能够存储1位二值信号的逻辑电路,它有两个互补输出,其输出状态不仅与输入有关,而且还与原来的输出状态有关。触发器具有不同的逻辑功能,根据电路结构和触发方式的不同有不同的分类。本章主要介绍触发器的逻辑功能和它们的工作特性。

4.1 触发器的电路结构与动作特点

触发器根据触发信号的触发方式不同,可以分为 RS 锁存器、电平触发的触发器、脉冲触发的触发器和边沿触发的触发器。

4.1.1 RS 锁存器

1. RS 锁存器的电路结构和工作原理

RS 锁存器是构成其他各类触发器的基本单元,其有两个稳定状态,可以根据输入信号置成 0 或 1 状态,但是它的置 0 或置 1 操作是由输入的置 0 或置 1 信号直接完成的,不需要触发信号的触发。

RS 锁存器的电路如图 4.1.1(a)所示,由两个与非门交叉耦合组成。G_1 和 G_2 是两个与非门,Q 和 Q' 是两个输出端。当 $Q=1$,$Q'=0$ 时,称为锁存器的 1 状态;当 $Q=0$,$Q'=1$ 时,称为锁存器的 0 状态。S_D' 和 R_D' 是锁存器的输入端,S_D' 称为置位端或置 1 输入端,R_D' 称为复位端或置 0 输入端。图 4.1.1(b)所示是 RS 锁存

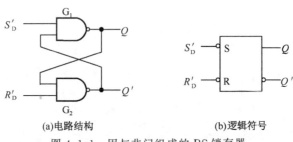

(a)电路结构   (b)逻辑符号

图 4.1.1 用与非门组成的 RS 锁存器

器的逻辑符号,两个输入端的边框外侧的小圆圈表示输入信号只在低电平时对锁存器起作用。

根据输入信号不同状态的组合,锁存器的输出与输入之间的关系有 4 种情况,分析如下。

(1) 当 $S'_D=0$,$R'_D=1$ 时,$Q=1$,$Q'=0$,锁存器进入 1 状态。由于 Q' 端的 0 信号通过交叉耦合又反馈到 G_1 门的输入端,所以,这时即使 S'_D 端的 0 信号消失(即 S'_D 由 0 变为 1),G_1 的输出仍然是 1 不变,因此,锁存器保持 1 状态。

(2) 当 $S'_D=1$,$R'_D=0$ 时,$Q=0$,$Q'=1$,锁存器进入 0 状态。由于 Q 端的 0 信号通过交叉耦合又反馈到 G_2 门的输入端,所以,这时即使 R'_D 端的 0 信号消失(即 R'_D 由 0 变为 1),G_2 的输出仍然是 1 不变,因此,锁存器保持 0 状态。

(3) $S'_D=R'_D=1$ 时,两个与非门 G_1 和 G_2 的输出由原来的 Q' 和 Q 的状态决定,显然,锁存器维持原来的状态不变。

(4) $S'_D=R'_D=0$ 时,$Q=Q'=1$,这既不是定义的 1 状态,也不是定义的 0 状态。而且,如果两个输入端同时发生由 0 至 1 的变化,则两个与非门输出都要由 1 向 0 转换,这就出现了所谓竞争现象。假若与非门 G_1 的延迟时间小于 G_2 的延迟时间,则锁存器最终稳定在 $Q=0$,$Q'=1$ 的状态;若与非门 G_2 的延迟时间小于 G_1 的延迟时间,则锁存器最终稳定在 $Q=1$,$Q'=0$ 的状态。这样,在 $S'_D=R'_D$ 都为 0 而又同时由 0 变化为 1 时,电路的竞争使得锁存器最终的稳定状态不能确定。因此,在正常工作时,输入信号应遵循 $S'_D+R'_D=1$ 的约束条件,即不允许输入 $S'_D=R'_D=0$ 的信号。

综上所述,RS 锁存器的真值表如表 4.1.1 所示。表 4.1.2 是表 4.1.1 的简化表。因为锁存器新的状态 Q^*(也称为次态)不仅与输入状态有关,而且与锁存器原来的状态 Q(也称为初态)有关,所以,将 Q 也作为一个变量列入了真值表,并将 Q 称为状态变量,将这种含有状态变量的真值表称为锁存器的特性表(或功能表)。

表 4.1.1　用与非门组成的 RS 锁存器的特性表

输入信号		初 态	次 态	功 能
S'_D	R'_D	Q	Q^*	
0	1	0	1	置 1
0	1	1	1	
1	0	0	0	置 0
1	0	1	0	
1	1	0	0	保持
1	1	1	1	
0	0	0	1*	不允许
0	0	1	1*	

表 4.1.2　简化特性表

S'_D	R'_D	Q^*
0	1	1
1	0	0
1	1	Q
0	0	1*

1*:S'_D 和 R'_D 的 0 状态同时消失后状态不定。

　　RS 锁存器也可以由两个或非门交叉耦合组成,其电路结构和逻辑符号分别如图 4.1.2(a)和图 4.1.2(b)所示。该电路的输入信号是高电平有效,S_D 和 R_D 分别表示置 1 输入端和置 0 输入端。表 4.1.3 是它的特性表,表 4.1.4 是表 4.1.3 的简化表。

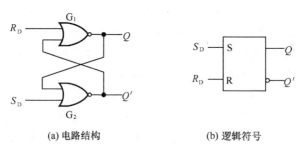

(a) 电路结构　　　　　　　　　(b) 逻辑符号

图 4.1.2　用或非门组成的 RS 锁存器

表 4.1.3　用或非门组成的锁存器的特性表

输入信号		初　态	次　态	功　能
S_D	R_D	Q	Q^*	
1	0	0	1	置 1
1	0	1	1	
0	1	0	0	置 0
0	1	1	0	
0	0	0	0	保持
0	0	1	1	
1	1	0	0*	不允许
1	1	1	0*	

表 4.1.4　简化特性表

S_D	R_D'	Q^*
1	0	1
0	1	0
0	0	Q
1	1	0*

　　0*:S_D 和 R_D 的 1 状态同时消失后状态不定。

　　由于 $S_D = R_D = 1$ 时出现非定义的 $Q = Q' = 0$ 状态,而且当 S_D 和 R_D 同时由 1 信号回到 0 信号时,锁存器的状态难以确定,所以,在正常工作时,同样应当遵循 $S_D' + R_D' = 1$ 的约束条件,即不允许输入 $S_D = R_D = 1$ 的信号。

　　2.RS 锁存器的动作特点

　　由图 4.1.1(a)和图 4.1.2(a)可见,在 RS 锁存器中,输入信号直接加在输出门上,所以,当输入信号为有效电平时,可以直接改变输出端 Q 和 Q' 的状态。这就是 RS 锁存器的动作特点。

　　由于输入信号 $S_D'(S_D)$ 和 $R_D'(R_D)$ 直接改变输出端的状态,所以,也将 $S_D'(S_D)$

称为直接置位端,将 $R'_D(R_D)$ 称为直接复位端,将这个电路称为直接置位、复位锁存器。

例 4.1.1　在图 4.1.3(a)所示的 RS 锁存器电路中,已知其输入 S'_D 和 R'_D 的电压波形如图 4.1.3(b)中所示,试画出输出 Q 和 Q' 对应的电压波形。

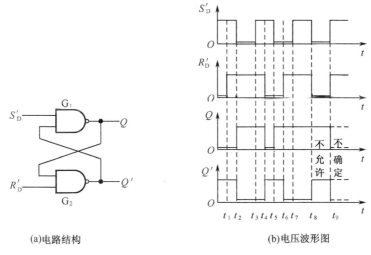

(a)电路结构　　　　　　　　　　　　　　　(b)电压波形图

图 4.1.3　例 4.1.1 的电路结构和电压波形

解:根据每个时间区间里 S'_D 和 R'_D 的状态,在锁存器的特性表中找出 Q 和 Q' 的相应状态,并画出它们的波形图。从图 4.1.3(b)所示的波形图上可以看到,在 $t_8 \sim t_9$ 期间,输入端出现了 $S'_D = R'_D = 0$ 的状态,并且在 t_9 时刻两个输入端同时回到高电平,所以,锁存器的次态不能够确定;而在 $t_5 \sim t_6$ 期间,虽然输入端也出现了 $S'_D = R'_D = 0$ 的状态,但是,由于在 t_6 时刻 R'_D 先回到高电平,所以,锁存器的次态是可以确定的。

RS 锁存器的集成产品有 TTL 型的 74LS279、CMOS 型的 CC4043 和 CC4044 等。CC4043 集成了 4 个或非门组成的 RS 锁存器,而 CC4044 集成了 4 个与非门组成的 RS 锁存器,它们都具有三态输出端 Q,因此也称为三态锁存器。

4.1.2　电平触发的触发器

由两个门电路交叉耦合构成的 RS 锁存器,只要输入信号发生变化,锁存器状态就会根据其逻辑功能发生相应的变化。而在实际运用中,常常需要锁存器的输入仅仅作为锁存器发生状态变化的条件,不希望锁存器状态随输入信号的变化而立即发生相应变化,而是要求在一个触发信号的作用下,输出信号才随着输入信号的变化发生相应的变化。这样,在锁存器的基础上加上触发导引电路就构成了电平触发的触发器,这个触发信号称为时钟信号,记作 CLK。当系统中有多个触发器需要同时动作时,就可以用同一个 CLK 信号作为同步控制信号。

1. 电路结构和工作原理

图 4.1.4(a)是电平触发 RS 触发器的电路结构形式。通常,也将这个电路称为同步 RS 触发器。门 G_1 和 G_2 构成 RS 锁存器,门 G_3 和 G_4 构成触发导引电路。

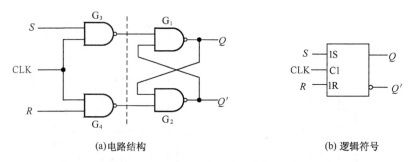

(a)电路结构   (b) 逻辑符号

图 4.1.4　电平触发 RS 触发器(同步 RS 触发器)

由图 4.1.4 可知,当 CLK $=0$ 时,门 G_3、G_4 被封锁,其输出始终为 1,所以,不论输入信号 R、S 如何变化,都无法影响输出状态,故输出保持原来的状态不变。只有当 CLK $=1$ 时,门 G_3、G_4 打开,输入信号 R、S 通过门 G_3、G_4 作用到 RS 锁存器的输入端,使得 Q 和 Q' 根据 R、S 信号的状态而改变状态。可见,电平触发 RS 触发器的翻转时刻是由触发信号 CLK 控制,CLK $=1$ 的整个期间都可以接受输入信号。

图 4.1.4(b)是电平触发 RS 触发器的逻辑符号,框内的 C1 表示 CLK 是编号为 1 的一个控制信号,1R 和 1S 表示受 C1 控制的两个输入信号,只有在 C1 为有效电平,即 C1$=1$ 时,1R 和 1S 信号才能起作用。框图外部的输入端处没有小圆圈,表示 CLK 以高电平为有效电平(如果在 CLK 输入端处有一小圆圈,则表示 CLK 以低电平为有效电平)。

表 4.1.5 是电平触发 RS 触发器的特性表。由表中可知,当 CLK$=1$ 时,触发器的输出状态由输入信号决定,并且其特性表和 RS 锁存器的特性表一致;当 CLK$=0$ 时,触发器的输出状态保持不变。而且,电平触发 RS 触发器的输入信号同样要遵循 $S'_D + R'_D = 1$ 的约束条件,否则,当 R、S 同时由 1 变为 0,或者 $S=R=1$ 时,CLK 由 1 回到 0,则触发器的次态将无法确定。

为了从根本上避免电平触发 RS 触发器的输入端 R、S 同时为 1 的情况出现,有些集成电路产品中在电平触发 RS 触发器的输入端 R 和 S 间接一非门,信号只从 S 端输入,并改称 S 端为 D 端,如图 4.1.5(a)所示。这种单端输入的触发器称为电平触发 D 触发器(或称 D 型锁存器),其逻辑符号如图 4.1.5(b)所示。

表 4.1.5　电平触发 RS 触发器的特性表

CLK	S	R	Q	Q^*	功能
0	×	×	0	0	保持
0	×	×	1	1	
1	0	0	0	0	保持
1	0	0	1	1	
1	1	0	0	1	置 1
1	1	0	1	1	
1	0	1	0	0	置 0
1	0	1	1	0	
1	1	1	0	1^*	不允许
1	1	1	1	1^*	

1^* : S 和 R 的 1 状态同时消失或 $S = R = 1$ 时 CLK 回到低电平后状态不定。

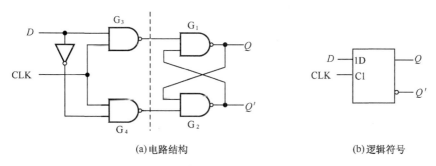

(a)电路结构　　　　　　　　　(b)逻辑符号

图 4.1.5　电平触发 D 触发器(D 型锁存器)

由图 4.1.5 可知,当 CLK=0 时,触发器保持原来的状态不变;当 CLK=1 时,若 D=0,则触发器被置成 Q=0 状态,若 D=1,则触发器被置成 Q=1 状态。即触发器的输出状态转换发生在 CLK=1 期间,高电平起触发作用,所以也属于电平触发方式。其特性表如表 4.1.6 所示。

表 4.1.6　电平触发 D 触发器的特性表

CLK	D	Q	Q^*	功能
0	×	0	0	保持
0	×	1	1	
1	0	0	0	置 0
1	0	1	0	
1	1	0	1	置 1
1	1	1	1	

2. 电平触发方式的动作特点

(1) 只有当 CLK 为有效电平时,触发器才能接受输入端信号,并按照输入端信号将触发器的输出端置成相应状态。

(2) 在 CLK $=1$ 的全部时间里,输入端信号的状态变化都可以引起输出端状态的改变。在 CLK 回到 0 后,触发器保存的是 CLK 回到 0 以前瞬间的状态。

例 4.1.2 已知电平触发 RS 触发器的输入信号波形如图 4.1.6 所示,试画出输出 Q 和 Q' 对应的电压波形。设触发器的初始状态为 $Q=1$。

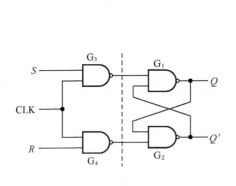

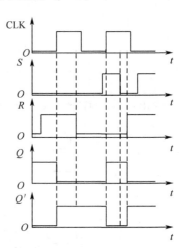

图 4.1.6 例 4.1.2 的电压波形图

解:根据表 4.1.5 所示的特性表可知,在第一个 CLK 高电平期间,先是 $S=0$,$R=1$,触发器的输出被置成 $Q=0$,$Q'=1$,随后输入变成了 $S=R=0$,因而输出状态保持不变。CLK 回到低电平,触发器的输出保持 $Q=0$,$Q'=1$ 状态。直到在第二个 CLK 高电平期间,$S=1$,$R=0$,触发器输出被置成 $Q=1$,$Q'=0$,随后输入变成了 $S=R=0$,输出保持不变,最后输入 $S=0$,$R=1$,输出被置成 $Q=0$,$Q'=1$。CLK 回到低电平,触发器输出保持 $Q=0$,$Q'=1$ 状态。

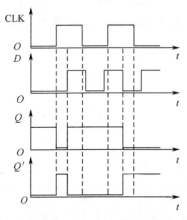

图 4.1.7 例 4.1.3 的电压波形

例 4.1.3 已知电平触发 D 触发器的输入信号波形如图 4.1.7 所示,试画出输出 Q 和 Q' 对应的电压波形。设触发器的初始状态为 $Q=1$。

解:根据表 4.1.6 所示的特性表可知,电平触发 D 触发器的输出在 CLK $=1$ 期间与输入的状态相同,而在 CLK =0 期间,触发器保持不变,保持的是 CLK 变为低电平之前的状态。

4.1.3 脉冲触发的触发器

由 4 个集成门构成的电平触发方式的触发器,在时钟信号为有效电平时,输入信号的改变可以引起输出信号状态发生变化,但有时会造成在某些输入条件下产生多次翻转现象。为了提高触发器工作的可靠性,希望在每个时钟周期里输出端的状态只能改变一次,这样,在电平触发触发器的基础上发展了脉冲触发的触发器。

1. 电路结构和工作原理

脉冲触发 RS 触发器的电路结构如图 4.1.8(a)所示。由两个同样的电平触发 RS 触发器组成,其中,$G_1 \sim G_4$ 组成的电平触发 RS 触发器称为从触发器,$G_5 \sim G_8$ 组成的电平触发 RS 触发器称为主触发器,非门 G_9 使主、从触发器的时钟脉冲反相。通常,也将该电路称为主从 RS 触发器。

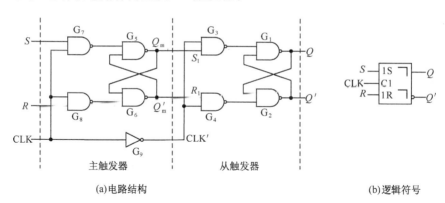

(a)电路结构   (b)逻辑符号

图 4.1.8 脉冲触发 RS 触发器(主从 RS 触发器)

当 CLK =1 时,主触发器的输入门 G_7 和 G_8 打开,主触发器根据输入 R 和 S 的状态翻转;而对于从触发器,CLK 经门 G_9 反相后为 0 电平,加在其输入门上,使得 G_3 和 G_4 被封锁,从而从触发器的状态不受主触发器输出的影响,从触发器的状态保持不变。当 CLK 由高电平返回到低电平后,门 G_7 和 G_8 被封锁,输入信号 R 和 S 不影响主触发器的状态;而这时从触发器的门 G_3 和 G_4 打开,从触发器的输出状态由其输入 $S_1 = Q_m$,$R_1 = Q_m'$ 确定。

从触发器的翻转是发生在 CLK 由高电平变为低电平的时刻(CLK 的下降沿),CLK 一旦到达低电平后,主触发器被封锁,其状态不受 R、S 的影响,从触发器的状态也不可能再改变。因此,在一个 CLK 的变化周期里,触发器的输出端的状态只可能改变一次。

脉冲触发 RS 触发器的逻辑符号如图 4.1.8(b)所示。符号中框内的"¬"表示"延迟输出",即 CLK 回到低电平以后,输出状态才会改变。

脉冲触发 RS 触发器的特性表如表 4.1.7 所示。CLK 栏中的"$\sqcap\!\!\downarrow$"符号表示脉冲触发 RS 触发器在 CLK 为高电平时接收输入信号,在 CLK 的下降沿到达的时刻输出状态发生变化,体现了其脉冲触发的特性(CLK 以低电平为有效信号时,在 CLK 输入端加一小圆圈,输出状态的变化发生在 CLK 脉冲的上升沿)。

表 4.1.7　脉冲触发 RS 触发器的特性表

CLK	S	R	Q	Q^*	功能
×	×	×	×	Q	保持
$\sqcap\!\!\downarrow$	0	0	0	0	保持
$\sqcap\!\!\downarrow$	0	0	1	1	
$\sqcap\!\!\downarrow$	1	0	0	1	置 1
$\sqcap\!\!\downarrow$	1	0	1	1	
$\sqcap\!\!\downarrow$	0	1	0	0	置 0
$\sqcap\!\!\downarrow$	0	1	1	0	
$\sqcap\!\!\downarrow$	1	1	0	1^*	不允许
$\sqcap\!\!\downarrow$	1	1	1	1^*	

1^*:S 和 R 的 1 状态同时消失或 $S=R=1$ 时 CLK 回到低电平后状态不定。

脉冲触发方式的触发器克服了 CLK=1 期间触发器输出状态可能发生多次翻转的问题。但是,由于主触发器本身是电平触发 RS 触发器,所以,在 CLK=1 期间,主触发器的输出状态仍然会随着 R 和 S 状态的改变而发生多次改变。而且,输入信号依然要遵循 $S \cdot R = 0$ 的约束条件。

例 4.1.4　已知脉冲触发 RS 触发器如图 4.1.9(a)所示,其输入信号波形如图 4.1.9(b)所示,试画出输出 Q 和 Q' 对应的电压波形。设触发器的初始状态为 $Q=1$。

解:根据 CLK=1 期间输入信号 R 和 S 的状态可以得到主触发器 Q_m 和 Q'_m 的电压波形,当 CLK 的下降沿到达时,再根据 Q_m 和 Q'_m 的状态可以得到输出信号 Q 和 Q' 的电压波形。

由图 4.1.9 可见,在第 4 个 CLK 高电平期间,主触发器的输出信号 Q_m 和 Q'_m 的状态虽然改变了两次,但输出信号 Q 和 Q' 的状态并不改变。

为了使脉冲触发 RS 触发器的输入信号不受约束,在脉冲触发 RS 触发器的基础上作了进一步的改进,得到脉冲触发 JK 触发器,也称为主从结构 JK 触发器(简

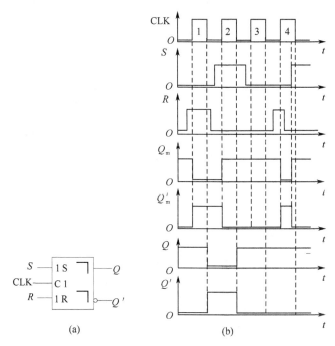

图 4.1.9 例 4.1.4 的电压波形

称主从 JK 触发器)。电路结构和逻辑符号如图 4.1.10 所示。

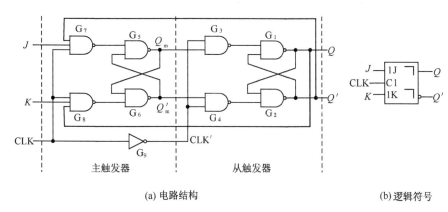

(a) 电路结构 (b) 逻辑符号

图 4.1.10 主从 JK 触发器

由图 4.1.10 可见,将主从 RS 触发器的输出 Q 和 Q' 作为一对附加的控制信号接回到输入端,由于 Q 和 Q' 不能同时为 1,从而避免了触发器的输出状态可能出现不确定的现象,这样,对输入信号 R、S 无约束条件。为了与主从 RS 触发器相区别,将输入端 S 改用 J 表示,输入端 R 改用 K 表示,故称为主从 JK 触发器。其工作原理与主从 RS 触发器相同,但由于输出信号反馈回到输入端,使输入信号不受限制,具体分析如下所述。

(1)若 $J=1,K=0,Q=0$,则 CLK $=1$ 时,主触发器置 1,待 CLK $=0$ 以后,从触发器随之置 1,即 $Q^*=1$;若 $J=1,K=0,Q=1$,则 CLK $=1$ 时,主触发器保持不变,待 CLK $=0$ 以后,从触发器输出保持不变,即 $Q^*=1$。所以,当 $J=1,K=0$ 时,CLK 下降沿到达后触发器将置 1,即 $Q^*=1$。

(2)若 $J=0,K=1,Q=0$,则 CLK $=1$ 时,主触发器保持不变,待 CLK $=0$ 以后,从触发器输出保持不变,即 $Q^*=0$;若 $J=0,K=1,Q=1$,则 CLK$=1$ 时,主触发器置 0,待 CLK$=0$ 以后,从触发器随之置 0,即 $Q^*=0$。所以,当 $J=0,K=1$ 时,CLK 下降沿到达后触发器将置 0,即 $Q^*=0$。

(3)若 $J=0,K=0$,与非门 G_7、G_8 被封锁,则 CLK $=1$ 时,主触发器保持原状态不变,待 CLK $=0$ 以后,从触发器也保持原状态不变,$Q^*=Q$。

(4)若 $J=1,K=1$,与非门 G_7、G_8 的输入与触发器的输出 Q、Q' 有关。若 $J=1,K=1,Q=0$,则门 G_8 被 Q 端的低电平封锁,CLK $=1$ 时,仅 G_7 输出低电平信号,故主触发器置 1,待 CLK $=0$ 以后,从触发器也随着置 1,即 $Q^*=1$;若 $J=1,K=1,Q=1$,则门 G_7 被 Q' 端的低电平封锁,CLK$=1$ 时,仅 G_8 输出低电平信号,故主触发器置 0,待 CLK$=0$ 以后,从触发器也随着置 0,即 $Q^*=0$。综合以上两种情况可知,当 $J=1,K=1$ 时,CLK 下降沿到达后触发器将翻转为与原状态相反的状态,即 $Q^*=Q'$。

将上述的逻辑关系用真值表表示,即得到主从 JK 触发器的特性表。如表 4.1.8 所示。

表 4.1.8 主从 JK 触发器的特性表

CLK	J	K	Q	Q^*	功能
×	×	×	×	Q	保持
⊓↓	0	0	0	0	保持
⊓↓	0	0	1	1	
⊓↓	1	0	0	1	置1
⊓↓	1	0	1	1	
⊓↓	0	1	0	0	置0
⊓↓	0	1	1	0	
⊓↓	1	1	0	1	翻转
⊓↓	1	1	1	0	

2. 脉冲触发方式的动作特点

(1) 触发器的动作分两步进行。第一步,在 CLK＝1 期间,主触发器接收输入端的信号,被置成相应的状态,从触发器保持不变。第二步,CLK 下降沿到达时,从触发器按照主触发器的状态动作。

(2) 主触发器是一个电平触发 RS 触发器,所以,在 CLK＝1 的全部时间里,输入信号都对主触发器起控制作用。

由于主从结构触发器有这样的特点,所以,在使用主从结构触发器时,一定要注意在 CLK＝1 期间输入信号的状态是否有变化。如果在 CLK＝1 期间,输入信号状态没有发生变化,那么,从触发器的输出状态可以由 CLK 下降沿到达时刻输入信号的状态确定;如果在 CLK＝1 期间,输入信号状态发生了变化,那么,从触发器的输出状态不一定能由 CLK 下降沿到达时刻输入信号的状态确定,而必须考虑在整个 CLK＝1 期间输入信号的变化过程,才能够确定触发器的次态。

对于主从 RS 触发器,由于主触发器是电平触发 RS 触发器,所以,在 CLK＝1 期间,R、S 状态多次改变时,主触发器的状态会随之发生多次翻转。

对于主从 JK 触发器,虽然主触发器是电平触发 RS 触发器,在 CLK＝1 的全部时间里,主触发器都可以接收输入信号,但由于 Q、Q' 端反馈接回到了输入门上,所以,在 $Q＝0$ 时,主触发器只能接收置 1 输入信号,而在 $Q＝1$ 时,主触发器只能接收置 0 输入信号。结果就是在 CLK＝1 期间,主触发器只可能翻转一次,一旦翻转了就不会再翻回到原来的状态。这种现象称为主从 JK 触发器的一次翻转现象。

例 4.1.5 主从 JK 触发器的输入 CLK、J、K 的波形如图 4.1.11 所示,试画出 Q 端对应的电压波形。设触发器的初始状态为 $Q＝0$。

解:由图 4.1.11 可见,第一个 CLK 高电平期间始终为 $J＝1,K＝0$,CLK 下降沿到达后触发器置 1。第二个 CLK 的高电平期间,K 端状态发生了变化,所以,不能简单地以 CLK 下降沿到达时 J、K 的状态来确定触发器的次态。在 CLK 高电平期间,有 $J＝1,K＝1$ 的状态,此时,主触发器的输出 Q_m 翻转为 0,虽然此后又出现了 $J＝1,K＝0$ 的状态,但由于主从 JK 触发器的一次翻转现象,使得主

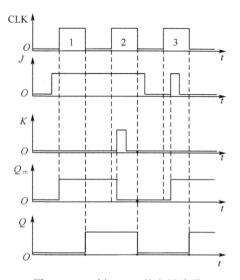

图 4.1.11 例 4.1.5 的电压波形

触发器不能再置 1,所以,CLK 下降沿到达时,从触发器按照主触发器的状态被置为 0,即 $Q^* = 0$。第三个 CLK 下降沿到达时,$J = 0$,$K = 0$,按照这时的输入状态决定触发器次态,应该保持 $Q^* = 0$。但由于 CLK 高电平期间 J 端状态发生了变化,有 $J = 1$,$K = 0$ 状态,使得主触发器被置成 1,所以,CLK 下降沿到达后从触发器被置成 1。

4.1.4　边沿触发的触发器

采用脉冲触发方式可以克服电位触发方式的多次翻转现象,但主从触发器在整个 CLK=1 期间都可以接收输入信号,这就降低了其抗干扰能力,使得主从触发器的使用受到一定限制。边沿触发器不仅可以克服电位触发方式的多次翻转现象,而且仅仅在 CLK 的上升沿或下降沿时刻才对输入信号响应,从而大大提高了抗干扰能力。目前,已用于数字集成电路产品中的边沿触发器电路有用 CMOS 传输门构成的边沿触发器、维持阻塞触发器、利用门电路传输延迟时间的边沿触发器等几种较为常见的电路结构形式。

边沿触发器有 CLK 上升沿触发和下降沿触发两种形式。

1. 电路结构和工作原理

1) CMOS 传输门构成的边沿 D 触发器

CMOS 传输门构成的边沿 D 触发器的电路结构和逻辑符号分别如图 4.1.12 (a)和图 4.1.12(b)所示。由图可见,CMOS 传输门构成的边沿 D 触发器由两部分组成,其中,反相器 G_1、G_2 和传输门 TG_1、TG_2 构成主触发器,反相器 G_3、G_4 和传输门 TG_3、TG_4 构成从触发器。传输门 TG_1 和 TG_3 分别是主触发器和从触发器的输入控制门。CLK 和 CLK' 为互补时钟脉冲。

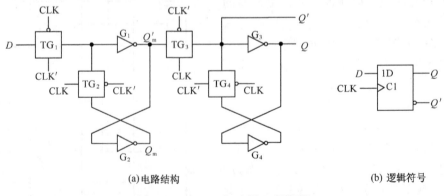

(a)电路结构　　　　　　　　　　　　　　　　　(b) 逻辑符号

图 4.1.12　CMOS 边沿 D 触发器

从电路形式上看,CMOS 传输门构成的边沿 D 触发器和主从触发器类似,但其工作原理与主从触发器完全不同。

当 CLK=0,CLK'=1 时,TG$_1$ 导通,TG$_2$ 断开,D 端的输入信号送入主触发器,使 $Q_m=D$。而且,在 CLK=0 期间,Q_m 的状态将一直跟随 D 的状态而变化。同时,由于 TG$_3$ 断开,TG$_4$ 导通,使从触发器保持原来的状态不变。

当 CLK 的上升沿到达时,CLK 由"0"变为"1",CLK' 由"1"变为"0",TG$_1$ 变为断开,TG$_2$ 变为导通,使主触发器封锁,将 CLK 的上升沿到达之前瞬间的 D 信号保存下来。同时,随着 TG$_3$ 变为导通,TG$_4$ 变为断开,Q_m 的状态通过 TG$_3$ 和 G$_3$ 送到了输出端,使 $Q^n=D$(CLK 上升沿到达时 D 的状态)。因此,这是一个上升沿触发的 D 触发器。

在图形符号中,用 CLK 输入端处框内的">"表示触发器为边沿触发方式。在特性表中,则用"↑"表示边沿触发方式,而且是上升沿触发,如表 4.1.9 中所示(如果是下降沿触发,则在图形符号中 CLK 输入端加画小圆圈,在特性表中用"↓"表示)。

表 4.1.9　图 4.1.12 边沿触发器的特性表

CLK	D	Q	Q^n
×	×	×	Q
↑	0	0	0
↑	0	1	0
↑	1	0	1
↑	1	1	1

在某些应用电路中,有时需要在 CLK 到达之前预先将触发器置成指定的状态,所以,在实用的电路上还设置有异步置 1 输入端 S_D 和异步置 0 输入端 R_D,如图 4.1.13 所示。

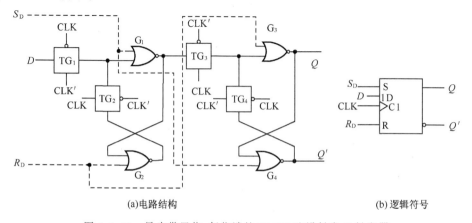

(a)电路结构　　　　　　　　　　　(b) 逻辑符号

图 4.1.13　异步带置位、复位端的 CMOS 边沿触发 D 触发器

只要在 S_D 或 R_D 加入高电平,即可立即将触发器置 1 或置 0,而不受时钟信号和输入信号的控制。因此,将 S_D 称为异步置位(置 1)端,将 R_D 称为异步复位(置 0)端。触发器在时钟信号正常工作时应使 S_D 和 R_D 处于低电平。

CMOS 传输门构成的边沿 JK 触发器是以图 4.1.12 为主干电路,其原理图及逻辑符号如图 4.1.14 所示。

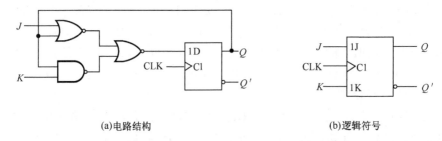

(a)电路结构   (b)逻辑符号

图 4.1.14　CMOS 边沿 JK 触发器

CMOS 传输门构成的边沿 JK 触发器与 CMOS 传输门构成的边沿 D 触发器的工作原理一致,也属于边沿触发方式。电路的输出状态与触发前瞬间 J、K 的状态有关,CLK 的其他时间里,J、K 的变化对输出状态没有影响,其抗干扰能力强。

2) 维持阻塞型边沿触发器

由 6 个与非门组成的维持阻塞型边沿 D 触发器如图 4.1.15 所示。如果不考虑图中①、②、③三条反馈线,这个电路就是一个同步 D 触发器,其中,G_1、G_2 将输入端信号 D 转换成彼此互补的 R、S 信号,$G_3 \sim G_6$ 组成同步 RS 触发器。

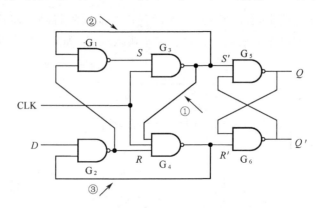

图 4.1.15　维持阻塞型边沿 D 触发器

三条反馈线的作用是:在 CLK＝1 时,反馈线从基本 RS 触发器的 R' 或 S' 端,将 0 信号反馈到 G_1 或 G_2、G_4,使得输入端信号 D 无法送到输出端,这时,无论输入信号如何变化,输出信号都保持不变。反馈线的这种作用称为维持阻塞作用。

CLK＝0 时，G_3、G_4 被封锁，$R'＝S'＝1$，基本 RS 触发器 G_5、G_6 保持原来的状态不变。

CLK 上升沿到达之前，如果 $D＝0$，则 $S＝0$，$R＝1$。CLK 上升沿到达时，因为 $S＝0$，所以，$S'＝1$ 不变。而 G_4 的输入全为"1"，则 $R'＝0$，这个"0"信号使得基本 RS 触发器置"0"，即 $Q^*＝D＝0$；同时，又经过③线反馈回 G_2，将 G_2 封锁，这时，即使输入端信号 D 发生变化，也能保持 G_2 的输出 $R＝1$ 不变，因而其他门的输出也不变，维持 R' 端的"0"信号，也阻塞了使 S' 变为"0"的信号通路，这就是③线的维持阻塞作用。

CLK 上升沿到达之前，如果 $D＝1$，则 $S＝1$，$R＝0$。CLK 上升沿到达时，因为 $R＝0$，所以，$R'＝1$ 不变。而 G_3 的输入全为"1"，则 $S'＝0$，这个"0"信号使得基本 RS 触发器置"1"，即 $Q^*＝D＝1$；同时，又经过①、②线反馈回来，将 G_1 和 G_4 封锁，这时，即使输入端信号 D 发生变化，R' 和 S' 也保持不变，这是①、②线的维持阻塞作用。

由以上分析可知，维持阻塞的 D 触发器是在 CLK 的上升沿到达时发生翻转，也属于边沿触发型，抗干扰能力强。

3）利用门电路传输延迟时间的边沿触发器

另一种边沿触发器的电路结构如图 4.1.16 所示，它是利用门电路的传输延迟时间实现边沿触发的。这种电路结构常见于 TTL 集成电路中。

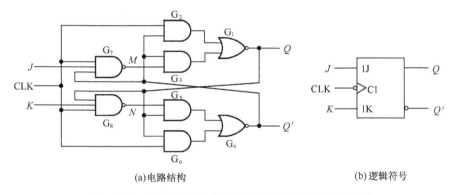

(a)电路结构　　　　　　　　(b)逻辑符号

图 4.1.16　利用门电路传输延迟时间的边沿 JK 触发器

利用门电路传输延迟时间的边沿 JK 触发器的电路结构与主从触发器的电路结构相似，包含一个由门电路 G_1～G_6 组成的 RS 锁存器和两个输入控制门 G_7 和 G_8。而且，门 G_7、G_8 的传输延迟时间大于 RS 锁存器的翻转时间。

先分析其工作原理如下。设触发器的初始状态为 $Q＝0$，$Q'＝1$，输入 $J＝1$，$K＝0$。

CLK＝0 时，G_2、G_6、G_7 和 G_8 同时被封锁，无论输入端信号 J 和 K 为何状态，

M 和 N 均为高电平,门 G_3、G_5 打开,所以,RS 锁存器的状态通过 G_3、G_5 得以保持。

CLK 上升沿到达后,门 G_2、G_6 首先解除封锁,RS 锁存器通过 G_2、G_6 继续保持原状态不变。门 G_7、G_8 经过传输延迟时间以后,$M=0$,$N=1$,门 G_3、G_5 均不导通,对 RS 锁存器的状态没有影响。

CLK 下降沿到达时,门 G_2、G_6 首先被封锁,由于门 G_7、G_8 有传输延迟时间,所以,M、N 的电平不会立刻改变,仍然为 $M=0$,$N=1$。这时,会出现门 G_2、G_3 各有一个输入端为低电平的状态,使 $Q=1$,该信号反馈到 G_5,使 $Q'=0$。由于 G_7 传输延迟时间足够长,可以保证在 M 点的低电平消失之前 Q' 的低电平已反馈到了门 G_3,所以,在 M 点的低电平消失后,触发器的 1 状态仍将保持下去。

CLK 下降沿到达后,经过门 G_7、G_8 的传输延迟时间以后,M 和 N 都变为高电平,但对 RS 锁存器的状态没有影响。同时,门 G_7、G_8 被封锁,输入端 J、K 的状态再发生变化也不会影响触发器的状态了。

同理,J、K 为不同组合时逐一分析触发器的工作过程,可得其特性表,如表 4.1.10 所示。

表 4.1.10　图 4.1.16 触发器的特性表

CLK	J	K	Q	Q^*
×	×	×	×	Q
↓	0	0	0	0
↓	0	0	1	1
↓	1	0	0	1
↓	1	0	1	1
↓	0	1	0	0
↓	0	1	1	0
↓	1	1	0	1
↓	1	1	1	0

由特性表可知,触发器输出状态的变化发生在 CLK 的下降沿,而且次态的输出只取决于 CLK 的下降沿到达时 J、K 的状态。所以,这是一种下降沿触发的边沿触发器,其抗干扰能力强。

例 4.1.6　边沿 D 触发器电路的 CLK 和输入信号 D 的电压波形如图 4.1.17 所示,试画出 Q 端的电压波形。设触发器的初始状态为 $Q=0$。

解:由边沿触发器的特点可知,触发器的次态仅仅取决于 CLK 上升沿到达时刻 D 端的状

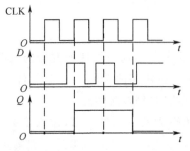

图 4.1.17　例 4.1.6 的电压波形

态,即 $D=1$,则 $Q^*=1$,$D=0$,则 $Q^*=0$,所以,Q 端电压波形如图 4.1.17 所示。

2. 边沿触发方式的动作特点

通过对上述三种边沿触发器的工作过程的分析可以看出,它们具有共同的动作特点,即触发器的次态仅取决于时钟信号的上升沿或下降沿到达时输入信号的状态,而在这之前或之后,输入信号的变化对触发器输出的状态没有影响。

4.2 触发器的逻辑功能和描述方法

4.2.1 触发器逻辑功能的分类

触发器的次态与输入信号逻辑状态之间的关系称为触发器的逻辑功能,触发器具有不同的逻辑功能。按照逻辑功能的不同特点,可以将时钟控制的触发器分为 RS 触发器、JK 触发器、D 触发器和 T 触发器等几种类型。触发器的逻辑功能通常用特性表、状态方程、状态转换图和电压波形图等表示。

1. RS 触发器

在时钟信号 CLK 的作用下,根据输入信号 R、S 的不同,凡是具有置 1、置 0 和保持功能的电路都称为 RS 触发器。显然,图 4.1.4 和图 4.1.8 所示的电路都属于 RS 触发器,它们具有相同的特性表,如表 4.2.1 所示。而 4.1 节介绍的 RS 锁存器电路不受触发信号(时钟)控制,所以不属于这里所定义的 RS 触发器。

表 4.2.1　RS 触发器的特性表

S	R	Q	Q^*
0	0	0	0
0	0	1	1
0	1	0	0
0	1	1	0
1	0	0	1
1	0	1	1
1	1	0	不定
1	1	1	不定

根据表 4.2.1 特性表所规定的逻辑关系可以得到 Q^* 的卡诺图,如图 4.2.1 所示。

将卡诺图化简,可得到逻辑关系式,即

$$\begin{cases} Q^* = S + R'Q \\ SR = 0 \quad (约束条件) \end{cases} \quad (4.2.1)$$

式(4.2.1)称为 RS 触发器的特性方程。

此外,还可以用图 4.2.2 所示的状态转换图表示 RS 触发器的逻辑功能。图中以两个圆圈分别代表触发器的两个状态,用箭头表示状态转换的方向,同时在箭头的旁边注明了转换的条件。

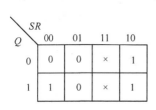

图 4.2.1　Q^* 的卡诺图

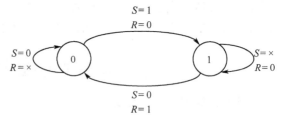

图 4.2.2　RS 触发器的状态转换图

2. JK 触发器

在时钟信号 CLK 作用下,根据输入信号 J、K 的不同,凡是具有置 1、置 0、保持和翻转功能的电路均称为 JK 触发器。图 4.1.10、图 4.1.14 和图 4.1.16 所示的电路都属于 JK 触发器,它们具有相同的特性表。如表 4.2.2 所示。

表 4.2.2　JK 触发器的特性表

J	K	Q	Q^*
0	0	0	0
0	0	1	1
0	1	0	0
0	1	1	0
1	0	0	1
1	0	1	1
1	1	0	1
1	1	1	0

根据表 4.2.2 可以得到 JK 触发器的特性方程,即

$$Q^* = JQ' + K'Q \tag{4.2.2}$$

JK 触发器的状态转换图如图 4.2.3 所示。

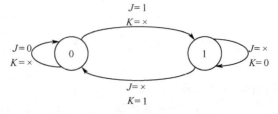

图 4.2.3　JK 触发器的状态转换图

3. D 触发器

在时钟 CLK 作用下,根据输入信号 D 的不同,凡是具有置 0、置 1 功能的电路都称为 D 触发器。图 4.1.5、图 4.1.12 和图 4.1.13 所示的电路都属于 D 触发器,它们具有相同的特性表。如表 4.2.3 所示。

表 4.2.3　D 触发器的特性表

D	Q	Q^*
0	0	0
0	1	0
1	0	1
1	1	1

根据特性表可以写出 D 触发器的特性方程为

$$Q^* = D \tag{4.2.3}$$

D 触发器的状态转换图如图 4.2.4 所示。

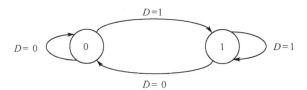

图 4.2.4　D 触发器的状态转换图

4. T 触发器

在时钟信号 CLK 作用下,根据输入信号 T 的不同,凡是具有保持和翻转功能的电路都称为 T 触发器。T 触发器的特性表如表 4.2.4 所示。

表 4.2.4　T 触发器的特性表

T	Q	Q^*
0	0	0
0	1	1
1	0	1
1	1	0

根据特性表可得到 T 触发器的特性方程为

$$Q^* = TQ' + T'Q \tag{4.2.4}$$

T 触发器的状态转换图和逻辑符号如图 4.2.5 所示。

由 T 触发器的逻辑功能可知,只要将 JK 触发器的两个输入端连在一起作为 T 端,就可以构成 T 触发器。所以,在触发器的定型产品中通常没有专门的 T 触发器。

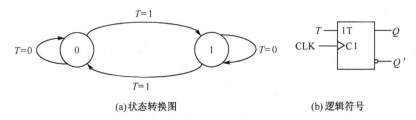

(a)状态转换图 (b) 逻辑符号

图 4.2.5 T 触发器的状态转换图和逻辑符号

如果将 T 触发器的输入端接至高电平(即 $T=1$),则式(4.2.4)变为

$$Q^* = Q'$$

即每次 CLK 信号作用后,触发器的状态就翻转一次,这种 T 触发器又称为计数触发器或 T' 触发器。

JK 触发器和 D 触发器是触发器定型产品中使用最广泛的两种触发器,其他功能的触发器都可由这两种触发器加以变换后得到。例如,在需要 RS 触发器时,只要将 JK 触发器的 J、K 端当作 S、R 端使用,就可以实现 RS 触发器的功能;在需要 T 触发器时,只要将 J、K 端连在一起当作 T 端使用,就可以实现 T 触发器的功能,如图 4.2.6 所示。

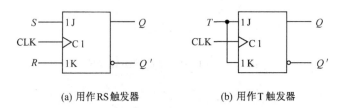

(a) 用作RS触发器 (b) 用作T触发器

图 4.2.6 将 JK 触发器用作 RS、T 触发器

4.2.2 触发器的电路结构和逻辑功能、触发方式的关系

1. 电路结构和逻辑功能

由前面分析的几种不同类型的触发器可以知道,触发器的电路结构和逻辑功能之间没有固定的对应关系。用同一种电路结构形式可以接成不同逻辑功能的触发器;而同一种逻辑功能的触发器也可以由不同的电路结构来实现。例如,图 4.1.4、图 4.1.8 所示电路都是 RS 触发器,但电路结构各不相同。另一方面,同样是主从结构电路,图 4.1.8 电路是 RS 触发器,而图 4.1.10 电路是 JK 触发器。

2. 电路结构和触发方式

因为电路的触发方式是电路的结构形式决定的,所以,电路结构形式与触发方

式之间有固定的对应关系。凡是采用同步结构的触发器,无论其逻辑功能如何,一
定是电平触发方式;凡是采用主从结构的触发器,无论其逻辑功能如何,一定是脉
冲触发方式;凡是采用 CMOS 传输门结构、维持阻塞结构或者利用门电路传输延
迟时间结构组成的触发器,无论其逻辑功能如何,一定是边沿触发方式。

习题

题 4.1　画出图 4.1 所示的由与非门组成的 RS 锁存器输出端 Q、Q' 的电压波形,输入端 S'_D 和 R'_D 的电压波形如图中所示。

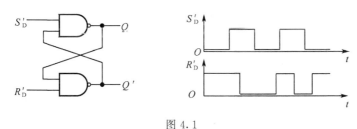

图 4.1

题 4.2　画出图 4.2 所示的由或非门组成的 RS 锁存器输出端 Q、Q' 的电压波形,输入端 S_D 和 R_D 的电压波形如图中所示。

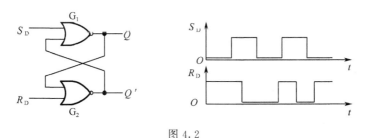

图 4.2

题 4.3　在图 4.3 所示电路中,若 CLK、S、R 的电压波形如图中所示,试画出输出端 Q 和 Q' 的电压波形。设触发器的初始状态为 $Q=0$。

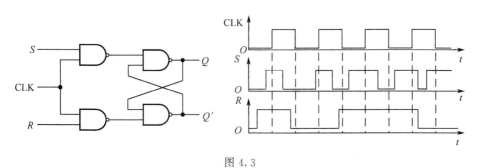

图 4.3

题 4.4　分析图 4.4 所示电路的逻辑功能，列出其特性表，写出逻辑函数表达式。

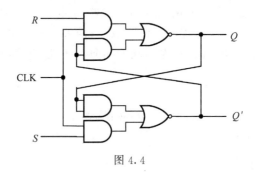

图 4.4

题 4.5　若主从结构 RS 触发器各输入端的电压波形如图 4.5 所示，试画出输出端 Q 和 Q' 的电压波形。设触发器的初始状态为 $Q=0$。

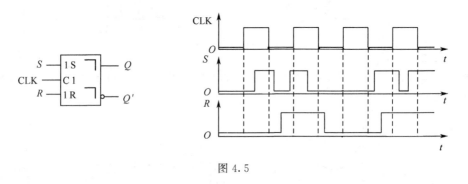

图 4.5

题 4.6　若主从结构 JK 触发器各输入端的电压波形如图 4.6 所示，试画出输出端 Q 和 Q' 的电压波形。设触发器的初始状态为 $Q=0$。

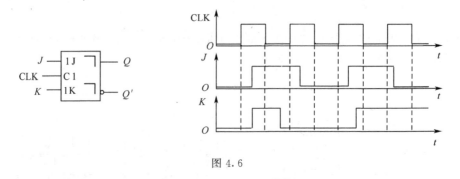

图 4.6

题 4.7　已知脉冲触发 JK 触发器各输入端的电压波形如图 4.7 所示，试画出输出端 Q 和 Q' 的电压波形。设触发器的初始状态为 $Q=0$。

题 4.8　在图 4.8 所示主从结构 JK 触发器组成的电路中，已知 CLK、A 和 B 的电压波形如图 4.8 所示，试画出 Q 端对应的电压波形。

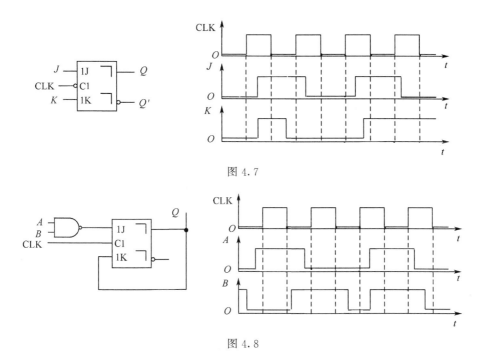

图 4.7

图 4.8

题 4.9　已知 CMOS 边沿触发器的时钟信号 CLK 和输入端 D 的电压波形如图 4.9 所示,试画出输出端 Q 和 Q' 的电压波形。设触发器的初始状态为 $Q=0$。

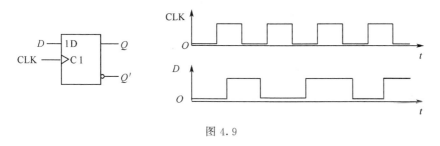

图 4.9

题 4.10　已知维持阻塞结构 JK 触发器各输入端波形如图 4.10 所示,试画出输出端 Q 和 Q' 的电压波形。

题 4.11　设图 4.11 中各触发器的初始状态都为 $Q=0$,试画出在 CLK 信号连续作用下各触发器输出端的电压波形。

题 4.12　试将 D 功能触发器接成 JK 功能触发器。

题 4.13　维持阻塞 D 触发器接成图 4.12 所示电路,其中,输入端电压波形如图 4.12 所示,试画出输出端 Q 的电压波形。

题 4.14　试分析图 4.13 所示触发器的功能,列出其特征方程。

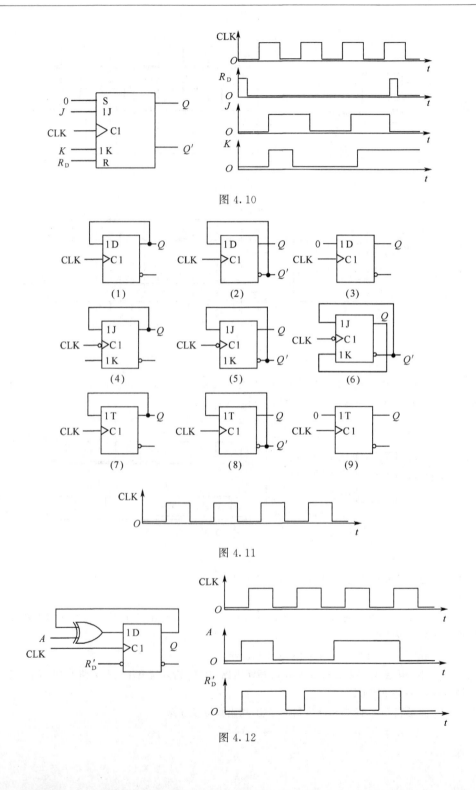

图 4.10

图 4.11

图 4.12

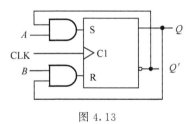

图 4.13

题 4.15 试画出图 4 14 所示电路输出端 Q_2 的电压波形,其输入信号 A、CLK 和 R'_D 的电压波形如图所示。

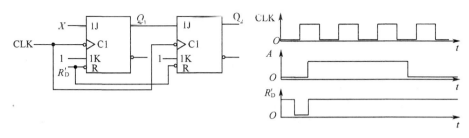

图 4.14

第5章 时序逻辑电路

5.1 概　　述

5.1.1 时序逻辑电路的特点

在第3章所讨论的组合逻辑电路中,任一时刻的输出信号仅取决于当前时刻的输入信号,这是组合逻辑电路在逻辑功能上共同的特点。而本章要讨论的时序逻辑电路中,任一时刻的输出信号不仅仅取决于当时的输入信号,还取决于电路原来的状态,也就是还与电路以前的输入的有关,具有这种逻辑功能特点的电路称为时序逻辑电路(简称时序电路)。

由于时序逻辑电路在任一时刻的输出信号不仅与当时的输入信号有关,而且还与电路原来的状态有关,因此,电路中必须含有存储电路,由它将某一时刻之前的电路状态保存下来。存储电路可用延迟元件组成,也可用触发器构成。本章只讨论由触发器构成存储电路的时序逻辑电路。

时序逻辑电路的基本结构框图如图5.1.1所示,它由组合逻辑电路和存储电

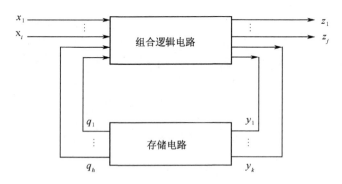

图 5.1.1　时序逻辑电路的结构框图

路两部分组成,其中,$X(x_1, x_2, \cdots, x_i)$ 是时序逻辑电路的输入信号,$Q(q_1, q_2, \cdots, q_h)$ 是存储电路的输出信号,它被反馈到组合电路的输入端,与输入信号共同决定时序逻辑电路的输出状态。$Z(z_1, z_2, \cdots, z_j)$ 是时序逻辑电路的输出信号,$Y(y_1, y_2, \cdots, y_k)$ 是存储电路的输入信号。这些信号之间的逻辑关系可以用以下三个方程组来描述:

$$Y = F[X, Q] \tag{5.1.1}$$
$$Z = G[X, Q] \tag{5.1.2}$$

$$Q^* = H[Y, Q] \tag{5.1.3}$$

式(5.1.1)称为驱动方程(或激励方程),式(5.1.2)称为输出方程,式(5.1.3)称为状态方程。$q_1, q_2, \cdots, q_h$ 表示存储电路中每个触发器的现态,$q_1^*, q_2^*, \cdots, q_h^*$ 表示存储电路中每个触发器的次态。

5.1.2　时序逻辑电路的分类

根据时序逻辑电路中触发器动作特点的不同,可以分为同步时序逻辑电路和异步时序逻辑电路两大类。在同步时序逻辑电路中,所有触发器的时钟输入端都接于同一个时钟脉冲源,因而,所有触发器状态的变化都与所加的时钟脉冲信号同步。而在异步时序逻辑电路中,没有统一的时钟脉冲源,所以,触发器状态的变化不是同时发生的。此外,根据输出信号的特点,时序逻辑电路可以分为 Mealy 型和 Moore 型两大类。在 Mealy 型电路中,输出信号不仅取决于存储电路的状态,还取决于输入变量;在 Moore 型电路中,输出信号仅仅取决于存储电路的状态。显然,Moore 型电路是 Mealy 型电路的一种特例。

5.1.3　时序逻辑电路的描述方法

1. 逻辑函数表达式

在 5.1.1 节里,根据时序逻辑电路的结构图写出了时序逻辑电路的输出方程、驱动方程和状态方程。从理论上讲,有了这三个方程,时序逻辑电路的逻辑功能就被唯一地确定了,所以,逻辑函数表达式可以描述时序逻辑电路的逻辑功能。但对许多时序逻辑电路而言,只有这三个逻辑函数表达式还不能直观地看出时序逻辑电路的逻辑功能。此外,在设计时序逻辑电路时,往往很难根据给出的逻辑要求而直接写出电路的驱动方程、状态方程和输出方程。因此,下面再介绍几种能够反映时序逻辑电路状态变化全过程的描述方法。

2. 状态转换表

反映时序逻辑电路的输出信号 Z、次态 Q^* 和电路输入信号 X、现态 Q 之间对应取值关系的表格称为状态转换表。

3. 状态转换图

将输入信号 X 和各触发器的现态 Q、次态 Q^* 与输出信号 Z 的关系用图的形式表示,即为状态转换图。

4. 时序图

在输入信号和时钟脉冲序列作用下,电路状态、输出状态随时间变化的波形图称为时序图,即时序逻辑电路的工作波形图,它能直观地描述时序逻辑电路的输入信号、时钟信号、输出信号及状态转换等在时间上的对应关系。

上面介绍的描述时序逻辑电路逻辑功能的 4 种方法可以互相转换。

5.2　时序逻辑电路的分析方法

时序逻辑电路的分析就是根据给定的时序逻辑电路图的结构,通过分析,找出该时序逻辑电路在输入信号和时钟信号的作用下,电路状态和电路输出的变化规律,进而说明该时序逻辑电路的逻辑功能和工作特性。

下面先介绍分析时序逻辑电路的一般步骤,然后通过例题分析加深对分析方法的理解。

(1) 根据给定的时序电路图写出每个触发器的时钟信号的逻辑函数表达式、驱动方程和时序逻辑电路的输出方程。

(2) 将驱动方程代入相应触发器的特性方程,得出每个触发器的状态方程,从而得到由这些方程组成的整个时序逻辑电路的状态方程组。

(3) 根据状态方程组和输出方程,列出该时序逻辑电路的状态转换表,画出状态转换图或时序图。

(4) 用文字描述给出时序逻辑电路的逻辑功能。

需要说明的是,上述步骤不是必须执行的固定程序,实际应用中可以根据具体情况加以取舍。

5.2.1　同步时序逻辑电路的分析方法

首先讨论同步时序逻辑电路的分析方法。由于同步时序逻辑电路中所有的触发器都是在同一个时钟信号操作下工作的,因此,各触发器的时钟信号的逻辑函数表达式就可以不写。

例 5.2.1　试分析图 5.2.1 所示时序逻辑电路的逻辑功能,画出电路的状态转换表、状态转换图和时序图。

解:分析过程如下。

(1) 根据图 5.2.1 给定的逻辑图可写出电路的各方程式。这是一个同步时序逻辑电路,各触发器的时钟信号的逻辑表达式可以不写。输出方程为

$$Z = Q_2' Q_3 \tag{5.2.1}$$

驱动方程为

$$\begin{cases} J_1 = Q_3' & K_1 = Q_3 \\ J_2 = Q_1 & K_2 = Q_1' \\ J_3 = Q_2 & K_3 = Q_2' \end{cases} \tag{5.2.2}$$

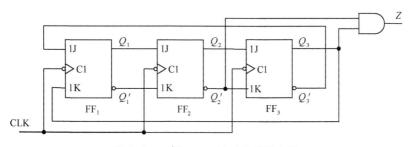

图 5.2.1　例 5.2.1 的时序逻辑电路

（2）将驱动方程代入相应 JK 触发器的特性方程 $Q^* = JQ' + K'Q$，求得电路的状态方程为

$$\begin{cases} Q_1^* = Q_3'Q_1' + Q_3'Q_1 = Q_3' \\ Q_2^* = Q_1Q_2' + Q_1Q_2 = Q_1 \\ Q_3^* = Q_2Q_3' + Q_2Q_3 = Q_2 \end{cases} \tag{5.2.3}$$

（3）列状态转换表、画状态转换图和时序图。列状态转换表是分析时序逻辑电路的关键性的一步，其具体做法是：将任何一组输入变量及电路初态的取值代入状态方程和输出方程，即可算出电路的次态和现态下的输出值，以得到的次态作为新的初态，和这时的输入变量取值一起再代入状态方程和输出方程进行计算，得到一组新的次态和输出值。如此继续下去，将全部的计算结果列成真值表的形式，即可得到状态转换表。

由图 5.2.1 可见，该电路没有输入逻辑变量，所以，电路的次态和输出只取决于电路的初态，它属于 Moore 型电路。

设电路的初态为 $Q_3Q_2Q_1 = 000$，代入式（5.2.1）和式（5.2.3）后，得到

$$\begin{cases} Q_3^* = 0 \\ Q_2^* = 0 \\ Q_1^* = 1 \end{cases}$$
$$Z = 0$$

将这一结果作为新的初态，即 $Q_3Q_2Q_1 = 001$，重新代入式（5.2.1）和式（5.2.3），又得到一组新的次态和输出值。如此继续下去即可发现，当 $Q_3Q_2Q_1 = 100$ 时，次态 $Q_3^*Q_2^*Q_1^* = 000$，回到了最初设定的初态。如果再继续计算下去，电路的状态和输出将按照前面的变化顺序反复循环，因此，无需再继续下去。这样，就得到了表 5.2.1 所示的状态转换表。

最后还要检查一下得到的状态转换表是否包含了电路所有可能出现的状态。结果发现，$Q_3Q_2Q_1$ 的状态组合共有 8 种，而根据上述计算过程列出的状态转换表中只有 6 种状态，缺少 $Q_3Q_2Q_1 = 010$ 和 $Q_3Q_2Q_1 = 101$ 这两个状态，将这两个状态

分别代入式(5.2.1)和式(5.2.3)计算分别得到

$$\begin{cases} Q_3^* = 1 \\ Q_2^* = 0 \\ Q_1^* = 1 \end{cases} \qquad \begin{cases} Q_3^* = 0 \\ Q_2^* = 1 \\ Q_1^* = 0 \end{cases}$$

$$Z = 0 \qquad\qquad Z = 1$$

将这两个结果补充到表中以后,就可以得到完整的状态转换表。

表 5.2.1　例 5.2.1 的状态转换表

现态			次态			输出
Q_3	Q_2	Q_1	Q_3^*	Q_2^*	Q_1^*	Z
0	0	0	0	0	1	0
0	0	1	0	1	1	0
0	1	1	1	1	1	0
1	1	1	1	1	0	0
1	1	0	1	0	0	0
1	0	0	0	0	0	1
0	1	0	1	0	1	0
1	0	1	0	1	0	1

有时,也将电路的状态转换表列成表 5.2.2 的形式。这种状态转换表给出了在一系列时钟信号作用下电路状态转换的顺序,比较直观。从表 5.2.2 可以看出,由 6 个状态反复循环,这 6 个状态称为该时序逻辑电路的有效状态,该循环称为有效循环。还有 2 个状态也反复循环,这 2 个状态称为该时序逻辑电路的无效状态,构成的循环称为无效循环。

表 5.2.2　例 5.2.1 状态转换表的另一种形式

CLK 的顺序	Q_3	Q_2	Q_1	Z
0	0	0	0	0
1	0	0	1	0
2	0	1	1	0
3	1	1	1	0
4	1	1	0	0
5	1	0	0	1
6	0	0	0	0
0	0	0	0	0
1	1	0	1	1
2	0	1	0	0

为了以更加形象的方式直观地显示出时序逻辑电路的逻辑功能,还可以将状态转换表的内容表示成状态转换图的形式。

图 5.2.2 是例 5.2.1 的状态转换图。在状态转换图中,圆圈及圈内的字母或数字表示电路的各个状态,连线及箭头表示状态转换的方向(由现态到次态),当箭头的起点和终点都在同一个圆圈上时,表示状态不变。标在圆圈一侧的数字表示在该状态转换下输入信号的取值和输出值。通常,将输入信号的取值写在斜线以上,输出值写在斜线以下,它表示在该输入取值作用下,将产生相应的输出值,同时,电路发生如箭头所指的状态转换。因为例 5.2.1 没有输入逻辑变量,所以,斜线上方没有注字。

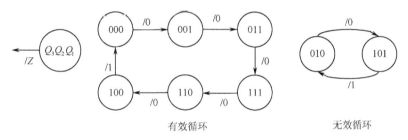

图 5.2.2　例 5.2.1 的状态转换图

为了便于用实验观察的方法检查时序逻辑电路的逻辑功能,还可以将状态转换表的内容画成时序图的形式。例 5.2.1 的时序图如图 5.2.3 所示。

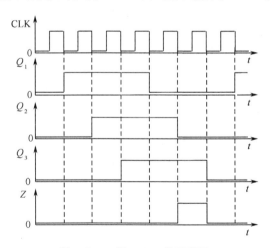

图 5.2.3　例 5.2.1 的时序图

(4) 逻辑功能分析。由图 5.2.2 所示的状态转换图和图 5.2.3 所示的时序图可以看出,图 5.2.1 所示电路的有效循环中的 6 个状态是 0~5 这 6 个十进制数的格雷码,而且在时钟信号的作用下,按照递增的规律变化,这是一个用格雷码表示的六进制同步加法计数器。当对第 6 个时钟脉冲计数时,计数器又重新从 000 开始,并且产生输出 $Z=1$。

5.2.2　异步时序逻辑电路的分析方法

　　在异步时序逻辑电路中,由于没有统一的时钟信号,分析时必须注意,只有在加在触发器 CLK 端上的信号有效时,该触发器才有可能改变状态。否则,触发器将保持原来的状态不变。因此,在考虑各触发器状态转换时,除考虑驱动信号的情况外,还必须考虑其 CLK 端的情况,即根据各触发器的时钟信号的逻辑表达式及触发方式判断各 CLK 端是否有触发信号作用(对于由上升沿触发的触发器而言,当其 CLK 端的信号由 0 变 1 时,则有触发信号作用;对于由下降沿触发的触发器而言,当其 CLK 端的信号由 1 变 0 时,则有触发信号作用)。有触发信号作用的触发器才可能改变状态;没有触发信号作用的触发器则保持原来的状态不变。

　　下面通过一个例子具体说明分析的方法和步骤。

　　例 5.2.2　已知异步时序逻辑电路的逻辑图如图 5.2.4 所示,试分析它的逻辑功能,画出电路的状态转换表和状态转换图。FF_0、FF_1、FF_2 和 FF_3 是下降沿触发的 TTL 触发器,输入端悬空时和逻辑 1 状态等效。

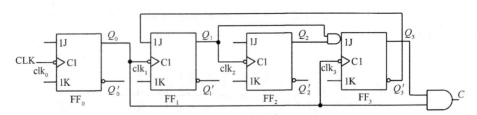

图 5.2.4　例 5.2.2 的异步时序逻辑电路

　　解:首先根据逻辑电路图写出时钟方程为

$$\begin{cases} clk_0 = CLK \\ clk_1 = Q_0 \\ clk_2 = Q_1 \\ clk_3 = Q_0 \end{cases} \quad (5.2.4)$$

根据逻辑电路图写出驱动方程为

$$\begin{cases} J_0 = K_0 = 1 \\ J_1 = Q_3', \qquad K_1 = 1 \\ J_2 = K_2 = 1 \\ J_3 = Q_1 Q_2, \qquad K_3 = 1 \end{cases} \quad (5.2.5)$$

将式(5.2.5)代入触发器的特性方程 $Q^* = JQ' + K'Q$ 后,得到电路的状态方程为

$$\begin{cases} Q_0^* = Q_0' \cdot \mathrm{clk}_0 \\ Q_1^* = Q_3' Q_1' \cdot \mathrm{clk}_1 \\ Q_2^* = Q_2' \cdot \mathrm{clk}_2 \\ Q_3^* = Q_1 Q_2 Q_3' \cdot \mathrm{clk}_3 \end{cases} \tag{5.2.6}$$

由于是异步时序逻辑电路,所以,在状态方程的后面附加时钟信号,表明只有在这个触发器的 CLK 端有时钟信号时,其状态方程才成立。否则,触发器保持原状态不变。

根据逻辑电路图写出输出方程为

$$C = Q_0 Q_3 \tag{5.2.7}$$

在计算触发器的次态时,首先应找出每次电路状态转换时各个触发器是否有 CLK 信号。为此,可以从给定的 CLK 连续作用下列出 Q_0 的对应值。根据 Q_0 每次从 1 变 0 的时刻产生 clk_1 和 clk_3。而 Q_1 每次从 1 变 0 的时刻将产生 clk_2。设 $Q_3 Q_2 Q_1 Q_0 = 0000$ 为初态,代入式(5.2.6)和式(5.2.7)依次计算下去,就得到了表 5.2.3 所示的状态转换表。

表 5.2.3　例 5.2.2 的状态转换图

CLK 的顺序	时钟信号				触发器的状态				输出 C
	clk_3	clk_2	clk_1	clk_0	Q_3	Q_2	Q_1	Q_0	
0				↓	0	0	0	0	0
1				↓	0	0	0	1	0
2	↓		↓	↓	0	0	1	0	0
3				↓	0	0	1	1	0
4	↓	↓	↓	↓	0	1	0	0	0
5				↓	0	1	0	1	0
6	↓		↓	↓	0	1	1	0	0
7				↓	0	1	1	1	0
8	↓	↓	↓	↓	1	0	0	0	0
9				↓	1	0	0	1	1
10	↓		↓	↓	1	0	0	0	0
0				↓	1	0	1	0	0
1				↓	1	0	1	1	1
2	↓	↓	↓	↓	0	1	0	0	0
0				↓	1	1	0	0	0
1				↓	1	1	0	1	1
2	↓		↓	↓	0	1	0	0	0
0				↓	1	1	1	0	0
1				↓	1	1	1	1	1
2	↓	↓	↓	↓	0	0	0	0	0

图 5.2.4 所示逻辑电路有 4 个触发器,应有 16 种状态组合,因此,需要分别求出其余 6 种状态下的输出和次态。将这些计算结果补充到表 5.2.3 中,才是完整的状态转换表。

按照状态转换表可以画出状态转换图,如图 5.2.5 所示。状态转换图表明,当电路处于无效状态时,都会在时钟信号作用下最终进入有效循环中去。具有这种特点的时序逻辑电路称为能够自行启动的时序逻辑电路。

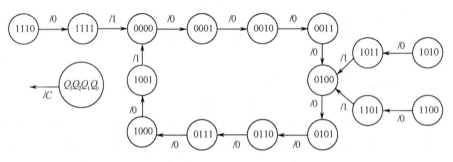

图 5.2.5　例 5.2.2 的状态转换图

从图 5.2.5 的状态转换图可以看出,例 5.2.2 所示的电路是一个异步十进制加法计数器。

5.3　常用的时序逻辑电路

5.3.1　寄存器和移位寄存器

1. 寄存器

寄存器是计算机和其他数字系统中用来存储代码或数据的逻辑部件,其主要组成部分是触发器。因为一个触发器可以存储一位二进制代码,所以,用 n 个触发器组成的寄存器能够存储 n 位二进制代码。

图 5.3.1(a)所示是由边沿 D 触发器组成的 4 位寄存器 74LS175 的逻辑电路图,图 5.3.1(b)所示是 74LS175 的芯片管脚图。其中,R'_D 是异步清零控制端。$D_0 \sim D_3$ 是数据输入端,在时钟信号上升沿作用下,$D_0 \sim D_3$ 的数据被并行地存入寄存器。输出数据可以并行从 $Q_0 \sim Q_3$ 端输出,也可以以反码形式从 $Q'_0 \sim Q'_3$ 端并行输出。

74LS175 的功能表如表 5.3.1 所示。

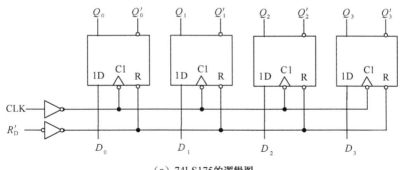

（a）74LS175的逻辑图

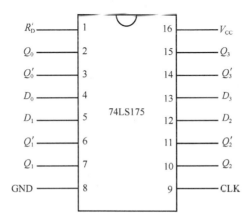

（b）74LS175的芯片管脚图

图 5.3.1　74LS175 的逻辑图和管脚图

表 5.3.1　74LS175 的功能表

R'_{D}	CLK	Q^*
0	✕	0
1	↑	D
1	1	Q
1	0	Q

2. 移位寄存器

移位寄存器除了具有存储代码的功能以外,还具有移位功能。所谓移位功能,是指存储器中存储的代码能在移位脉冲的作用下依次左移或右移。因此,移位寄存器不但可以存储代码,还可以实现数据的串行-并行转换、数值的运算及数据处理等。

图 5.3.2 所示电路是由 4 个边沿触发方式的 D 触发器构成的 4 位移位寄存器。其中,第一个触发器 FF_0 的输入端接收输入信号,其余的每个触发器输入端均与前边一个触发器的 Q 端相连。

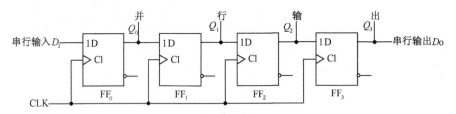

图 5.3.2　用 D 触发器构成的移位寄存器

假设移位寄存器的初始状态为 $Q_3 Q_2 Q_1 Q_0 = 0000$,现将数码 $D_3 D_2 D_1 D_0 = 1101$ 从高位(D_3)至低位依次送到 D_I 端,经过第一个时钟脉冲后,$Q_0 = D_3$。由于数码 D_3 后面的数码是 D_2,则经过第二个时钟脉冲后,触发器 FF_0 的状态移入触发器 FF_1 中,而 FF_0 变为新的状态,即 $Q_1 = D_3$,$Q_0 = D_2$。依此类推,可得到移位寄存器里代码的移动情况如表 5.3.2 所示。图 5.3.3 给出了各触发器输出端在移位过程中的电压波形图。

表 5.3.2　移位寄存器中代码的移动状态

CLK	Q_0	Q_1	Q_2	Q_3
0	0	0	0	0
1	D_3	0	0	0
2	D_2	D_3	0	0
3	D_1	D_2	D_3	0
4	D_0	D_1	D_2	D_3

由表 5.3.2 可知,输入数码依次地由低位触发器移到高位触发器,作右向移动。在经过 4 个时钟信号后,串行输入的 4 位代码全部移入了移位寄存器中,4 个触发器的输出状态 $Q_3 Q_2 Q_1 Q_0$ 与输入数码 $D_3 D_2 D_1 D_0$ 相对应,得到的是并行输出的代码 $Q_3 Q_2 Q_1 Q_0$。因此,利用移位寄存器可以实现代码的串行-并行转换。

如果首先将 4 位数据并行地置入移位寄存器的 4 个触发器中,然后连续加入 4 个移位脉冲,则移位寄存器里的 4 位代码将从串行输出端 D_O 依次送出,从而实现了数据的并行-串行转换。

在图 5.3.3 中,还画出了第 5～第 8 个时钟脉冲作用下,输入数码在寄存器中移位的状态波形。由图可知,在第 8 个时钟脉冲作用后,数码从 Q_3 已全部移出寄存器,说明存入寄存器的数码也可以从 D_O 端串行输出。

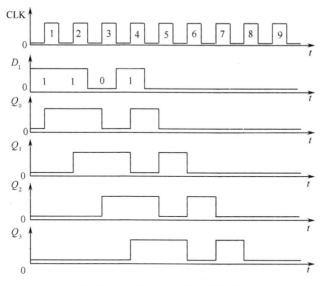

图 5.3.3　图 5.3.2 的电压波形

　　根据需要,可以用更多的触发器组成多位移位寄存器。

　　除了用边沿 D 触发器以外,还可以用其他类型的触发器来组成移位寄存器,图 5.3.4 是用 JK 触发器组成的 4 位移位寄存器,它和图 5.3.2 所示电路具有同样的逻辑功能。

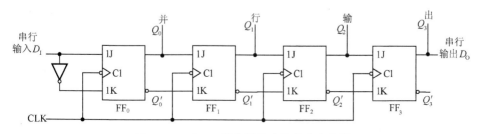

图 5.3.4　用 JK 触发器构成的移位寄存器

　　如果将图 5.3.2 所示电路中各触发器间的连接顺序调换一下,让右边触发器的输出作为左邻触发器的数据输入,则可构成左向移位寄存器。如果再增加一些控制门,则可构成既能右移(由低位向高位)、又能左移(由高位向低位)的双向移位寄存器。

　　为便于扩展逻辑功能和增加使用灵活性,在定型生产的移位寄存器集成电路上又附加了左、右移控制、数据并行输入、保持、异步置零(复位)等功能。集成 4 位双向移位寄存器 74LS194A 是一个典型的例子,图 5.3.5 是它的逻辑图和芯片管脚图。

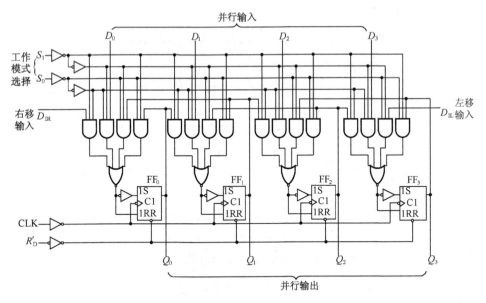

（a）74LS194A的逻辑图

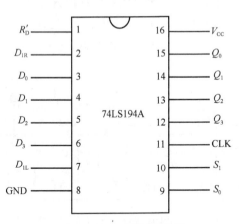

（b）74LS194A的芯片管脚图

图 5.3.5　双向移位寄存器 74LS194A 的逻辑图和管脚图

　　由图 5.3.5 可知，74LS194A 由 4 个 RS 触发器及输入控制端电路组成。S_0 和 S_1 是两个控制端，它们的状态组合可以完成 4 种控制功能，如表 5.3.3 所示。其中，左移和右移两项是指串行输入，数据分别从左移输入端 D_{IL} 和右移输入端 D_{IR} 送入寄存器。R_D' 是异步清零输入端。

表 5.3.3 双向移位寄存器 7LS194A 的功能表

R_D'	S_1	S_0	工作状态
0	×	×	置零
1	0	0	保持
1	0	1	右移
1	1	0	左移
1	1	1	并行输入

用 74LS194A 可以方便地接成多位双向移位寄存器。图 5.3.6 是用两片 74LS194A 接成 8 位双向移位寄存器的连接图。只需将其中一片的 Q_3 接至另一片的 D_{IR} 端,而另一片的 Q_0 接到这一片的 D_{IL},同时,把两片的 S_1、S_0、CLK 和 R_D' 分别并联就可以了。

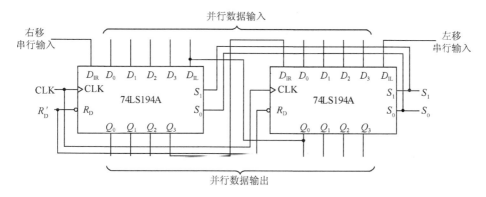

图 5.3.6 用两片 74LS194A 接成 8 位双向移位寄存器

例 5.3.1 在图 5.3.7 所示电路中,如果两个移位寄存器中的原始数据分别为 $A_3A_2A_1A_0 = 1010$,$B_3B_2B_1B_0 = 0011$,CI 的初始值为 0,试问经过 4 个 CLK 信号作用后,两个寄存器中的数据如何? 这个电路完成什么功能?

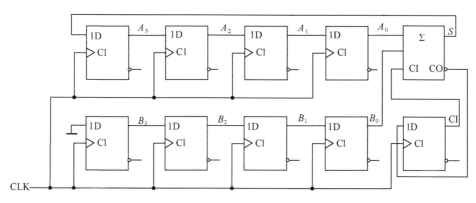

图 5.3.7 例 5.3.1 的电路

解:该电路由两个 4 位移位寄存器、一个全加器和一个 D 触发器构成。当第一个 CLK 信号作用后,两个移位寄存器右移,而由于 CI 的初始值为 0,全加器将 A_0 和 B_0 相加,其和 S 送入到移位寄存器 A 的数据输入端,其进位 CO 由 D 触发器的 Q 端输出,接至全加器的 CI 输入端;第二个 CLK 信号作用后,移位寄存器再次右移,全加器将 A_1、B_1 和 CI 相加。依此类推,在经过 4 个 CLK 信号作用后,两个寄存器中的数据分别为 $A_3A_2A_1A_0 = 1101$,$B_3B_2B_1B_0 = 0000$。所以,这是一个 4 位串行加法器电路。CI 的初始值为 0。

5.3.2 计数器

1. 计数器的分类

计数器在数字系统中的应用十分广泛,不仅能用于对时钟脉冲计数,还可以用于分频、定时、产生节拍脉冲和脉冲序列等。

计数器的种类很多。如果按照时钟信号输入方式的不同,可以分为同步计数器和异步计数器两大类。如果按照计数器中计数值的变化趋势来分类,可以将计数器分为加法计数器、减法计数器和可逆计数器。随着计数脉冲的不断输入而作递增计数的称为加法计数器,作递减计数的称为减法计数器,可增可减的称为可逆计数器。如果按照计数器中数字的编码方式分类,可以分为二进制计数器、二-十进制计数器、格雷码计数器等。如果按照计数器的计数容量来区分,又有十进制计数器、十六进制计数器、六十进制计数器等。

2. 同步计数器

目前,常用的同步计数器芯片主要为二进制和二-十进制计数器。

1) 4 位同步二进制加法计数器

图 5.3.8 所示为 4 位同步二进制加法计数器电路,是由 4 个 T 触发器构成。由图可以写出各级触发器的驱动方程为

$$\begin{cases} T_0 = 1 \\ T_1 = Q_0 \\ T_2 = Q_0 Q_1 \\ T_3 = Q_0 Q_1 Q_2 \end{cases} \tag{5.3.1}$$

将上式代入 T 触发器的特性方程,得到电路的状态方程为

$$\begin{cases} Q_0^* = Q_0' \\ Q_1^* = Q_0 Q_1' + Q_0' Q_1 \\ Q_2^* = Q_0 Q_1 Q_2' + (Q_0 Q_1)' Q_2 \\ Q_3^* = Q_0 Q_1 Q_2 Q_3' + (Q_0 Q_1 Q_2)' Q_3 \end{cases} \tag{5.3.2}$$

电路的输出方程为

$$C = Q_0 Q_1 Q_2 Q_3 \qquad\qquad (5.3.3)$$

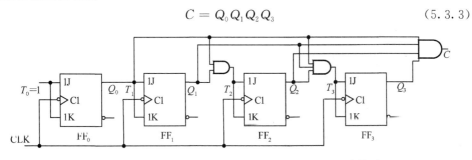

图 5.3.8　用 T 触发器构成的 4 位同步二进制加法计数器

根据式(5.3.2)和式(5.3.3)求出电路的状态转换表,如表 5.3.4 所示。利用第 16 个计数脉冲到达时 C 端电位的下降沿可作为向高位计数器电路进位的输出信号。

表 5.3.4　图 5.3.8 电路的状态转换图

计数顺序	电路状态				进位输出 C
	Q_3	Q_2	Q_1	Q_0	
0	0	0	0	0	0
1	0	0	0	1	0
2	0	0	1	0	0
3	0	0	1	1	0
4	0	1	0	0	0
5	0	1	0	1	0
6	0	1	1	0	0
7	0	1	1	1	0
8	1	0	0	0	0
9	1	0	0	1	0
10	1	0	1	0	0
11	1	0	1	1	0
12	1	1	0	0	0
13	1	1	0	1	0
14	1	1	1	0	0
15	1	1	1	1	1
16	0	0	0	0	0

图 5.3.9 和图 5.3.10 是图 5.3.8 所示电路的状态转换图和时序图。由时序图可以看出,若计数输入脉冲的频率为 f_0,则 Q_0、Q_1、Q_2 和 Q_3 端的输出脉冲的频率依次为 $\frac{1}{2}f_0$、$\frac{1}{4}f_0$、$\frac{1}{8}f_0$ 和 $\frac{1}{16}f_0$。所以,计数器也可以称为分频器。

分频比(分频系数)定义如下:

分频比=输入脉冲频率/输出脉冲频率

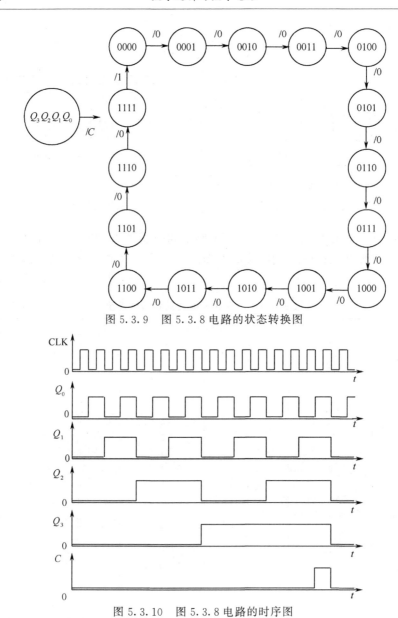

图 5.3.9　图 5.3.8 电路的状态转换图

图 5.3.10　图 5.3.8 电路的时序图

如果将图 5.3.8 作为分频器使用，C 为输出端，则

　　　　分频比＝输入脉冲频率（CLK）/输出脉冲频率（C）＝16

此外，由状态转换图可知，每输入 16 个计数脉冲，计数器工作一个循环，并在输出端 C 产生一个进位输出信号，所以，又将这个电路称为十六进制计数器。计数器中能计到的最大数称为计数器的计数容量。n 位二进制计数器的容量等于 2^n-1。

　　在图 5.3.8 的基础上增加一些控制电路,就可得到中规模集成 4 位同步二进制加法计数器 74LS161,74LS161 除了具有二进制加法计数器功能外,还具有预置数、保持和异步置零等附加功能,其逻辑电路图和芯片管脚图分别如图 5.3.11(a) 和图 5.3.11(b)所示。

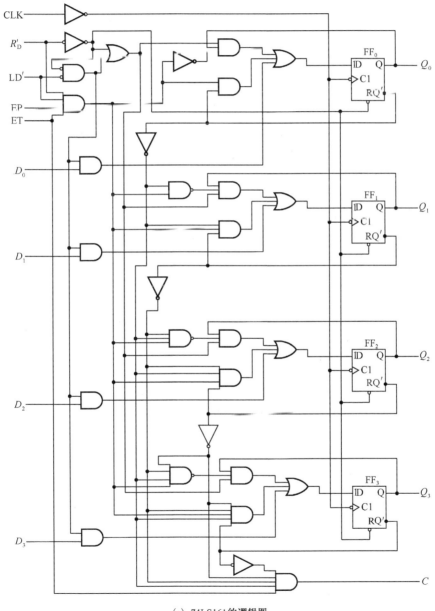

(a)　74LS161 的逻辑图

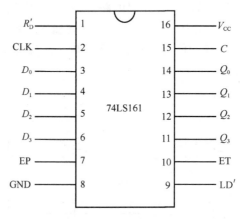

（b）74LS161的芯片管脚图

图 5.3.11　4 位同步二进制加法计数器 74LS161 的逻辑图和管脚图

图 5.3.11 中，R_D' 为异步置零（复位）端，$D_0 \sim D_3$ 为数据输入端，C 为进位输出端，LD' 为预置数控制端，EP 和 ET 为工作状态控制端。由图可知，当 $R_\mathrm{D}' = 0$ 时，所有触发器将同时被零，而且置零操作不受其他输入端状态的影响。当 $R_\mathrm{D}' = 1$，$\mathrm{LD}' = 0$ 时，电路工作在预置数状态。在 CLK 信号作用后，数据分别存入各触发器，有 $Q_3 Q_2 Q_1 Q_0 = D_3 D_2 D_1 D_0$，完成预置数功能。当 $R_\mathrm{D}' = 1$，$\mathrm{LD}' = 1$，而 EP = 0，ET = 1 时，CLK 信号到达时各触发器均保持原来的状态不变。同时，C 的状态也保持不变。如果 ET = 0，则 EP 无论为何状态，计数器的状态也将保持不变，但这时进位输出 $C = 0$。当 $R_\mathrm{D}' = \mathrm{LD}' = \mathrm{EP} = \mathrm{ET} = 1$ 时，电路工作在计数状态，与图 5.3.8 所示电路的工作状态相同。从电路的 0000 状态开始连续输入 16 个计数脉冲时，电路将从 1111 状态返回到 0000 状态，同时，C 端从高电平跳变至低电平。可以将 C 端输出的高电平或下降沿看作进位输出信号。

上述功能归纳成表 5.3.5，即 74LS161 的功能表。

表 5.3.5　4 位同步二进制计数器 74LS161 的功能表

CLK	R_D'	LD′	EP	ET	工作状态
×	0	×	×	×	置零
↑	1	0	×	×	预置数
×	1	1	0	1	保持
×	1	1	×	0	保持（C=0）
↑	1	1	1	1	计数

除了 74LS161 以外，CC40161 也实现上述逻辑功能，而且芯片引脚排列也相同。此外，74LS163 的逻辑功能也与上述基本相同，但采用的是同步置零方式，应

注意与 74LS161 这种异步置零方式的区别。在同步置零的计数器电路中，R_D'出现低电平时要等 CLK 信号到达后才能将触发器置零。而在异步置零的计数器电路中，只要 R_D'出现低电平，触发器立即被置零，不受 CLK 的控制。

　　2）4 位同步二进制减法计数器

　　图 5.3.12 所示电路是用 T 触发器组成的 4 位同步二进制减法计数器电路。

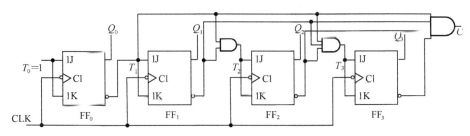

图 5.3.12　用 T 触发器构成的 4 位同步二进制减法计数器电路

　　由逻辑图可以得到触发器的驱动方程为

$$\begin{cases} T_0 = 1 \\ T_1 = Q_0' \\ T_2 = Q_0'Q_1' \\ T_3 = Q_0'Q_1'Q_2' \end{cases} \quad (5.3.4)$$

代入到 T 触发器的特性方程，得到电路的状态方程为

$$\begin{cases} Q_0^* = Q_0' \\ Q_1^* = Q_0'Q_1' + Q_0Q_1 \\ Q_2^* = Q_0'Q_1'Q_2' + (Q_0'Q_1')'Q_2 \\ Q_3^* = Q_0'Q_1'Q_2'Q_3' + (Q_0'Q_1'Q_2')'Q_3 \end{cases} \quad (5.3.5)$$

电路的输出方程为

$$C = Q_0'Q_1'Q_2'Q_3' \quad (5.3.6)$$

　　根据式(5.3.5)和式(5.3.6)可以得到 4 位二进制减法计数器的状态转换图，如图 5.3.13 所示。

　　3）同步十进制加法计数器

　　图 5.3.14 所示电路是用 T 触发器组成的同步十进制加法计数器电路，它是在图 5.3.8 同步二进制加法计数器电路的基础上修改而成的。

　　根据逻辑图可以写出电路的驱动方程为

$$\begin{cases} T_0 = 1 \\ T_1 = Q_0Q_3' \\ T_2 = Q_0Q_1 \\ T_3 = Q_0Q_1Q_2 + Q_0Q_3 \end{cases} \quad (5.3.7)$$

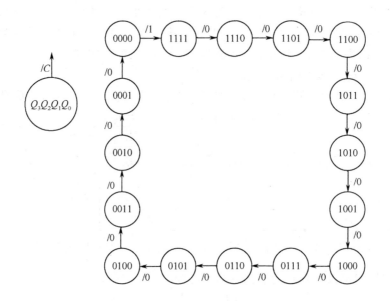

图 5.3.13　图 5.3.12 电路的状态转换图

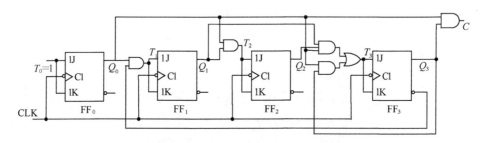

图 5.3.14　同步十进制加法计数器电路

将上式代入 T 触发器的特性方程,得到电路的状态方程为

$$\begin{cases} Q_0^* = Q_0' \\ Q_1^* = Q_0 Q_3' Q_1' + (Q_0 Q_3')' Q_1 \\ Q_2^* = Q_0 Q_1 Q_2' + (Q_0 Q_1)' Q_2 \\ Q_3^* = (Q_0 Q_1 Q_2 + Q_0 Q_3) Q_3' + (Q_0 Q_1 Q_2 + Q_0 Q_3)' Q_3 \end{cases} \qquad (5.3.8)$$

根据逻辑图可写出电路的输出方程为

$$C = Q_0 Q_3 \qquad (5.3.9)$$

　　根据式(5.3.8)和式(5.3.9),可以列出如表 5.3.6 所示电路的状态转换表,还可以画出其状态转换图,如图 5.3.15 所示。由状态转换图可知,这个电路是可以自启动的。

表 5.3.6　图 5.3.12 电路的状态转换表

计数顺序	电路状态				等效十进制数	进位输出 C
	Q_3	Q_2	Q_1	Q_0		
0	0	0	0	0	0	0
1	0	0	0	1	1	0
2	0	0	1	0	2	0
3	0	0	1	1	3	0
4	0	1	0	0	4	0
5	0	1	0	1	5	0
6	0	1	1	0	6	0
7	0	1	1	1	7	0
8	1	0	0	0	8	0
9	1	0	0	1	9	1
10	0	0	0	0	0	0
0	1	0	1	0	10	0
1	1	0	1	1	11	1
2	0	1	1	0	6	0
0	1	1	0	0	12	0
1	1	1	0	1	13	1
2	0	1	0	0	4	0
0	1	1	1	0	14	0
1	1	1	1	1	15	1
2	0	0	1	0	2	0

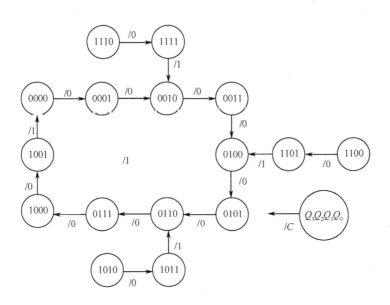

图 5.3.15　图 5.3.14 电路的状态转换图

图 5.3.16 是中规模集成的同步十进制加法计数器 74LS160 的逻辑图,它是在图 5.3.14 的基础上增加了同步预置数、异步清零和保持的功能。图中,LD'、R_D'、EP、ET、$D_0 \sim D_3$ 等各输入端的功能和用法与 74LS161 的各端相同。74LS160 的功能表也和 74LS161 的功能表相同,所不同的仅在于 74LS160 是十进制,而 74LS161 是十六进制。

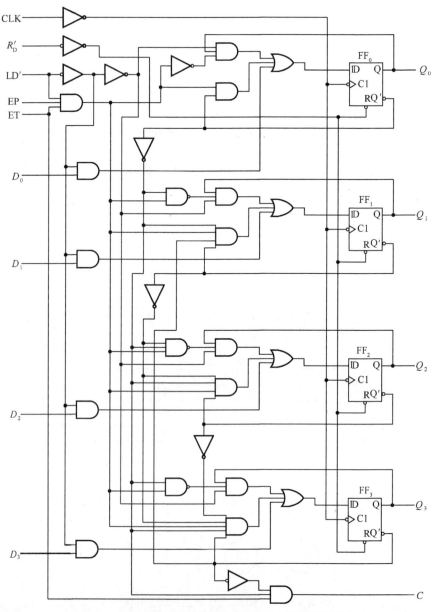

图 5.3.16　同步十进制加法计数器 74LS160 的逻辑图

4)同步可逆计数器

在实际应用中,有时要求一个计数器既能作加法计数,又能作减法计数。同时,兼有加和减两种计数功能的计数器称为可逆计数器,或称为加/减计数器。

图 5.3.17 所示电路是 4 位同步二进制可逆计数器电路,它是在前面介绍的 4 位同步二进制加法计数器和减法计数器的基础上增加一控制电路构成的。由图可知,各触发器的驱动方程为

$$\begin{cases} T_0 = 1 \\ T_1 = XQ_0 + X'Q_0' \\ T_2 = XQ_0Q_1 + X'Q_0'Q_1' \\ T_3 = XQ_0Q_1Q_2 + X'Q_0'Q_1'Q_2' \end{cases} \tag{5.3.10}$$

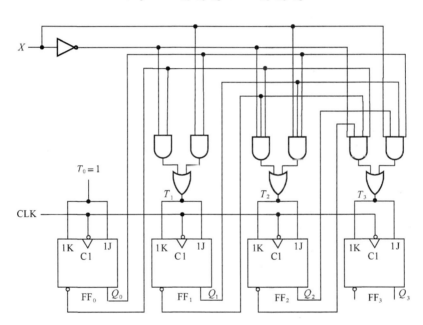

图 5.3.17 4 位同步二进制可逆计数器

不难看出,当 $X=1$ 时,$FF_0 \sim FF_3$ 中的各输入端分别与低位各触发器的 Q 端接通,进行加法计数;当 $X=0$ 时,$FF_0 \sim FF_3$ 中的各输入端分别与低位各触发器的 Q' 端接通,进行减法计数,从而实现了可逆计数器的功能。

图 5.3.18 是中规模集成 4 位同步二进制可逆计数器 74LS191 的逻辑图和管脚图。由图可知,当 $U'/D=0$ 时,计数器作加法计数;当 $U'/D=1$ 时,计数器作减法计数。

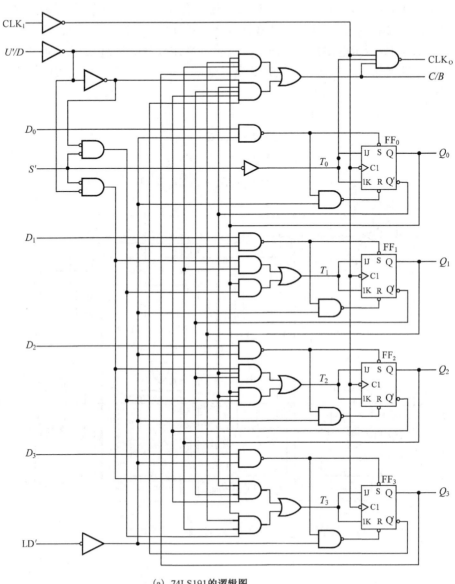

(a) 74LS191的逻辑图

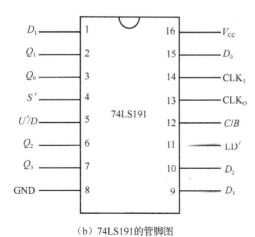

（b）74LS191 的管脚图

图 5.3.18　单时钟同步十六进制加/减计数器 74LS191 的逻辑图和管脚图

　　除了能作加/减计数外，74LS191 还有一些附加功能。图中的 LD' 为预置数控制端。当 $LD'=0$ 时，电路处于预置数状态，$D_0 \sim D_3$ 的数据立刻被置入 $FF_0 \sim FF_3$ 中，不受时钟信号 CLK_1 的控制。因此，74LS191 实现的是异步预置数功能。S' 是使能控制端，当 $S'=1$ 时，$T_0 \sim T_3$ 全都为 0，所以，$FF_0 \sim FF_3$ 保持不变。C/B 是进位/借位信号输出端。当计数器作加法计数，且 $Q_3 Q_2 Q_1 Q_0 = 1111$ 时，$C/B=1$，有进位输出；当计数器作减法计数，且 $Q_3 Q_2 Q_1 Q_0 = 0000$ 时，$C/B=1$，有借位输出。CLK_O 是串行时钟输出端，当 $C/B=1$ 时，在下一个 CLK_1 上升沿到达前，CLK_O 端有一个负脉冲输出。

　　74LS191 的功能表如表 5.3.7 所示。

表 5.3.7　4 位同步二进制可逆计数器 74LS191 的功能表

CLK_1	S'	LD'	U'/D	工作状态
×	1	1	×	保持
×	×	0	×	预置数
↑	0	1	0	加法计数
↑	0	1	1	减法计数

3. 异步计数器

1）异步二进制计数器

异步计数器在做加 1 计数时采取从低位到高位逐位进位的方式工作。如果使用下降沿触发的 T' 触发器组成加法计数器，只需将低位触发器的 Q 端接至高位触发器的时钟输入就可以了。这样,当二进制数中的低位由 1 变 0 时,向高一位发出进位信号,使高一位翻转,而低位由 1 变 0 正好是一个下降沿,可作为高一位的时钟信号。

图 5.3.19 是用下降沿触发的 T' 触发器组成的 3 位二进制加法计数器。T' 是由 JK 触发器的 $J=K=1$ 得到的。

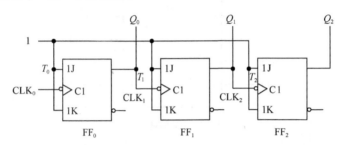

图 5.3.19　下降沿触发的异步二进制加法计数器

设初态为 000,根据 T' 触发器的翻转规律即可画出在连续 CLK_0 脉冲信号作用下,Q_0、Q_1 和 Q_2 的电压波形,如图 5.3.20 所示。

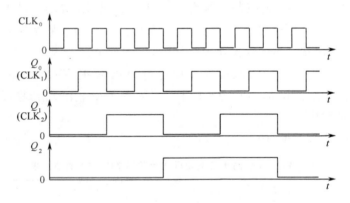

图 5.3.20　图 5.3.19 电路的时序图

如果使用上升沿触发的 T' 触发器,同样也可以组成异步二进制加法计数器,连接时只需将低位触发器的 Q' 端接至高位触发器的时钟输入端即可。

如果使用下降沿触发的 T' 触发器组成减法计数器,只需将低位触发器的 Q' 端接至高位触发器的时钟输入就可以了。这样,当二进制数中的低位由 0 变 1 时,向高一位发出借位信号,使高一位翻转,而低位的 Q' 端由 1 变 0 正好是一个下降沿,可作为高一位的时钟信号。

图 5.3.21 是用下降沿触发的 T' 触发器组成的 3 位二进制减法计数器。T' 是由 JK 触发器的 $J=K=1$ 得到的。

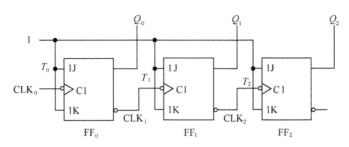

图 5.3.21　下降沿触发的异步二进制减法计数器

　　将异步二进制加法计数器和异步二进制减法计数器比较即可发现,它们都是将低位触发器的一个输出端接到高位触发器的时钟输入端组成的。在用下降沿触发的 T' 触发器时,加法计数器是将 Q 端接到高位触发器,减法计数器是将 Q' 端接到高位触发器。如果采用上升沿触发的 T' 触发器时,情况刚好相反,加法计数器将 Q' 端接到高位触发器,而减法计数器将 Q 端接至高位触发器。

　　常用的异步二进制加法计数器产品有 4 位的 74LS293 和 74LS393、7 位的 CC4024、12 位的 CC4040 等几种类型。

　　2）异步十进制计数器

　　异步十进制加法计数器是在 4 位异步二进制加法计数器的基础上加以修改而得到的。图 5.3.22 所示电路是异步十进制加法计数器的典型电路。假定所用触发器为 TTL 电路,J、K 端悬空相当于接逻辑 1 电平。

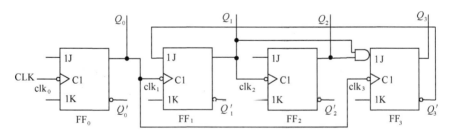

图 5.3.22　异步十进制加法计数器的典型电路

　　该电路与上一节例 5.2.2 所示电路的逻辑功能相同,其状态转换表和状态转换图也相同,这里不再赘述。

　　74LS290 是按照图 5.3.22 所示电路的原理制成的异步十进制加法计数器集成芯片,它的逻辑图如图 5.3.23 所示。

　　为了增加计数器使用的灵活性,FF_0 和 FF_1 的 CLK 端单独引出分别记为 CLK_0 和 CLK_1。若 CLK_0 为计数输入端,Q_0 为输出端,即可得到二进制计数器（或二分频器）;若 CLK_1 为计数输入端,Q_3 为输出端,即可得到五进制计数器（或

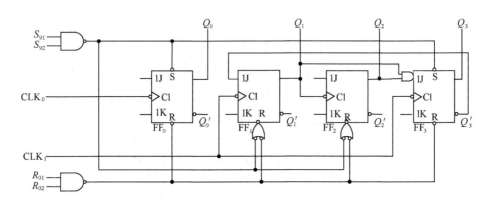

图 5.3.23　二-五-十进制异步计数器 74LS290

五分频器）；若将 CLK_1 与 Q_0 端相连，同时以 CLK_0 为输入端，Q_3 为输出端，则可得到十进制计数器（或十分频器）。因此，这个电路又称为二-五-十进制异步计数器。

此外，在图 5.3.23 电路中还设置了两个异步置 0 输入端 R_{01} 和 R_{02} 及两个异步置 9 输入端 S_{91} 和 S_{92}。74LS290 的功能表如表 5.3.8 所示。

表 5.3.8　74LS290 的功能表

复位输入		置位输入		时钟	输出			
R_{01}	R_{02}	S_{91}	S_{92}	CLK	Q_3	Q_2	Q_1	Q_0
1	1	0	×	×	0	0	0	0
1	1	×	0	×	0	0	0	0
×	×	1	1	×	1	0	0	1
×	0	0	×	↓		计数		
×	0	×	0	↓		计数		
0	×	0	×	↓		计数		
0	×	×	0	↓		计数		

4. 任意进制计数器的构成方法

尽管集成计数器的品种很多，但也不可能任一进制的计数器都有其对应的集成产品。在需要它们时，只能用现有的成品计数器外加适当的电路连接而成。

假定已有的是 M 进制计数器，而需要的是 N 进制计数器。这时，有 $M>N$ 和 $M < N$ 两种情况。

1) $M>N$ 的情况

M 进制计数器有 M 个状态，在计数过程中，若设法跳过 $M-N$ 个状态，即可

得到 N 进制计数器。通常,可用两种方法实现,即反馈置零法(或称复位法)和反馈置数法(或称置位法)。

反馈置零法适用于有清零输入端的集成计数器。对于有异步清零输入端的计数器(如 74LS160、74LS161)来讲,其工作原理为:当中规模 M 计数器从 S_0 状态开始计数,当计数脉冲输入 N 个脉冲后,M 进制计数器处于 S_N 状态。如果利用 S_N 状态译码产生一个置零信号反馈到计数器的异步清零输入端,则计数器立刻返回到 S_0 状态,这样,就跳过了 $M-N$ 个状态,从而实现模值为 N 的计数器。由于电路在一进入 S_N 状态后立即被置成 S_0 状态,所以,S_N 状态仅在瞬间出现,在稳定的状态循环中不包括 S_N 状态。对于有同步清零输入端的计数器(如 74LS162、74LS163)来讲,由于在清零输入端为有效电平时,计数器不会立即清零,而是要等到下一个时钟信号到达后,计数器才会清零,所以,应该用 S_{N-1} 状态译成同步置零信号,而且 S_{N-1} 状态包含在稳定的状态循环中。

反馈置数法适用于具有预置数功能的集成计数器。对于具有同步预置数功能的计数器(如 74LS160、74LS161)而言,在其计数过程中,可以将它输出的任何一个状态通过译码,产生一个预置数控制信号反馈至预置数控制端,在下一个计数信号作用后,计数器就会把预置数输入端 $D_0 \sim D_3$ 的状态置入输出端。预置数控制信号消失后,计数器就从被置入的状态开始重新计数。对于具有异步预置数功能的计数器(如 74LS190、74LS191)而言,由于在预置数控制端为有效电平时,立即将数据置入计数器中,而不受时钟信号的控制,因此,译码产生预置数控制信号的这个状态只会在瞬间出现,在稳定的状态循环中不包含该状态。

例 5.3.2　试利用同步十进制计数器 74LS160 接成同步七进制计数器。74LS160 的逻辑图如图 5.3.16 所示,它的功能表与 74LS161 的功能表(如表 5.3.5 所示)相同。

解:七($N=7$)进制计数器有 7 个状态,而 74LS160 在计数过程中有 10($M=10$)个状态,必须设法跳过 $M-N$($10-7=3$)个状态。由于 74LS160 既有异步置零又有同步置数功能,所以,采用反馈置零或反馈置数法都可以。

图 5.3.24 所示电路是采用反馈置零法。当计数器计到 $Q_3Q_2Q_1Q_0=0111$ 时,门 G 输出低电平反馈到 R'_D 端,计数器立刻置零,回到 0000 状态。电路的状态转换图如图 5.3.25 所示。由于 0111 状态只在瞬间出现,不包含在稳定的状态循环中。

图 5.3.24 所示电路的接法在原理上

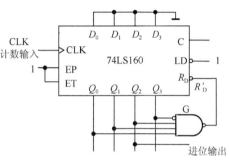

图 5.3.24　用反馈置零法将 74LS160
置成七进制计数器

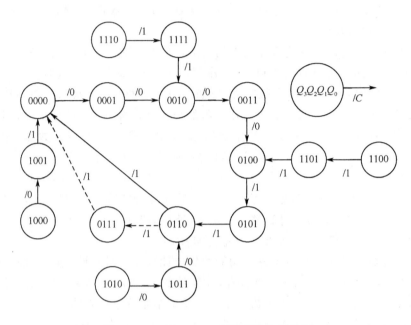

图 5.3.25　图 5.3.24 电路的状态转换图

是可以实现的,但由于置零信号随着计数器被置零而立即消失,所以,置零信号持续的时间很短,如果集成计数器中各触发器在翻转过程中速度不等,就可能不能使全部触发器置零,因此,这种接法的电路可靠性不高。

为了使置零信号能够保持,保证计数器中的所有触发器可靠清零,常采用图 5.3.26 所示的改进电路。门 G_1 译码产生置零信号,当计数器计到 $Q_3 Q_2 Q_1 Q_0 = 0111$ 时,G_1 输出低电平。与非门 G_2 和 G_3 组成 RS 锁存器,以它的 Q' 端输出的低

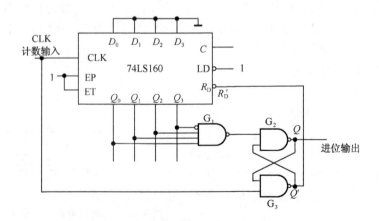

图 5.3.26　图 5.3.24 的改进电路

电平作为计数器的置零信号,反馈到计数器的 R_D' 端,这种改进电路的置零信号的宽度和输入计数脉冲高电平的持续时间相等。

在有的集成计数器产品中,已经将门 G_1、G_2、G_3 组成的附加电路直接集成在计数器芯片中,在使用时就不用外接附加电路了。

图 5.3.27(a)和图 5.3.27(b)是借助同步预置数功能采用反馈置数法用 74LS160 接成的七进制计数器。图 5.3.27(a)的接法是把输出 $Q_3Q_2Q_1Q_0=0110$ 状态译码产生预置数控制信号 $LD'=0$,在下一个 CLK 信号到达时置入 0000 状态,从而跳过 0111～1001 这三个状态,其状态转换图如图 5.3.28 所示。由此可以推知,在图 5.3.27(a)中,反馈置数操作可以在 74LS160 计数循环状态(0000～1001)中的任何一个状态下进行。例如,可将 $Q_3Q_2Q_1Q_0=1001$ 状态译码产生预置数控制信号反馈至 LD' 端,这时,预置数输入端应为 0011 状态。图 5.3.27(b)电路的接法是将计数器 $Q_3Q_2Q_1Q_0=0101$ 状态译码产生预置数控制信号 $LD'=0$,在下一个 CLK 信号到达时置入 1001 状态,构成七进制计数器。状态转换图如图 5.3.29 所示。由于在循环状态中包含了 1001 状态,而 1001 状态可以产生进位信号 C。因此,在图 5.3.27(b)电路中,每个计数循环都会在 C 端给出一个进位信号。而在图 5.3.27(a)的接法中,由于状态循环中没有 1001 状态,因此,计数过程中 C 端始终没有输出信号,这时的进位输出信号只能由 Q_2 端引出。

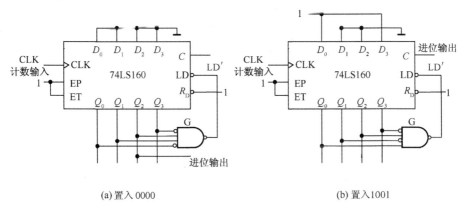

(a) 置入 0000　　　　　　　　　　　　　　　(b) 置入 1001

图 5.3.27　用置数法将 74LS160 接成七进制计数器

2) $M < N$ 的情况

由于 M 进制计数器只有 M 个状态,所以,必须用多片 M 进制计数器组合起来才能构成 N 进制计数器。下面结合例题来说明各片之间的连接方式。

例 5.3.3　试用两片同步十进制计数器 74LS160 接成百进制计数器。

解:因为 $N=100$,且 $N=10\times10$,所以,要用两片 74LS160 构成。两片之间的连接方式有并行进位和串行进位两种。

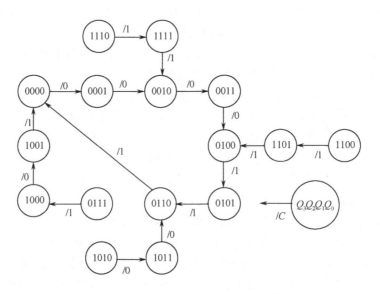

图 5.3.28　图 5.3.27(a)电路的状态转换图

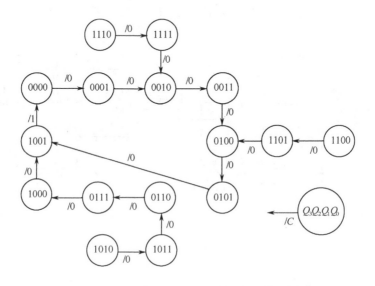

图 5.3.29　图 5.3.27(b)电路的状态转换图

图 5.3.30 是以并行进位的方式连接的 100 进制计数器。两片 74LS160 的 CLK 端均与计数脉冲相连,因而是同步计数器。低位片(片 1)的使能端 ET＝ EP＝1,因而总是处于计数状态;高位片(片 2)的使能端接至低位片的进位信号输 出端 C,因而只有在片 1 计数至 1001 状态,使其 C＝1 时,片 2 才能处于计数状态。

每当片 1 计成 1001 时,$C=1$,在下一个计数脉冲到达时片 2 计入 1,而片 1 计成 0000,它的 C 端回到低电平,使片 2 停止计数。

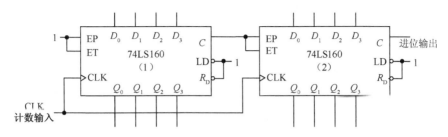

图 5.3.30　例 5.3.3 电路的并行进位方式

图 5.3.31 是以串行进位的方式连接的 100 进制计数器。其中,片 1 的进位输出信号 C 经反相后作为片 2 的计数脉冲 CLK_2,显然,这是一个异步计数器。虽然两片的使能信号都为 1,但只有当片 1 由 1001 变成 0000 状态,C 由 1 变为 0,CLK_2 产生一个上升沿时,片 2 才能计入一个脉冲。

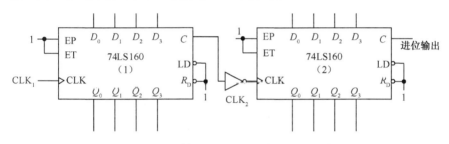

图 5.3.31　例 5.3.3 电路的串行进位方式

例 5.3.4　试用两片同步十进制计数器 74LS160 接成三十七进制计数器。

解:因为 $N=37$ 是一个素数,不能分解,所以,必须用整体置零法或整体置数法构成三十七进制计数器。具体方法是:首先将两片 74LS160 接成一个百进制计数器,这时计数器有 100 个计数状态,可以用前面介绍过的反馈置零法或反馈置数法将其中任意的 37 个状态构成三十七进制计数器。

图 5.3.32 是整体置零的接法。首先将两片 74LS160 以并行进位方式接成一个百进制计数器,当计数器从全 0 状态开始计数,计入 37 个脉冲时,经门 G_1 译码产生低电平清零信号立刻将两片 74LS160 同时置零,得到 37 进制计数器。需要注意的是,门 G_1 输出的脉冲持续时间很短,不能作为进位输出信号,可以用电路的 36 状态输出进位信号。当电路计入 36 个脉冲后,门 G_2 输出低电平,第 37 个计数脉冲到达后门 G_2 输出跳变为高电平。

图 5.3.33 是采用整体置数法接成的三十七进制计数器。首先将两片 74LS160 接成百进制计数器,然后将电路的 36(0011 0110)状态译码产生置数控制

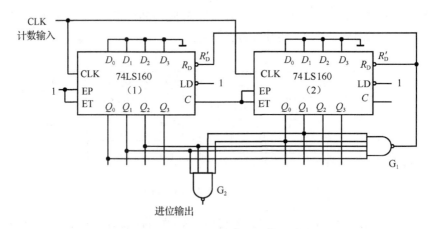

图 5.3.32　例 5.3.4 电路的整体置零接法

信号 LD′＝0,同时反馈到两片 74LS160 的置数控制输入端上,在下一个计数脉冲
(第 37 个时钟脉冲)到达时,将 0(0000 0000)同时置入两片 74LS160 中,从而得到
三十七进制计数器。进位信号可以由门 G 的输出端引出。

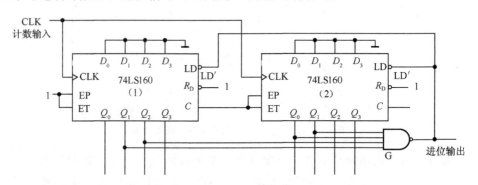

图 5.3.33　例 5.3.4 电路的整体置数接法

5. 移位寄存器型计数器

计数器也可以由移位寄存器构成。这时,要求移位寄存器有 M 个状态,分别
与 M 个计数脉冲相对应,并且不断在这 M 个状态中循环。常用的移位寄存器型
计数器(简称移存型计数器)有环形计数器和扭环形计数器。

1) 环形计数器

4 位移位寄存器构成的环形计数器如图 5.3.34 所示。由图可知,反馈信号
$D＝Q_3$,即把串行输出信号直接反馈到串行输入端。假设电路的初始状态为
$Q_0Q_1Q_2Q_3＝1000$,只有输出端 Q_0 为 1,这个 1 随着时钟信号的输入在寄存器的触
发器内逐位右移,到最末一级后又返回到最前一级,形成 1 信号的环形传输。由于

环形计数器可以用电路的 4 个不同状态来表示输入时钟信号的数目,因此,称其为 4 位环形计数器。

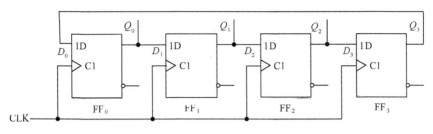

图 5.3.34　环形计数器电路

根据移位寄存器的工作特点,不必列出环形计数器的状态方程就可以直接画出图 5.3.35 所示的状态转换图。如果取 1000、0100、0010、0001 所组成的状态循环为有效循环,那么,其他的状态循环为无效循环,而且每个无效状态都不会回到有效循环中去,因此,该电路是不能自启动的。

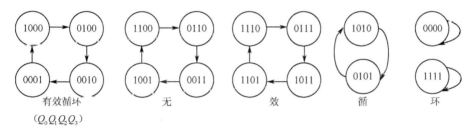

图 5.3.35　图 5.3.34 电路的状态转换图

在许多场合我们希望计数器能自启动,通过在输出和输入之间接入适当的反馈逻辑电路,可以将不能自启动的电路修改为能自启动的逻辑电路,如图 5.3.36 所示。

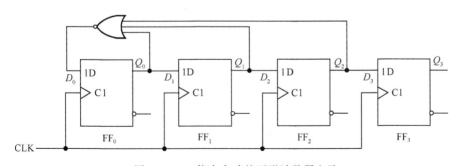

图 5.3.36　能自启动的环形计数器电路

根据图 5.3.36 所示电路的逻辑图,得到它的状态方程为

$$\begin{cases} Q_0^* = (Q_0 + Q_1 + Q_2)' \\ Q_1^* = Q_0 \\ Q_2^* = Q_1 \\ Q_3^* = Q_2 \end{cases} \qquad (5.3.11)$$

可得到电路的状态转换图如图 5.3.37 所示。

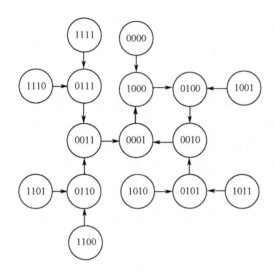

图 5.3.37　图 5.3.36 电路的状态转换图

n 位移位寄存器构成的 n 进制环形计数器有 n 个有效状态，$2^n - n$ 个无效状态，这显然是一种浪费。

2）扭环形计数器

扭环形计数器提高了环形计数器的电路状态利用率，其逻辑电路图如图 5.3.38 所示。

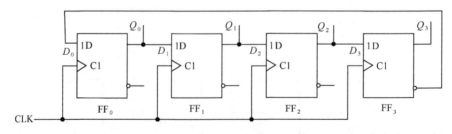

图 5.3.38　扭环形计数器电路

由图 5.3.38 可知，反馈信号为 $D = Q_3'$，根据移位寄存器的特点可以直接画出扭环形计数器的状态转换图，如图 5.3.39 所示。从图中可以看出，它有两个状态循环，若取左边的为有效循环,则右边的为无效循环,显然该电路不能自启动。

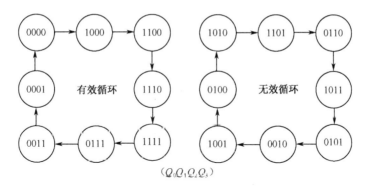

图 5.3.39　图 5.3.38 电路的状态转换图

为了实现自启动,可对反馈电路加以修改,具有自启动能力的扭环形计数器如图 5.3.40 所示,其状态转换图如图 5.3.41 所示。

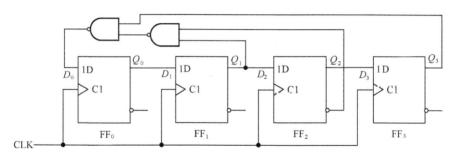

图 5.3.40　能自启动的扭环形计数器

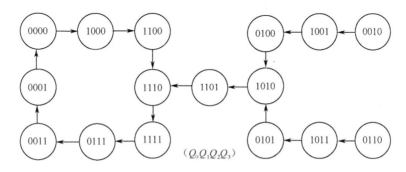

图 5.3.41　图 5.3.40 电路的状态转换图

不难看出,用 n 位移位寄存器构成的扭环形计数器可以得到有 $2n$ 个有效状态的循环,状态利用率比环形计数器提高了一倍。

5.3.3　序列信号发生器

在数字系统中经常需要一些串行周期性信号,在每个循环周期中,1 和 0 数码按一定的规则顺序排列,称为序列信号。序列信号可以作为数字系统的同步信号,也可以作为地址码等。产生序列信号的电路称为序列信号发生器。

序列信号发生器的构成方法有多种,常见方法中的一种是用计数器和数据选择器组成,如图 5.3.42 所示。由图可知,该电路由一个 8 进制计数器和 8 选 1 数据选择器组成。其中,8 进制计数器是取自 74LS161(4 位二进制计数器)的低 3 位,8 选 1 数据选择器是 74LS151。

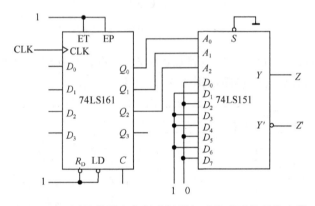

图 5.3.42　用计数器和数据选择器组成的序列信号发生器

当 CLK 信号加到计数器上时,$Q_2Q_1Q_0$ 的状态从 000 到 111 往复循环,而 $Q_2Q_1Q_0$ 接在 74LS151 的地址代码输入端 $A_2A_1A_0$ 上,因此,$D_0 \sim D_7$ 的状态就依次从输出端 Y 端输出,或以反码的形式从 Y' 端输出。图 5.3.42 的状态转换表如表 5.3.9 所示。由于 $D_0 = D_2 = D_5 = D_7 = 0,D_1 = D_3 = D_4 = D_6 = 1$,所以,该电路输出的序列信号为 $Z = 01011010$ 和 $Z' = 10100101$。只要改变数据,即可改变序列信号输出。因此,使用这种电路既灵活又方便。

如果设序列信号的循环长度为 M,计数器的级数为 n,则这种方法产生的序列信号的循环长度为 $M = 2^n$,这种序列信号称为最大循环长度序列。用计数器和数据选择器可以产生最大循环长度序列。

构成序列信号发生器的第二种常见方法是采用带反馈逻辑电路的移位寄存器,如图 5.3.43 所示。该电路由 4 位移位寄存器 74LS194A 和 8 选 1 数据选择器组成。数据选择器的地址输入 $A_2A_1A_0$ 对应接在移位寄存器的 $Q_2Q_1Q_0$,$D_0 = D_6 = 1,D_1 = D_4 = D_7 = 0,D_2 = D_5 = Q_3',D_3 = Q_3,Z = Q_3$。74LS194A 的两个控制端 $S_1 = 1,S_0 = 0$,进行右移操作,D_{IR} 为右移输入端。设初始状态 $Q_0Q_1Q_2Q_3 = 0000$,经分析可得到电路的状态转换表如表 5.3.10 所示。

表 5.3.9 图 5.3.41 电路的状态转换表

CLK 顺序脉冲	Q_2 (A_2)	Q_1 (A_1)	Q_0 (A_0)	Z	Z'
0	0	0	0	$D_0(0)$	$D_0'(1)$
1	0	0	1	$D_1(1)$	$D_1'(0)$
2	0	1	0	$D_2(0)$	$D_2'(1)$
3	0	1	1	$D_3(1)$	$D_3'(1)$
4	1	0	0	$D_4(1)$	$D_4'(0)$
5	1	0	1	$D_5(0)$	$D_5'(1)$
6	1	1	0	$D_6(1)$	$D_6'(0)$
7	1	1	1	$D_7(0)$	$D_7'(1)$
8	0	0	0	$D_0(0)$	$D_0'(1)$

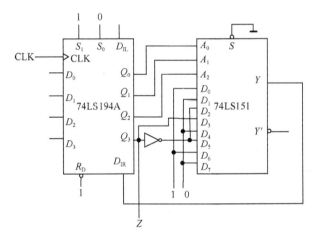

图 5.3.43 用移位寄存器和数据选择器构成的序列信号发生器

表 5.3.10 图 5.3.43 电路的状态转换表

D_{IR}	Q_0 (A_0)	Q_1 (A_1)	Q_2 (A_2)	Q_3 Z
1	0	0	0	0
0	1	0	0	0
1	0	1	0	0
1	1	0	1	0
1	1	1	0	1
0	1	1	1	0
1	0	1	1	1

续表

D_{1R}	Q_0 (A_0)	Q_1 (A_1)	Q_2 (A_2)	Q_3 Z
0	1	0	1	1
0	0	1	0	1
0	0	0	1	0
1	0	0	0	1
0	1	0	0	0
1	0	1	0	0
1	1	0	1	0
1	1	1	0	1
0	1	1	1	0
1	0	1	1	1
0	0	1	1	1
0	0	0	1	0
1	0	0	0	1
0	1	0	0	0

　　由表 5.3.10 可知,输出的序列信号为 $Z=0001011101$,并且,该电路具有自启动功能。

　　如果改变数据选择器的数据输入端 $D_0 \sim D_7$ 的数据,则输出的序列信号就会改变。由上述电路产生的序列信号循环长度 $M=10$,寄存器的级数 $n=4$,而 $M<2^n$,所以,称这种长度的序列信号为任意长度序列。用移位寄存器和数据选择器可以产生任意长度序列。

　　如果序列的循环长度 $M=2^n-1$,则称该序列为最长线性序列(伪随机序列或 m 序列)。若移位寄存器的反馈函数为异或函数,其输出为线性脉冲序列,如果异或反馈函数设计得合理,就可得到最长线性序列,这种异或反馈式移位寄存器称为线性序列发生器,如图 5.3.44 所示。

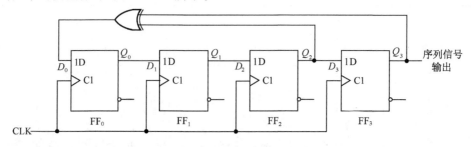

图 5.3.44　用移位寄存器构成的线性序列发生器

设初态 $Q_0Q_1Q_2Q_3=1111$，根据移位寄存器的移存规律可以列出状态转换表，如表 5.3.11 所示。

表 5.3.11 图 5.3.44 电路的状态转换图

CLK	D_0	Q_0	Q_1	Q_2	Q_3
0	0	0	0	0	0
1	0	1	1	1	1
2	0	0	1	1	1
3	0	0	0	1	1
4	1	0	0	0	1
5	0	1	0	0	0
6	0	0	1	0	0
7	1	0	0	1	0
8	1	1	0	0	1
9	0	1	1	0	0
10	1	0	1	1	0
11	0	1	0	1	1
12	1	0	1	0	1
13	1	1	0	1	0
14	1	1	1	0	1
15	1	1	1	1	0
16	0	1	1	1	1
17	0	0	1	1	1

由表可知，在 CLK 信号的连续作用下，Q_3 输出的脉冲序列为 111100010011010，其循环长度 $M=15=2^4-1$，是一个伪随机序列码。$Q_0Q_1Q_2Q_3=0000$ 是该电路的无效状态，因为在此状态下，异或函数的输出为 0，其下一个状态仍为 0000。由此可以推知，任何线性序列发生器均存在这个无效状态，因此，其有效状态最多只能为 2^n-1 个。

5.3.4 顺序脉冲发生器

在一些数字系统中，有时需要系统按照规定的顺序进行一系列操作，这就要求系统的控制电路能提供一组在时间上有一定先后顺序的脉冲信号，再用这组脉冲形成所需要的各种控制信号,顺序脉冲发生器就是用来产生这样一组顺序脉冲的电路。

顺序脉冲发生器可以用能自启动的环形计数器构成,如图 5.3.45 所示。当环形计数器工作在有效循环的时候,它就是一个顺序脉冲发生器。在 CLK 的连续作用下,$Q_0 \sim Q_3$ 端将依次输出正脉冲,并不断循环,其电压波形图如图 5.3.46 所示。

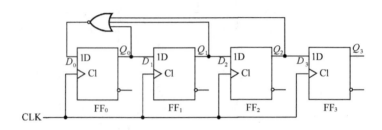

图 5.3.45   用环形计数器作顺序脉冲发生器

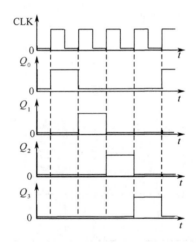

图 5.3.46   图 5.3.45 电路的电压波形图

顺序脉冲发生器也可以用计数器和译码器构成,如图 5.3.47(a)所示。图中以 4 位二进制计数器 74LS161 的低 3 位输出作为 3 线-8 线 74LS138 的 3 位输入信号。电路的电压波形如图 5.3.47(b)所示。

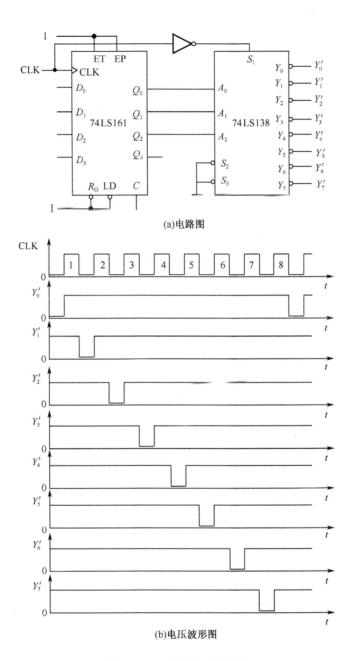

(a)电路图

(b)电压波形图

图 5.3.47　顺序脉冲发生器

5.4　同步时序逻辑电路的设计方法

时序逻辑电路的设计是时序逻辑电路分析的逆过程,即根据给定的逻辑功能要求,选择适当的逻辑器件,设计出符合要求的时序逻辑电路。本节仅介绍用触发器和门电路设计同步时序逻辑电路的方法,这种设计方法的基本指导思想是用尽可能少的触发器和门电路来实现要设计的逻辑功能。

5.4.1　同步时序逻辑电路设计的一般步骤

(1)逻辑抽象,得到电路的原始状态图。首先分析给定的逻辑功能,求出对应的状态转换图。这种直接由要求实现的逻辑功能求得的状态转换图叫做原始状态图。正确画出原始状态图,是设计时序逻辑电路最关键的一步,具体做法是:①分析给定的逻辑问题,确定输入变量、输出变量和电路的状态数。通常,都是取原因(或条件)作为输入逻辑变量,取结果作为输出逻辑变量。②定义输入、输出逻辑状态和每个电路状态的含义,并将电路状态顺序编号。③按照题意列出原始状态图。

(2)状态化简。根据给定要求得到的原始状态图不一定是最简的,很可能包含有多余的状态,因此,需要状态化简或状态合并。等价状态才可以合并,等价状态是指在原始状态图中,如果有两个或两个以上的状态,在输入相同的条件下,输出相同,次态也相同,则这些状态是等价的。状态化简的目的就在于将等价状态合并,以求得最简的原始状态图。

(3)状态编码,并画出编码形式的状态转换图或状态转换表。在得到简化的状态图后,要对每一个状态指定一个二进制代码,这就是状态编码。编码的方案不同,设计的电路结构也就不同。如果编码方案选择得当,设计结果可以很简单。反之,编码方案选的不好,设计出来的电路就会复杂得多,这里面有一定的技巧。此外,为了便于记忆和识别,一般选用的状态编码和它们的排列顺序要遵循一定的规律,如用自然二进制码。编码方案确定后,根据简化的状态图画出编码形式的状态转换图或状态转换表。

(4)选择触发器的类型及个数。因为 n 个触发器共有 2^n 种状态组合,所以,为获得时序电路所需的 M 个状态,必须取

$$2^{n-1} < M \leqslant 2^n \qquad (5.4.1)$$

因为不同逻辑功能的触发器驱动方式不同,所以,用不同类型触发器设计出的电路也不一样。为此,在设计具体电路前必须先选定触发器的类型。选择触发器类型时,应考虑到器件的供应情况,并应力求减少系统中使用的触发器的种类。

　　(5) 求出电路的输出方程、状态方程和驱动方程。根据编码后的状态转换图 (或状态转换表)和触发器的类型,就可以求出电路的输出方程、状态方程和驱动方程。

　　(6) 画逻辑电路图,并检查电路能否自启动。

　　上述过程可以用方框图的形式表示,如图 5.4.1 所示。在实际设计时,因设计要求千差万别,所以,不必拘泥上述步骤,可以略去或颠倒其中的某些步骤。如有的设计问题是以状态转换图的形式给出的,则就不必对设计问题进行逻辑抽象和状态编码。

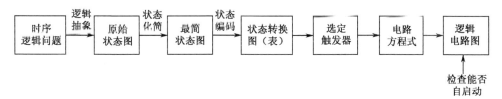

图 5.4.1　同步时序逻辑电路的设计过程

5.4.2　同步时序逻辑电路设计举例

　　例 5.4.1　试设计一个带有进位输出端的十一进制计数器。

　　解:首先进行逻辑抽象。计数器是对输入脉冲进行计数,所以没有输入变量,只有进位输出信号。设进位输出信号为输出变量 C,规定当 $C=1$ 时有进位输出,$C=0$ 时没有进位输出。

　　十一进制计数器应该有 11 个状态,分别用 S_0, S_1, $\cdots$, S_{10} 表示,可以得到原始状态图如图 5.4.2 所示。

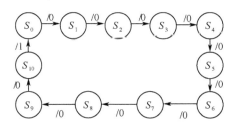

图 5.4.2　例 5.4.1 的原始状态图

　　该状态图已经是最简,不用再进行化简。取自然二进制数 0000 ～ 1010 作为 $S_0 \sim S_{10}$ 的编码,可以得到如表 5.4.1 所示的状态转换表。

　　根据表 5.4.1 可知,实现十一进制计数器需要用 4 个触发器,可以选用 JK 触发器来实现该电路。

表 5.4.1　例 5.4.1 电路的状态转换表

状态变化顺序	状态编码				进位输出 C	等效十进制数
	Q_3	Q_2	Q_1	Q_0		
S_0	0	0	0	0	0	0
S_1	0	0	0	1	0	1
S_2	0	0	1	0	0	2
S_3	0	0	1	1	0	3
S_4	0	1	0	0	0	4
S_5	0	1	0	1	0	5
S_6	0	1	1	0	0	6
S_7	0	1	1	1	0	7
S_8	1	0	0	0	0	8
S_9	1	0	0	1	0	9
S_{10}	1	0	1	0	1	10
S_0	0	0	0	0	0	0

由于电路的次态 $Q_3^* Q_2^* Q_1^* Q_0^*$ 和进位输出 C 唯一地取决于电路的现态 $Q_3 Q_2 Q_1 Q_0$ 的取值,所以,可以根据表 5.4.1 画出表示次态逻辑函数和进位输出函数的卡诺图,如图 5.4.3 所示。因为计数器正常工作时不会出现 1011、1100、1101、1110 和 1111 5 个状态,所以,可将 $Q_3 Q_2' Q_1 Q_0$、$Q_3 Q_2 Q_1' Q_0'$、$Q_3 Q_2 Q_1' Q_0$、$Q_3 Q_2 Q_1 Q_0'$ 和 $Q_3 Q_2 Q_1 Q_0$ 5 个最小项作约束项处理。为了分别表示 Q_3^*、Q_2^*、Q_1^*、Q_0^* 和 C 这 5 个逻辑函数,可将图 5.4.3 所示的卡诺图分解为如图 5.4.4 所示的 5 个卡诺图。

$Q_3 Q_2$ ＼ $Q_1 Q_0$	00	01	11	10
00	0001/0	0010/0	0100/0	0011/0
01	0101/0	0110/0	1000/0	0111/0
11	××××/×	××××/×	××××/×	××××/×
10	1001/0	1010/0	××××/×	0000/1

图 5.4.3　例 5.4.1 电路次态/输出($Q_3^* Q_2^* Q_1^* Q_1^*$/C)的卡诺图

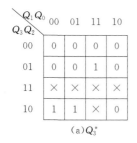

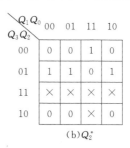

图 5.4.4　图 5.4.3 卡诺图的分解

根据卡诺图可以得到电路的状态方程为

$$\begin{cases} Q_3^* = Q_3 Q_1' + Q_2 Q_1 Q_0 \\ Q_2^* = Q_2 Q_1' + Q_2 Q_0' + Q_2' Q_1 Q_0 \\ Q_1^* = Q_1' Q_0 + Q_3' Q_1 Q_0' \\ Q_0^* = Q_1' Q_0' + Q_3' Q_0' \end{cases} \tag{5.4.2}$$

输出方程为

$$C = Q_3 Q_1 Q_0' \tag{5.4.3}$$

将式(5.4.2)与 JK 触发器的特性方程 $Q^* = JQ' + K'Q$ 相比较,可将式(5.4.2)表示为下式的形式,即可得到各触发器的驱动方程。

$$\begin{cases} Q_3^* = Q_2 Q_1 Q_0 Q_3' + Q_1' Q_3 \\ Q_2^* = Q_1 Q_0 Q_2' + (Q_1' + Q_0') Q_2 \\ Q_1^* = Q_0 Q_1' + Q_3' Q_0' Q_1 \\ Q_0^* = (Q_1' + Q_3') Q_0' + 1' \cdot Q_0 \end{cases} \tag{5.4.4}$$

各触发器的驱动方程分别为

$$\begin{cases} J_3 = Q_2 Q_1 Q_0, & K_3 = Q_1 \\ J_2 = Q_1 Q_0, & K_2 = Q_1 Q_0 \\ J_1 = Q_0, & K_1 = (Q_3' Q_0')' \\ J_0 = (Q_3 Q_1)', & K_0 = 1 \end{cases} \tag{5.4.5}$$

根据式(5.4.3)和式(5.4.5)画出计数器的逻辑图如图5.4.5所示。

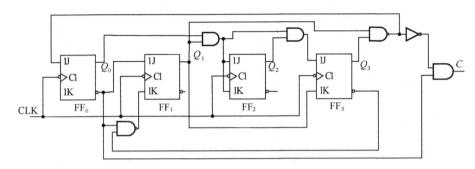

图 5.4.5　例 5.4.1 的同步十一进制计数器

最后,检查电路能否自启动。将 5 个无效状态 1011、1100、1101、1110、1111 分别代入电路的状态方程中计算,分别得到 0100、1101、1110、0100、1000,无效状态在 CLK 作用下,都可以回到有效循环中,所以电路可以自启动。

电路的状态转换图如图 5.4.6 所示。

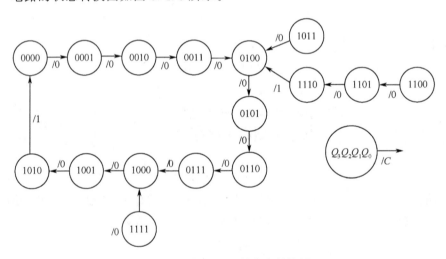

图 5.4.6　例 5.4.1 的状态转换图

例 5.4.2　试设计一个序列脉冲检测器,当连续输入信号 110 时,该电路输出为 1,否则,输出为 0。

解:(1) 首先进行逻辑抽象,画出原始状态图。取输入数据为输入变量,用 X 表示;取检测结果为输出变量,用 Z 表示。

设电路的初始状态为 S_0,收到一个 1 以后的状态为 S_1,连续收到两个 1 以后的状态为 S_2,连续收到 110 以后的状态为 S_3。先假设电路处于状态 S_0,在此状态下,如果电路的输入 $X=0$,则输出 $Z=0$,且电路应保持在状态 S_0 不变;若 $X=1$,则

$Z=0$,但电路应转向状态 S_1,表示电路收到了一个 1。若设电路处于 S_1 状态,如果电路的输入 $X=0$,则输出 $Z=0$,且电路应回到 S_0 状态,重新开始检测;若 $X=1$,则 $Z=0$,且电路应进入 S_2 状态,表示电路已经连续收到两个 1。若电路处于 S_2 状态,若输入 $X=0$,则输出 $Z=1$,且电路进入 S_3 状态,表示电路已经连续收到 110;若 $X=1$,则 $Z=0$,且电路应保持在 S_2 状态。若电路处于 S_3

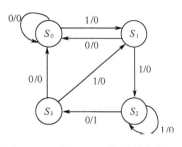

图 5.4.7　例 5.4.2 的原始状态图

状态,若输入 $X=0$,则输出 $Z=0$,且电路应回到 S_0 状态,表示重新开始检测;若 $X=1$,则 $Z=0$,电路应转向 S_1 状态,表示又重新收到了一个 1。根据上述分析,可以画出电路的原始状态图,如图 5.4.7 所示。

（2）状态化简。比较 S_0 和 S_3 这两个状态,它们在同样的输入下有同样的输出,并且转换后得到同样的次态。因此,S_0 和 S_3 是等价状态,可以合并为一个状态。化简后的状态图如图 5.4.8 所示。

（3）状态编码,画编码后的状态转换图或状态转换表。由图 5.4.8 可知,该电路有 3 个状态,可以用二进制代码组合（00、01、10、11）中的任意三个代码表示,这里,取 00、01、11 分别表示 S_0、S_1、S_2。画出编码后的状态转换图如图 5.4.9 所示。

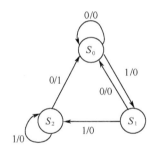

图 5.4.8　例 5.4.2 的简化状态图

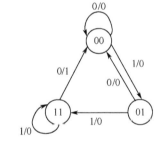

图 5.4.9　例 5.4.2 的状态转换图

由状态转换图可以得到状态转换表如表 5.4.2 所示。

表 5.4.2　例 5.4.2 的状态转换表

现态 S	次态 S^*		输出 Z	
	$X=0$	$X=1$	$X=0$	$X=1$
$S_0(00)$	$S_0(00)$	$S_1(01)$	0	0
$S_1(01)$	$S_0(00)$	$S_2(11)$	0	0
$S_2(11)$	$S_0(00)$	$S_2(11)$	1	0

（4）选择触发器。根据式（5.4.1）可知，应取触发器的个数 $n=2$，选用 JK 触发器实现。

（5）确定电路方程。由电路的状态转换表可以画出电路次态和输出的卡诺图，如图 5.4.9 所示。为方便计算，可以将图 5.4.10 所示卡诺图分解为图 5.4.11 中分别表示 Q_1^*、Q_0^* 和 Z 的 3 个卡诺图，经化简后得到电路的状态方程为

$$\begin{cases} Q_1^* = XQ_0 = XQ_0Q_1' + XQ_0Q_1 = XQ_0Q_1' + XQ_1 \\ Q_0^* = X = XQ_0' + XQ_0 \end{cases} \tag{5.4.6}$$

X	Q_1Q_0 00	01	11	10
0	00/0	00/0	00/1	××/×
1	01/0	11/0	11/0	××/×

图 5.4.10　例 5.4.2 电路次态/输出（$Q_1^* Q_1^* / C$）的卡诺图

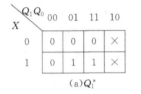 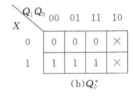 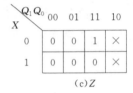

$$(a)Q_1^* \qquad\qquad (b)Q_0^* \qquad\qquad (c)Z$$

图 5.4.11　图 5.4.10 卡诺图的分解

输出方程为

$$Z = X'Q_1 \tag{5.4.7}$$

由式（5.4.6）可以得到驱动方程为

$$\begin{cases} J_1 = XQ_0, & K_1 = X' \\ J_0 = X, & K_0 = X' \end{cases} \tag{5.4.8}$$

根据式（5.4.6）～式（5.4.8），可以画出逻辑电路图和电路状态转换图，如图 5.4.12 和图 5.4.13 所示。

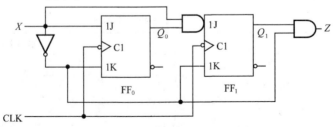

图 5.4.12　例 5.4.2 的逻辑电路图

由状态转换图可知,当电路进入到无效状态 10 后,若 $X=0$,则次态转入 00;若 $X=1$,则次态转入 01,因此,电路是能够自启动的。

如果发现设计的电路没有自启动的能力,则应对设计进行修改。其方法是:在对驱动信号的卡诺图进行化简时,对无效状态 × 的处理做适当修改,即原来取 1 参与化简的,可试改为 0,而原来取 0 不参与化简的,可试改为 1,使其参与化简,得到新的驱动方程和逻辑图,再检查其自启动能力,直到能够自启动为止。

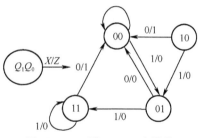

图 5.4.13　图 5.4.12 电路的
状态转换图

习题

题 5.1　时序逻辑电路有什么特点?它和组合逻辑电路的主要区别在什么地方?

题 5.2　试分析图 5.1 所示时序逻辑电路的逻辑功能,写出电路驱动方程、状态方程和输出方程,画出电路的状态转换图,说明电路是否具有自启动特性。

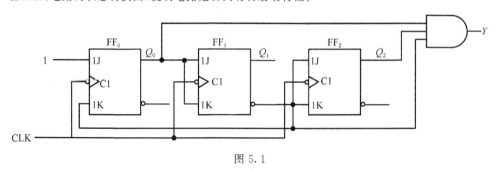

图 5.1

题 5.3　试分析图 5.2 所示时序逻辑电路的逻辑功能,画出电路的状态转换图,说明电路是否具有自启动特性。

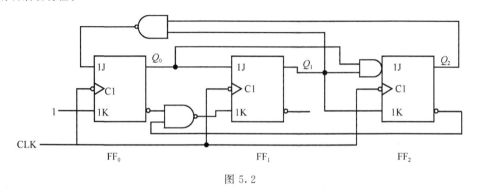

图 5.2

题 5.4　试分析图 5.3 所示异步时序逻辑电路的逻辑功能,画出电路的状态转换图和时序图。

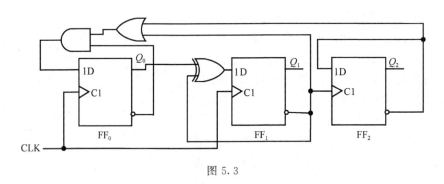

图 5.3

题 5.5 试分析图 5.4 所示时序逻辑电路的逻辑功能,画出电路的状态转换图,并检查电路能否自启动。A 为输入逻辑变量。

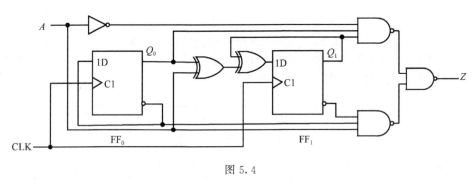

图 5.4

题 5.6 试用 4 片 74LS194A 组成 16 位双向移位寄存器,画出其逻辑图。74LS194A 的功能表见表 5.3.3。

题 5.7 分析图 5.5 的计数器电路,说明这是多少进制的计数器,画出电路的状态转换图。十六进制计数器 74LS161 的功能表见表 5.3.5。

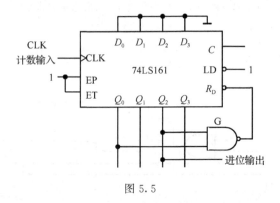

图 5.5

题 5.8 分析图 5.6 的计数器电路,画出电路的状态转换图,说明这是多少进制的计数器。十进制计数器 74LS160 的功能表如表 5.3.5 所示。

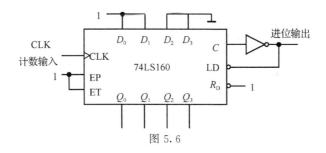

图 5.6

题 5.9   分析图 5.7 的计数器在 $A=0$ 和 $A=1$ 时各为几进制。74LS160 的功能表如表 5.3.5 所示。

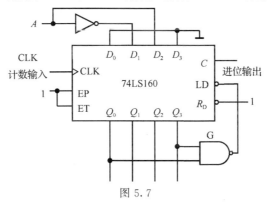

图 5.7

题 5.10   试用 4 位同步二进制计数器 74LS161 接成十三进制计数器,标出输入、输出端。可以附加必要的门电路。74LS161 的功能表见表 5.3.5。

题 5.11   设计一个可控进制的计数器,当输入控制变量 $M=0$ 时工作在六进制,$M=1$ 时工作在十二进制。标出计数输入端和进位输出端。

题 5.12   分析图 5.8 所示的计数器电路,画出电路的状态转换图,说明这是几进制计数器。74LS290 的功能表见表 5.3.8。

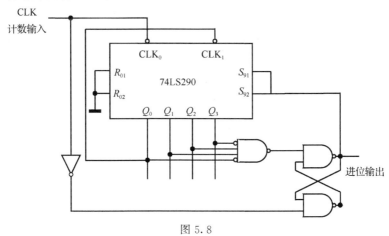

图 5.8

题 5.13　图 5.9 所示电路是由两片同步十进制计数器 74LS160 组成的计数器,试分析这是多少进制的计数器,两片之间是几进制。74LS160 的功能表如表 5.3.5 所示。

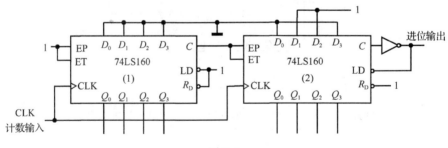

图 5.9

题 5.14　分析图 5.10 所示电路,说明这是几进制计数器,两片之间是多少进制。74LS161 的功能表见表 5.3.5。

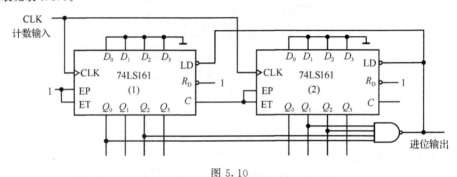

图 5.10

题 5.15　试用两片 74LS161 接成同步三十一进制计数器,画出电路的接线图。可以附加必要的门电路。74LS161 的功能表见表 5.3.5。

题 5.16　用同步十进制计数器 74LS160 设计一个三百六十五进制的计数器。要求各位之间是十进制关系。可以附加必要的门电路。74LS160 的功能表如表 5.3.5 所示。

题 5.17　图 5.11 是一个移位寄存器型计数器,试画出它的状态转换图,说明这是几进制计数器,能否自启动。

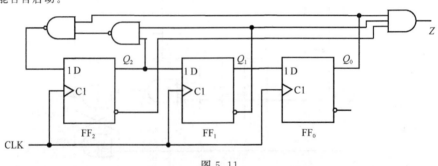

图 5.11

题 5.18　试用 4 位同步二进制计数器 74LS161 和与非门设计一个序列信号发生器电路,要求电路输出 Y 在时钟 CLK 作用下能周期性地输出 01110001010111 的序列信号。

题 5.19　试用同步计数器 74LS161 和 3 线-8 线译码器 74LS138 设计一个具有十二路输出的顺序脉冲发生器。74LS161 的功能表见表 5.3.5。74LS138 的功能表见表 3.2.5。

题 5.20　试用 D 触发器和必要门电路设计一个十二进制计数器,并检查设计的电路能否自启动。

题 5.21　设计一个串行数据检测电路。当连续出现 4 个或 4 个以上 1 时,检测输出信号为 1,否则,输出信号为 0。

第6章 脉冲波形的产生和整形

6.1 概　　述

在数字电路或数字系统中,常常需要各种脉冲波形,如时钟脉冲、控制过程中的定时信号等。这些脉冲波形的获取,通常用两种方法:一种是利用各种形式的多谐振荡器电路直接产生所需要的矩形脉冲;另一种是通过各种整形电路将周期性变化波形变换为符合要求的矩形脉冲。

理想的矩形脉冲波形的突变部分是瞬时的,不占用时间,但实际中,脉冲电压从零值跃升到最大值,或从最大值降到零值时,都需要经历一定的时间。图 6.1.1 所示是矩形脉冲信号的实际波形图。图中,V_m 是脉冲幅度,是指脉冲电压的最大变化幅度;t_r 是脉冲信号的上升时间,又称前沿,是指脉冲上升沿从 $0.1V_m$ 上升到 $0.9V_m$ 所需要的时间;t_f 是脉冲信号的下降时间,又称后沿,是指脉冲信号从 $0.9V_m$ 下降至 $0.1V_m$ 所经历的时间;T 为脉冲信号的周期,在周期性重复的脉冲序列中,两个相邻脉冲之间的时间间隔;t_w 是脉冲信号持续的时间,又称脉冲宽度,是指脉冲信号从上升至 $0.5V_m$ 起到又下降至 $0.5V_m$ 为止的一段时间。

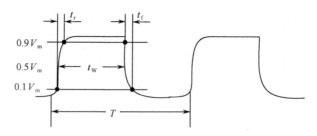

图 6.1.1　实际的矩形脉冲波

脉冲电路是用来产生和处理脉冲信号的电路,其可以用分立晶体管、场效应管作为开关电路和 RC 或 RL 电路构成,也可以由集成门电路或集成运算放大器和 RC 充放电电路构成。常用的有脉冲波形的产生、变换、整形等电路,如施密特触发器、单稳态触发器、多谐振荡器等。

6.2 脉冲波形产生器和整形电路

6.2.1 施密特触发器

施密特触发器是一种经常使用的脉冲波形变换电路,其不同于前面介绍的各种触发器,具有两个重要的特性。

(1) 施密特触发器属于电平触发,对于缓慢变化的信号仍然适用,当输入信号达到某一特定电压值时,输出电压会发生突变。

(2) 输入信号从低电平上升的过程中,电路状态转换时对应的阈值电平与输入信号从高电平下降的过程中对应的阈值电平是不同的,即电路具有回差特性。

利用这两个特点,不仅能将边沿变化缓慢的信号波形整形为边沿陡峭的矩形波,而且还可以将叠加在矩形脉冲高、低电平上的噪声有效地清除。

1. 用门电路组成的施密特触发器

由 CMOS 门电路组成的施密特触发器如图 6.2.1 所示。电路中两个 CMOS 反相器串接,同时通过分压电阻将输出端的电压反馈到输入端。

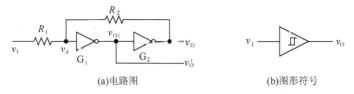

(a)电路图   (b)图形符号

图 6.2.1 用 CMOS 反相器构成的施密特触发器

假设电路中 CMOS 反相器的阈值电压 $V_{TH} \approx \frac{1}{2} V_{DD}$,$R_1 < R_2$,且输入信号 v_I 为三角波,分析电路的工作过程如下。

由电路可知,门 G_1 的输入电平 v_A 决定着电路的状态,根据叠加定理有

$$v_A = \frac{R_2}{R_1 + R_2} v_I + \frac{R_1}{R_1 + R_2} v_O \tag{6.2.1}$$

当 $v_I = 0$ 时,门 G_1 截止,门 G_2 导通,输出端 $v_O = 0$。所以,这时 G_1 的输入 $v_A \approx 0$。当 v_I 从 0 逐渐升高,只要 $v_A < V_{TH}$,则电路保持 $v_O = 0$ 不变。当 v_I 上升使得 $v_A = V_{TH}$ 时,由于 G_1 进入了电压传输特性的转折区,所以,v_A 的增加将引发如下的正反馈过程:

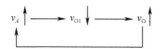

于是,电路的状态迅速地转换为 $v_O \approx V_{DD}$。此时,v_I 的值即为施密特触发器在输入信号正向增加时的阈值电压,称为正向阈值电压,用 V_{T+} 表示。由式(6.2.1)可得

$$v_A = V_{TH} \approx \frac{R_2}{R_1 + R_2} V_{T+} \qquad (6.2.2)$$

所以,有

$$V_{T+} = \left(1 + \frac{R_1}{R_2}\right) V_{TH} \qquad (6.2.3)$$

v_I 上升至最大值后开始下降,当 $v_A = V_{TH}$ 时,v_A 的下降又会引发一个正反馈过程。

$$v_A \downarrow \longrightarrow v_{O1} \uparrow \longrightarrow v_O \downarrow$$

使电路的状态迅速转换为 $v_O \approx 0$。此时,v_I 的输入电平为减小时的阈值电压,称为负向阈值电压,用 V_{T-} 表示。根据式(6.2.1),可得

$$v_A = V_{TH} \approx \frac{R_2}{R_1 + R_2} V_{T-} + \frac{R_1}{R_1 + R_2} V_{DD}$$

将 $V_{DD} = 2V_{TH}$ 代入上式后得到

$$V_{T-} = \left(1 - \frac{R_1}{R_2}\right) V_{TH} \qquad (6.2.4)$$

将 V_{T+} 和 V_{T-} 的差定义为回差电压。由式(6.2.3)和式(6.2.4)可求得回差电压为

$$\Delta V_T = V_{T+} - V_{T-} \approx 2 \frac{R_1}{R_2} V_{TH} \qquad (6.2.5)$$

上式表明,电路回差电压与 R_1/R_2 成正比,改变 R_1 和 R_2 的比值即可调节回差电压的大小。

电路的工作波形及电压传输特性如图 6.2.2 所示。因为 v_O 和 v_I 的高、低电平是同相的,所以,也将这种形式的电压传输特性称为同相输出的施密特触发器特性。

如果以图 6.2.1(a)中的 v_O' 作为输出端,则得到的电压传输特性如图 6.2.3(b)所示。由于 v_O' 与 v_I 的高、低电平是反相的,所以,将这种形式的电压传输特性称为反相输出的施密特触发器特性。

2. 集成施密特触发器

由于施密特触发器的应用非常广泛,所以,无论是在 TTL 电路中还是在 CMOS 电路中,都有集成施密特触发器产品。典型的 TTL 集成施密特触发器电路有 SN7413 等,典型的 CMOS 集成施密特触发器电路有 CC40106 等。

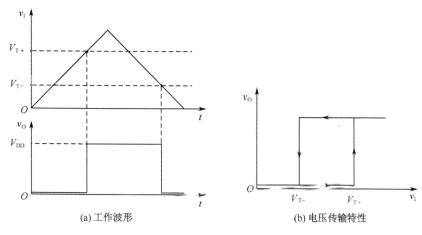

(a) 工作波形 (b) 电压传输特性

图 6.2.2 同相输出施密特触发器的工作波形及电压传输特性

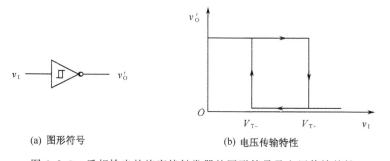

(a) 图形符号 (b) 电压传输特性

图 6.2.3 反相输出的施密特触发器的图形符号及电压传输特性

3. 施密特触发器的应用

施密特触发器的用途很广,在数字电子技术中,施密特触发器常用于波形变换、脉冲整形和脉冲幅度鉴别等。

(1) 波形变换。施密特触发器可以将输入三角波、正弦波、锯齿波等变换成矩形脉冲。如图 6.2.4 所示,输入信号是正弦信号,只要输入信号的幅度大于 V_{T+},即可在施密特触发器的输出端得到同频率的矩形脉冲信号。

(2) 脉冲整形。在数字系统中,矩形脉冲经过传输后往往发生波形畸变。例如,当传输线上电容较大时,使波形的上升沿和下降沿明显变坏,如图 6.2.5(a) 所示;当传输线较长,而且接收端阻抗与传输线的阻抗不匹配时,在波形的上升沿和下降沿将产生振荡现象,如图 6.2.5(b) 所示;当其他脉冲信号通过导线间的分布电容或公共电源线叠加到矩形脉冲信号上时,信号上将出现附加的噪声,如图 6.2.5(c) 所示。

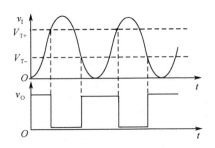

图 6.2.4　用施密特触发器实现波形变换

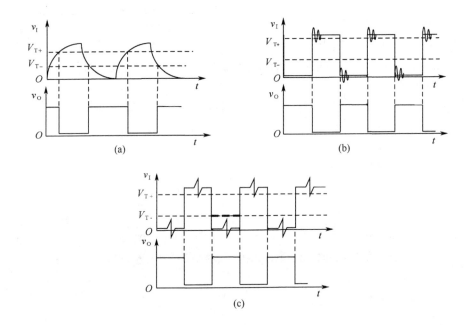

图 6.2.5　用施密特触发器对脉冲整形

（3）脉冲幅度鉴别。若将一系列幅度各异的脉冲信号加到施密特触发器输入端，只有那些幅度大于 V_{T+} 的脉冲才能在输出端产生输出信号，因此，施密特触发器可以选出幅度大于 V_{T+} 的脉冲，具有幅度鉴别能力。如图 6.2.6 所示。

6.2.2　单稳态触发器

单稳态触发器是广泛应用于脉冲整形、延时和定时的常用电路，它的工作特性具有以下三个显著特点。

（1）电路有稳态和暂稳态两个工作状态。

（2）在外加触发信号的作用下，电路才能从稳态翻转到暂稳态。

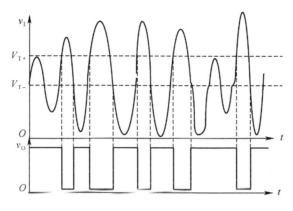

图 6.2.6　用施密特触发器实现脉冲鉴幅

（3）电路在暂稳态持续一段时间后，会自动返回到稳态，在暂稳态持续时间的长短取决于电路本身参数，与外加触发信号无关。

1. 门电路组成的微分型单稳态触发器

微分型单稳态触发器电路如图 6.2.7 所示。电路由两个 CMOS 或非门组成，其中，R、C 构成微分电路，门 G_1 的输入 v_I 为触发器的输入，门 G_2 的输出 v_{O2} 作为触发器的输出，分析其工作过程如下。

（1）没有触发信号时，电路处于稳态。没有触发信号时，v_I 为低电平。由于门 G_2 的输入端经电阻 R 接至 V_{DD}，因此，v_{O2} 为低电平，G_1 的输出 v_{O1} 为高电平，电容两端电压为 0，电路处在"稳态"。

（2）外加触发信号，电路由稳态转到暂稳态。当触发脉冲 v_I 加到输入端时，G_1 的输出由高电平变为低电平，而电容两端的电压不能跃变，使 v_R 为低电平，于是，G_2 的输出 v_{O2} 变为高电平。v_{O2} 的高

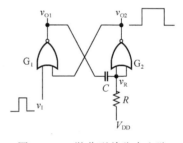

图 6.2.7　微分型单稳态电路

电平接至门 G_1 的输入端，从而在此瞬间引发如下正反馈过程：

使得 v_{O1} 迅速跳变为低电平，G_1 导通，G_2 截止。此时，即使触发信号 v_I 消失（v_I 变为低电平），由于 v_{O2} 的作用，v_{O1} 仍维持低电平。电路进入暂稳态，$v_{O1} = V_{OL}$，$v_{O2} = V_{OH}$。

（3）电容充电，电路由暂稳态自动回到稳态。在暂稳态期间，电源经电阻 R 和门 G_1 的导通工作管对电容 C 充电，随着充电过程的进行，v_R 逐渐升高，当 v_R 升至

阈值电压 V_{TH} 时,电路又发生另一个正反馈过程。

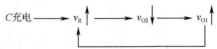

如果这时触发脉冲已经消失(v_1 变为低电平),则门 G_1 迅速截止,门 G_2 很快导通,最后使电路由暂稳态回到稳态,$v_{O1}=V_{OH}$,$v_{O2}=V_{OL}$。同时,电容 C 通过电阻 R 放电,使电容上的电压为 0,电路恢复到稳定状态。

根据以上分析,即可画出电路中各点的电压波形,如图 6.2.8 所示。

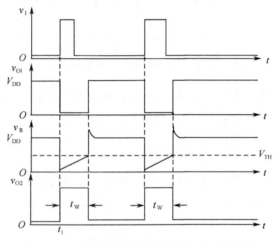

图 6.2.8　微分型单稳态触发器各点工作波形

为了定量地描述单稳态触发器的性能,经常使用输出脉冲宽度 t_W、输出脉冲幅度 V_m、恢复时间 t_{re}、最高工作频率 f_{max} 等几个参数。

由图 6.2.8 可知,输出脉冲宽度 t_W 就是暂稳态的持续时间,等于电容 C 开始充电到 v_R 上升至 V_{TH} 的这段时间。可以根据 v_R 的波形进行计算。为了便于计算,将触发脉冲作用的起始时刻 t_1 作为时间起点,于是有

$$v_R(0+) = 0$$
$$v_R(\infty) = V_{DD}$$
$$\tau = RC$$

根据 RC 电路的瞬态过程的分析,可得到

$$v_R(t) = V_R(\infty) + [V_R(0+) - V_R(\infty)]e^{-\frac{t}{\tau}}$$

经过变换得到

$$t = RC\ln\frac{v_C(\infty) - v_C(0+)}{v_C(\infty) - v_R(t)} \tag{6.2.6}$$

当 $t=t_W$ 时,$v_R(t_W) = V_{TH}$,代入上式可得

$$t_{\mathrm{W}} = RC\ln\frac{V_{\mathrm{DD}}}{V_{\mathrm{DD}} - V_{\mathrm{TH}}} \tag{6.2.7}$$

由于 $V_{\mathrm{TH}} = \dfrac{1}{2}V_{\mathrm{DD}}$，所以，

$$t_{\mathrm{W}} = RC\ln 2 \approx 0.69RC \tag{6.2.8}$$

输出脉冲幅度为

$$V_{\mathrm{m}} = V_{\mathrm{OH}} - V_{\mathrm{OL}} \approx V_{\mathrm{DD}} \tag{6.2.9}$$

　　暂稳态结束后，还需要等电容 C 放电完毕电路才能恢复为起始的稳态。将这个时间称为恢复时间，一般认为经过 $3\sim 5$ 倍于电路时间常数的时间后，RC 电路基本达到稳态，所以，恢复时间为

$$t_{\mathrm{re}} = (3\sim 5)\tau \tag{6.2.10}$$

　　设触发信号 v_{I} 的时间间隔为 T，为了使单稳态电路能正常工作，应满足 $T >$ $t_{\mathrm{W}} + t_{\mathrm{re}}$ 的条件，即最小时间间隔 $T_{\min} = t_{\mathrm{W}} + t_{\mathrm{re}}$。因此，单稳态触发器的最高工作频率为

$$f_{\max} = \frac{1}{T_{\min}} < \frac{1}{t_{\mathrm{W}} + t_{\mathrm{re}}} \tag{6.2.11}$$

2. 集成单稳态触发器

　　由于单稳态的应用非常普遍，在 TTL 电路和 CMOS 电路的产品中，都有单片集成的单稳态触发器器件。图 6.2.9 是 TTL 集成单稳态触发器 74121 简化的原理性逻辑图，它是在微分型单稳态的基础上附加以输入控制电路和输出缓冲电路形成的。

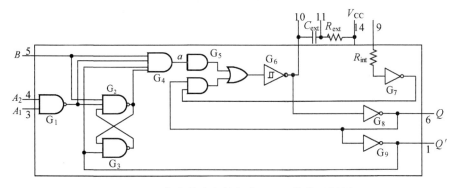

图 6.2.9　集成单稳态触发器 74121 简化逻辑图

　　门 G_5、G_6、G_7 和外接电阻 R_{ext}、外接电容 C_{ext} 组成微分型单稳态触发器，其工作原理与图 6.2.7 所讨论的微分型单稳态触发器基本相同。电路有一个稳态 $Q = 0$，$Q' = 1$。当图中 a 点有正脉冲触发时，电路进入暂稳态 $Q = 1$，$Q' = 0$。

表 6.2.1 是 74121 的功能表。

表 6.2.1　集成单稳态触发器 74121 的功能表

输入			输出	
A_1	A_2	B	Q	Q'
0	×	1	0	1
×	0	1	0	1
×	×	0	0	1
1	1	×	0	1
1	↓	1	⊓	⊔
↓	1	1	⊓	⊔
↓	↓	1	⊓	⊔
0	×	↑	⊓	⊔
×	0	↑	⊓	⊔

3. 单稳态触发器的应用

单稳态触发器是数字系统中常用的单元电路,其典型应用有以下几个方面。

(1) 定时。由于单稳态触发器能产生脉冲宽度 t_W 一定的矩形脉冲,可以利用这个矩形脉冲作为定时信号去控制某些电路,使其在 t_W 时间内动作(或不动作)。如图 6.2.10(a)所示,利用单稳态触发器输出的矩形脉冲作为与门输入的控制信号,则只有在 t_W 时间内,信号才能通过与门。电路的工作电压波形如图 6.2.10(b)所示。

(2) 脉冲展宽。由 74121 集成单稳态触发器构成的脉冲展宽电路如图 6.2.11(a)所示。由图可见,触发输入端 $A_1 = A_2 = 0$,在触发输入端 B 加一个正向脉冲 v_1,在电路的输出端 Q 就可得到一个宽脉冲,其脉冲宽度为

$$t_W = 0.69 R_{ext} C_{ext}$$

电路的工作波形如图 6.2.11(b)所示。

(3) 脉冲延时。由 74121 集成单稳态触发器构成的脉冲延时电路如图 6.2.12 所示。

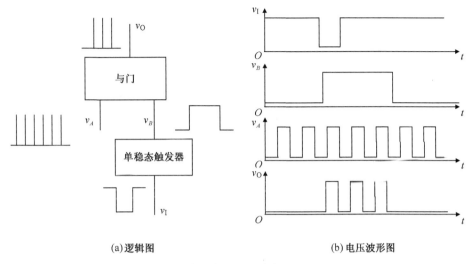

(a)逻辑图　　　　　　　　　　(b)电压波形图

图 6.2.10　单稳态触发器作定时电路的应用

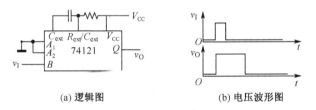

(a)逻辑图　　(b)电压波形图

图 6.2.11　单稳态触发器作脉冲展宽电路的应用

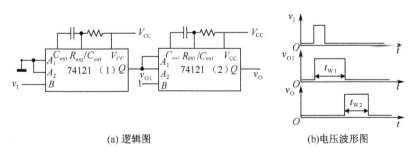

(a) 逻辑图　　　　　　　　　(b)电压波形图

图 6.2.12　单稳态触发器作脉冲延时电路的应用

当输入脉冲 v_1 加到单稳态触发器的上升沿触发输入端 B,在输出 v_{O1} 端得到一个脉宽为 t_{w1} 的脉冲,将其加到第二片 74121 的下降沿触发输入端 A_1 和 A_2,在输出 v_O 端得到一个脉宽为 t_{w2} 的脉冲,则该电路对输入脉冲 v_1 的延迟时间为

$$t_{W1} + t_{W2} = 0.69 R_{ext1} C_{ext1} + 0.69 R_{ext2} C_{ext2}$$

可以通过调节外接电阻和外接电容的值来调节延迟时间。电路的工作波形如图 6.2.12(b)所示。

6.2.3 多谐振荡器

多谐振荡器是一种自激振荡器,在接通电源后,不需要外加触发信号,就可以自动地产生矩形脉冲。由于矩形脉冲中含有丰富的高次谐波,所以,习惯上称这种自激振荡器为多谐振荡器。由于多谐振荡器在工作过程中不存在稳定状态,所以,又称为无稳态电路。

1. 环形振荡器

最简单的环形振荡器是利用门电路的传输延迟时间将奇数个反相器首尾相连而构成的。图 6.2.13 所示电路是由 3 个反相器组成的环形振荡器。由图可知,该电路是没有稳定状态的。因为在静态(假定没有振荡时)下,任何一个反相器的输入和输出都不可能稳定在高电平或低电平,而只能处于高、低电平之间。

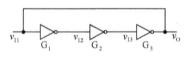

图 6.2.13　环形振荡器

设 3 个反相器的特性完全一致,传输延迟时间均为 t_{pd}。假定 v_{I1} 由于某种原因由高电平跳变为低电平,经过 G_1 的传输延迟时间 t_{pd} 后,v_{I2} 由低电平跳变为高电平,再经过 G_2 的传输延迟时间 t_{pd} 后,v_{I3} 由高电平跳变为低电平,然后又经过 G_3 的传输延迟时间 t_{pd} 后反馈到 G_1 的输入端,使 v_{I1} 又自动跳变为高电平。可以推想,在经过 $3t_{pd}$ 之后,v_{I1} 又将跳变为低电平。如此周而复始,就产生了自激振荡。

图 6.2.14 是根据以上分析得到的图 6.2.13 电路的工作波形图。由图可见,振荡周期为 $T=6t_{pd}$。

用这种方法构成的振荡器虽然简单,但不实用。因为门电路的传输延迟时间很短,TTL 电路只有几十纳秒,CMOS 电路也不过一二百纳秒,所以,使用环形振荡器很难得到频率低的矩形脉冲,而且振荡频率不可调。为了使振荡频率降低,而且可调,在环形振荡器的基础上作了改进。

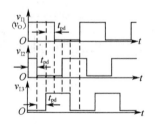

图 6.2.14　图 6.2.13 电路的工作波形图

2. RC 环形多谐振荡器

在环形振荡器中增加 RC 电路作延迟环节,构成 RC 环形多谐振荡器,如图

6.2.15 所示。由图可见,电路由一个暂稳态自动翻转到另一个暂稳态,是通过电容 C 的充放电实现的。所以,可以通过调节 R 和 C 的值来调节振荡频率。由于 RC 电路的延迟时间远远大于门电路的传输延迟时间 t_{pd},分析时可以忽略 t_{pd},认为每个门电路输入、输出的跳变同时发生。

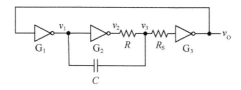

图 6.2.15　RC 环形多谐振荡器

　　另外,为防止 v_3 发生负跳变时流过反相器 G_3 输入端钳位二极管的电流过大,还在 G_3 输入端串接了保护电阻 R_S,R_S 很小,约为 100Ω。

　　设通电后,电路中电容 C 上电压为 0,电路处于正常工作状态。假定 G_3 的输出 v_O 为高电平,即 G_1 的输入为高电平,v_1 和 v_3 为低电平,v_2 为高电平,所以,G_1 导通,G_2 和 G_3 截止。由于 v_2 为高电平,v_1 为低电平,所以,v_2 通过电阻 R 向电容 C 进行充电。随着充电的进行,v_3 的电位逐渐升高,当升至 G_3 的阈值电压 V_{TH} 时,G_3 导通,输出 v_O 由高电平跳变至低电平,v_O 反馈回 G_1,使得 G_1 截止,其输出 v_1 由低电平跳变至高电平,经电容耦合,使 v_3 也随着跳为高电平。电路处在第一个暂稳态。电路处于第一个暂稳态后,由于 v_1 为高电平,而 v_2 为低电平,电容 C 经过电阻 R 开始放电。随着放电的进行,v_3 的电位开始下降,当下降至 G_3 的阈值电压 V_{TH} 时,G_3 截止,其输出 v_O 由低电平变为高电平,反馈回 G_1,使得 G_1 导通,输出 v_1 由高电平跳至低电平,经电容耦合,v_3 也随之跳为低电平。电路进入第二个暂稳态。这时,v_2 又经过 R 向电容 C 充电,v_3 电位升高,当升至 V_{TH} 时,电路又回到第一个暂稳态,如此往复,使得电路在两个暂稳态之间周而复始的转换,形成周期性振荡,在门 G_3 的输出 v_O 得到矩形脉冲波形。电路的工作电压波形如图 6.2.16 所示。

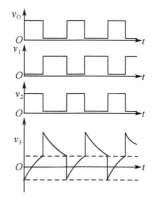

图 6.2.16　图 6.2.15 电路的工作波形

3. 由施密特触发器构成的多谐振荡器

　　多谐振荡器还可以由施密特触发器构成,如图 6.2.17 所示。

　　当接通电源后,因为电容上的初始电压为零,所以输出为高电平,并开始经电

阻 R 向电容 C 充电，v_1 电位逐渐升高，当充到输入电压 $v_1 = V_{T+}$ 时，输出跳变为低电平，电容 C 又经过电阻 R 开始放电。当放电至 $v_1 = V_{T-}$ 时，输出电位又跳变为高电平，电容 C 重新开始充电。如此周而复始，电路便不停地振荡。v_1 和 v_O 的电压波形如图 6.2.18 所示。

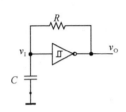 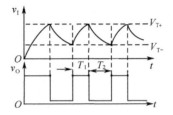

图 6.2.17　用施密特触发器构成的多谐振荡器　　图 6.2.18　图 6.2.17 电路的电压波形图

如果使用的是 CMOS 施密特触发器，而且 $V_{OH} = V_{DD}$，$V_{OL} = 0$，则可得到计算振荡周期的公式为

$$T = T_1 + T_2 = RC\ln\frac{V_{DD} - V_{T-}}{V_{DD} - V_{T+}} + RC\ln\frac{V_{T+}}{V_{T-}} = RC\ln\left(\frac{V_{DD} - V_{T-}}{V_{DD} - V_{T+}} \cdot \frac{V_{T+}}{V_{T-}}\right)$$

$$(6.2.12)$$

6.3　集成 555 定时器及其应用

集成 555 定时器是一种多用途单片集成电路，利用它可以极方便地构成施密特触发器、单稳态触发器、多谐振荡器等数字电路和模拟电路。集成 555 定时器使用灵活、方便，在脉冲信号的产生、波形的变换、检测与控制、定时、报警等很多领域中都得到了广泛的应用。

目前，生产的定时器有双极型和 CMOS 两种类型，其型号有 NE555 和 C7555 等多种。它们的结构和工作原理基本相同。通常，双极型定时器的驱动能力较大，而 CMOS 定时器的功耗较低、输入阻抗较高。555 定时器工作的电源电压很宽，并可承受较大的负载电流，双极型定时器电源电压范围为 5～16V，最大负载电流可达 200mA；CMOS 定时器电源电压范围为 3～18V，最大负载电流在 4mA 以下。

6.3.1　集成 555 定时器的电路结构和功能

集成 555 定时器内部结构的简化原理图如图 6.3.1 所示。它由比较器 C_1 和 C_2、RS 锁存器和集电极开路的放电三极管 T_D 三部分组成。

R'_D 是置零输入端。当 $R'_D = 0$ 时，输出端 v_O 立即被置成 0，不受其他输入端状

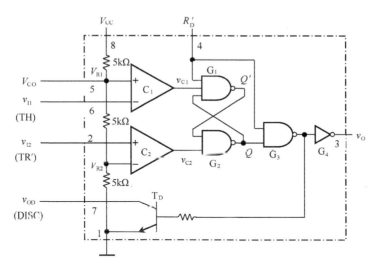

图 6.3.1　集成 555 定时器电路结构图

态的影响。所以,在正常工作时,必须使 $R_D' = 1$。

v_{I1} 是比较器 C_1 的输入端(也称阈值端,用 TH 标注),v_{I2} 是比较器 C_2 的输入端(也称触发端,用 TR' 标注)。C_1 和 C_2 的参考电压 V_{R1} 和 V_{R2} 是由电源电压 V_{CC} 经 3 个值为 5kΩ 的电阻分压提供的,在控制电压输入端 V_{CO} 悬空时,

$$V_{R1} = \frac{2}{3}V_{CC}, \quad V_{R2} = \frac{1}{3}V_{CC}$$

如果控制电压输入端 V_{CO} 接固定电压,则

$$V_{R1} = V_{CO}, \quad V_{R2} = \frac{1}{2}V_{CO}$$

RS 锁存器由 G_1 和 G_2 构成,其输出状态取决于比较器 C_1 和 C_2 的输出。

当 $v_{I1} > V_{R1}$,$v_{I2} > V_{R2}$ 时,比较器 C_1 的输出 $v_{C1} = 0$,C_2 的输出 $v_{C2} = 1$,锁存器被置 0,放电三极管 T_D 导通,输出端 v_O 为低电平。

当 $v_{I1} < V_{R1}$,$v_{I2} > V_{R2}$ 时,比较器 C_1 的输出 $v_{C1} = 1$,C_2 的输出 $v_{C2} = 1$,锁存器保持状态不变,放电三极管 T_D 和输出端 v_O 也保持原状态不变。

当 $v_{I1} < V_{R1}$,$v_{I2} < V_{R2}$ 时,比较器 C_1 的输出 $v_{C1} = 1$,C_2 的输出 $v_{C2} = 0$,锁存器被置 1,放电三极管 T_D 截止,输出端 v_O 为高电平。

当 $v_{I1} > V_{R1}$,$v_{I2} < V_{R2}$ 时,比较器 C_1 的输出 $v_{C1} = 0$,C_2 的输出 $v_{C2} = 0$,锁存器处于 $Q = Q' = 1$ 的状态,输出端 v_O 为高电平,放电三极管 T_D 截止。

综合上述分析,可得集成 555 定时器的功能表如表 6.3.1 所示。

表 6.3.1　集成 555 定时器的功能表

输入			输出	
R'_D	v_{I1}	v_{I2}	v_O	T_D 状态
0	$\times$	$\times$	低	导通
1	$> \frac{2}{3}V_{CC}$	$> \frac{1}{3}V_{CC}$	低	导通
1	$< \frac{2}{3}V_{CC}$	$> \frac{1}{3}V_{CC}$	不变	不变
1	$< \frac{2}{3}V_{CC}$	$< \frac{1}{3}V_{CC}$	高	截止
1	$> \frac{2}{3}V_{CC}$	$< \frac{1}{3}V_{CC}$	高	截止

反相器 G_4 为输出缓冲反相器,起整形和提高带负载能力的作用。如果将 v_{OD} 端经过电阻接到电源上,则 v_{OD} 的输出和 v_O 一致,即 v_O 为高电平时,v_{OD} 也为高电平,v_O 为低电平时,v_{OD} 也为低电平。

6.3.2　集成 555 定时器的应用

1. 用 555 定时器构成施密特触发器

将 555 定时器的两个输入端 v_{I1} 和 v_{I2} 连在一起作为信号输入端,即可得到施密特触发器,如图 6.3.2 所示。V_{CO} 端接 $0.01\mu F$ 的电容,起滤波作用,以提高比较器参考电压的稳定性。R'_D 端接高电平,555 定时器可以正常工作。

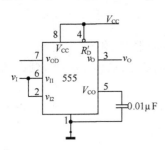

图 6.3.2　用 555 定时器构成施密特触发器

首先,分析 v_I 从 0 逐渐升高的过程。

当 $v_I < \frac{1}{3}V_{CC}$ 时,$v_{C1} = 1$,$v_{C2} = 0$,锁存器置 1,输出 $v_O = V_{OH}$;当 $\frac{1}{3}V_{CC} < v_I < \frac{2}{3}V_{CC}$ 时,$v_{C1} = 1$,$v_{C2} = 1$,锁存器保持,输出 $v_O = V_{OH}$ 保持不变;当 $v_I > \frac{2}{3}V_{CC}$ 以后,$v_{C1} = 0$,$v_{C2} = 1$,锁存器置 0,输出 $v_O = V_{OL}$,所以,$V_{T+} = \frac{2}{3}V_{CC}$。

然后,分析 v_I 从高于 $\frac{2}{3}V_{CC}$ 逐渐下降的过程。

当 $\frac{1}{3}V_{CC} < v_I < \frac{2}{3}V_{CC}$ 时,$v_{C1} = 1$,$v_{C2} = 1$,锁存器保持,输出 $v_O = V_{OL}$ 保持不变;

当 $v_I < \frac{1}{3}V_{CC}$ 以后,$v_{C1} = 1$,$v_{C2} = 0$,锁存器置 1,输出 $v_O = V_{OH}$,所以,$V_{T-} = \frac{1}{3}V_{CC}$。

所以,得到电路的回差电压为

$$\Delta V_{\text{T}} = V_{\text{T+}} - V_{\text{T-}} = \frac{1}{3}V_{\text{CC}}$$

显然,这是一个反相输出的施密特触发器,其电压传输特性如图 6.3.3 所示。

如果在定时器的控制电压端外接电压 V_{CO},则电路的 $V_{\text{T+}} = V_{\text{CO}}$,$V_{\text{T-}} = \frac{1}{2}V_{\text{CO}}$,改变外接控制电压,就能调节电路的回差电压大小。

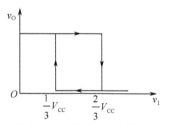

图 6.3.3 图 6.3.2 电路的电压传输特性

2. 用 555 定时器构成单稳态触发器

用 555 定时器构成的单稳态触发器电路如图 6.3.4 所示。图中将 555 定时器的 v_{I2} 端作为触发信号的输入端,将 T_{D} 的集电极通过电阻 R 接 V_{CC},构成反相器,并将 T_{D} 反相器的输出端 v_{OD} 和 v_{I1} 接在一起,同时在 v_{I1} 对地接入电容 C,就构成了积分型单稳态触发器。

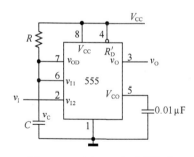

图 6.3.4 用 555 定时器构成单稳态触发器

在没有触发信号,v_{I2} 为高电平时,比较器 C_1、C_2 的输出分别为 $v_{\text{C1}} = 1$,$v_{\text{C2}} = 1$,锁存器置保持原状态。假定接通电源时,锁存器处在 $Q = 0$ 状态,则 T_{D} 导通 $v_{\text{C}} \approx 0$,由 $v_{\text{C1}} = 1$,$v_{\text{C2}} = 1$ 知锁存器保持原状态 $Q = 0$,$v_{\text{O}} = 0$;假定接通电源时,锁存器处在 $Q = 1$ 状态,此时 T_{D} 一定截止,V_{CC} 经电阻 R 向电容 C 充电,v_{C} 电位升高,当升高至 $v_{\text{C}} = \frac{2}{3}V_{\text{CC}}$ 时,由于 $v_{\text{C1}} = 0$,$v_{\text{C2}} = 1$,锁存器置 0,同时,T_{D} 导通,电容 C 经 T_{D} 放电,使 $v_{\text{C}} \approx 0$,此后由于 $v_{\text{C1}} = 1$,$v_{\text{C2}} = 1$,锁存器保持 0 状态不变,输出电路处在 $v_{\text{O}} = 0$ 的状态。因此,接通电源后,电路便自动地稳定在 $v_{\text{O}} = 0$ 的状态,即电路的稳态。

当触发信号的下降沿到达,使 $v_{\text{I2}} < \frac{1}{3}V_{\text{CC}}$ 时,比较器的输出 $v_{\text{C1}} = 1$,$v_{\text{C2}} = 0$,锁存器置 1,v_{O} 跳变为高电平,电路进入暂稳态。同时,T_{D} 截止,V_{CC} 经 R 开始向 C 充电,v_{C} 电位升高。当充至 $v_{\text{C}} = \frac{2}{3}V_{\text{CC}}$ 时,比较器的输出为 $v_{\text{C1}} = 0$。如果此时输入端的触发信号消失,v_{I} 回到高电平,则 $v_{\text{C2}} = 1$,锁存器被置成 0,于是电路返回到 $v_{\text{O}} = 0$ 的状态,同时 T_{D} 又开始导通,电容 C 经 T_{D} 迅速放电至 $v_{\text{C}} \approx 0$,电路回到稳态。至此,电路完成了一次单稳态触发的全过程,电路的工作波形如图 6.3.5 所示。

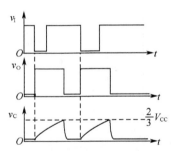

图 6.3.5 图 6.3.4 电路的
电压波形图

电路输出脉冲的宽度 t_W 等于暂稳态所持续的时间,也就是电容 C 由 0 电平被充电到 $\frac{2}{3}V_{CC}$ 所经历的时间,因此可得到

$$t_W = RC\ln\frac{V_{CC}-0}{V_{CC}-\frac{2}{3}V_{CC}} = RC\ln3 \approx 1.1RC$$

(6.3.1)

上式表明,该单稳态触发器输出脉冲的宽度取决于外接元件 R 和 C。

3. 用 555 定时器构成多谐振荡器

用 555 定时器构成的多谐振荡器电路如图 6.3.6 所示。图中将 v_{I1} 和 v_{I2} 连在一起,接成施密特触发器的形式。将三极管 T_D 集电极通过电阻 R_1 接到电源 V_{CC},T_D 就构成反相器,其输出再通过 R_2C 积分电路反馈至施密特输入端,就构成了多谐振荡器。

在接通电源时,由于电容 C 还未充电,所以 v_C 为低电平,比较器的输出 $v_{C1}=1$,$v_{C2}=0$,锁存器置 1,电路输出 v_O 为高电平,同时 T_D 截止,V_{CC} 经过电阻 R_1 和 R_2 对电容 C 充电,电路进入一个暂稳态。随着电容 C 的充电,v_C 的电位升高,当升至 $v_C \geqslant \frac{2}{3}V_{CC}$ 时,比较器的输出 $v_{C1}=0$,$v_{C2}=1$,锁存器置 0,电路输出 v_O 跳变为低电平,同时 T_D 导通,电容 C 经电阻 R_2 进行放电,电路进入第二个暂稳态。在第二个暂稳态期间,由于电容放电,v_C 的电位降低,当降至 $v_C \leqslant \frac{1}{3}V_{CC}$ 时,比较器的输出 $v_{C1}=1$,$v_{C2}=0$,锁存器置 0,电路输出 v_O 又跳变为高电平,电路回到第一个暂稳态。T_D 截止,V_{CC} 经过电阻 R_1 和 R_2 又对电容 C 充电,重复上述电容 C 充电的过程,如此往复,形成多谐振荡器。电路工作波形如图 6.3.7 所示。

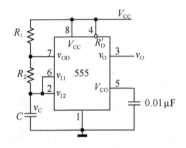

图 6.3.6 用 555 定时器构成多谐振荡器

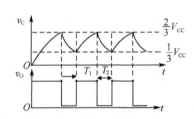

图 6.3.7 图 6.3.6 电路的电压波形图

由上述分析可知,电容 C 的充电时间 T_1 是其从 $\frac{1}{3}V_{CC}$ 充至 $\frac{2}{3}V_{CC}$ 所经历的时间,放电时间 T_2 是其从 $\frac{2}{3}V_{CC}$ 放至 $\frac{1}{3}V_{CC}$ 所经历的时间。所以,T_1 和 T_2 可以分别表示为

$$T_1 = (R_1 + R_2)C\ln\frac{V_{CC} - V_{T-}}{V_{CC} - V_{T+}} = (R_1 + R_2)C\ln2 \approx 0.69(R_1 + R_2)C$$

$$(6.3.2)$$

$$T_2 = R_2 C\ln\frac{0 - V_{T+}}{0 - V_{T-}} = R_2 C\ln2 \approx 0.69 R_2 C \qquad (6.3.3)$$

所以,电路输出矩形脉冲的周期为

$$T = T_1 + T_2 = (R_1 + 2R_2)C\ln2 \approx 0.69(R_1 + 2R_2)C \qquad (6.3.4)$$

通过改变 R 和 C 的参数可以改变振荡频率。由式(6.3.2)和式(6.3.3)可得到输出脉冲的占空比为

$$q = \frac{T_1}{T} = \frac{R_1 + R_2}{R_1 + 2R_2} \qquad (6.3.5)$$

上式说明,由图 6.3.6 电路输出的矩形脉冲的占空比始终大于 50%,为了得到小于或等于 50% 的占空比,将电路改成如图 6.3.8 所示的形式。电路利用二极管 D_1 和 D_2 的单向导电性将电容 C 充、放电回路分开,再加上电位器调节,便构成了占空比可调的多谐振荡器。

图 6.3.8 中,V_{CC} 经 R_A、D_1 向电容 C 充电,充电时间为

$$T_1 = R_A C\ln2$$

电容 C 通过 D_2、R_B 和三极管 T_D 放电,放电时间为

$$T_2 = R_B C\ln2$$

所以,输出脉冲的占空比为

$$q = \frac{R_A}{R_A + R_B} \qquad (6.3.6)$$

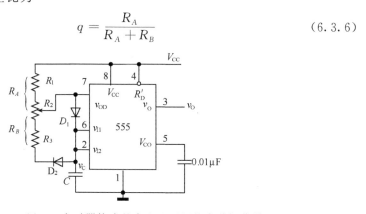

图 6.3.8　用 555 定时器构成的占空比可调的多谐振荡器

若取 $R_A = R_B$，则 $q = 50\%$，就构成方波发生器。

习题

题 6.1　已知反相输出的施密特触发器输入信号电压波形如图 6.1 所示，试画出其输出信号电压波形。

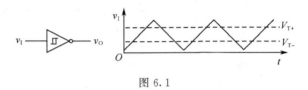

图 6.1

题 6.2　使用 74121 集成单稳态触发器，设定时电阻用片内电阻，要求输出的脉冲宽度为 3.5ms，试求外接电容的值，并画出接线图。

题 6.3　TTL 非门 $G_1 \sim G_5$ 构成图 6.2 所示多谐振荡器电路。设 $G_1 \sim G_5$ 门性能完全相同。

(1) 简述电路原理，并推导出振荡频率 f 计算公式。

(2) 若测得门的平均传输时间 $t_{pd} = 7.5\text{ns}$，试计算电路输出脉冲的振荡频率。

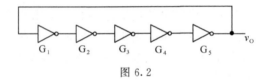

图 6.2

题 6.4　图 6.3 所示是用 555 集成定时器构成的施密特触发器。

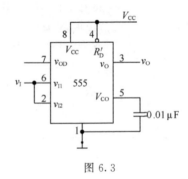

图 6.3

(1) 当 $V_{CC} = 15\text{V}$，控制电压端悬空时，试求电路的正向阈值电压、负向阈值电压和回差电压。

(2) 当 $V_{CC} = 10\text{V}$，控制电压端 $V_{CO} = 6\text{V}$ 时，试求电路的正向阈值电压、负向阈值电压和回差电压。

题 6.5　图 6.4 所示是用 555 集成定时器构成的单稳态触发器。设 $V_{CC} = 10\text{V}$，要求输出脉冲宽度为 1s，试选择定时元件 R 和 C 的值。

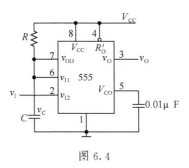

图 6.4

题 6.6　由 555 集成定时器构成的多谐振荡器如图 6.5 所示,已知 $V_{CC}=5V$,$R_1-1k\Omega$,R_2- 10kΩ,$R_3=1k\Omega$,$C=0.1\mu F$,试求电路工作频率 f 及占空比 q 的变化范围。

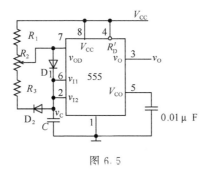

图 6.5

题 6.7　试分析如图 6.6 所示电路,简述电路的组成及工作原理。若要求扬声器在开关 S 按下后,以 1.2kHz 的频率持续响 10s,试确定图中 R_1、R_2 的阻值。

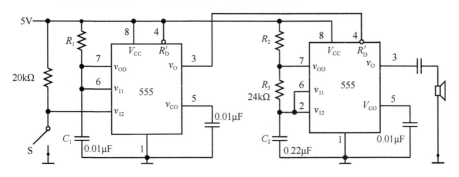

图 6.6

第7章 半导体存储器和可编程逻辑器件

7.1 概　　述

半导体存储器是计算机等数字系统的重要组成部分,用来存放系统程序、应用程序及各种数据信息。它是通过半导体器件存储大量二值信息实现的。存储器由许多存储单元组成,每个存储单元能存放一位二进制数。通常,用存储容量来衡量存储器存储数据的能力,存储容量就是存储器内存储单元的数量。存储器是以字为单位进行存储的。一个字单元由若干个存储单元构成,而一个存储器又包含若干个字单元,每个字单元有一个固定的编号,即地址。

半导体存储器的种类很多,首先,从存取功能上可以分为只读存储器(read-only memory,ROM)和随机存储器(random access memory,RAM)两大类。ROM所存储的内容一般是固定不变的,正常工作时只能读数,不能写入,并且在断电后不丢失其中存储的内容。ROM 的优点是电路结构简单,而且在断电以后数据不会丢失;缺点是只适用于存储那些固定数据的场合。ROM 中又有掩模 ROM、可编程 ROM(programmable read-only memory,PROM)和可擦除的可编程 ROM(erasable programmable read-only memory,EPROM)等多种类型。掩模 ROM 中的数据在制作时已经确定,无法更改;PROM 中的数据可以由用户根据自己的需要写入,但一经写入以后就不能再修改了;EPROM 里的数据则不但可以由用户根据自己的需要写入,而且还能擦除重写,所以,具有更大的使用灵活性。RAM 与 ROM 的根本区别在于正常工作状态下就可以随时快速地向存储器里写入数据或从中读出数据。根据所采用的存储单元工作原理的不同,又将 RAM 分为静态存储器(static random access memory,SRAM)和动态存储器(dynamic random access memory,DRAM)。由于 DRAM 存储单元的结构相对简单,所以,其所能达到的集成度远高于 SRAM,但 DRAM 的存取速度不如 SRAM 快。

另外,从制造工艺上又可以将存储器分为双极型和 MOS 型。鉴于 MOS 电路(尤其是 CMOS 电路)具有功耗低、集成度高的优点,所以,目前大容量的存储器都是采用 MOS 工艺。目前,世界各大半导体厂商一方面致力于成熟存储器的大容量化、高速化、低电压低功耗化,另一方面根据需要在原来成熟存储器的基础上开发各种特殊存储器。

自 20 世纪 60 年代初集成电路诞生以来,数字集成电路经历了从小规模集成电路(SSI)、中规模集成电路(MSI)到大规模集成电路(LSI)、超大规模集成电路

(VLSI)的发展过程。前面几章讨论的 SSI、MSI 数字集成电路(如 74 系列及其改进系列、CC4000 系列、74HC 系列等)都属于通用型集成电路,理论上用这些通用型的 SSI、MSI 可以组成任何复杂的数字系统,但功耗大、体积大、可靠性差。为了减小体积和功耗,提高电路的可靠性,可以运用 LSI 和 VLSI 技术,把所设计的数字系统做成一片 LSI,这种为某种专门用途而设计的集成电路称为专用集成电路(ASIC)。ASIC 是指 IC 生产厂为专门用户需要而设计制造的 LSI 电路或 VLSI 电路,分为全定制和半定制两种。对于全定制 ASIC 芯片,设计人员从晶体管的版图尺寸、位置和互联系开始设计,以达到芯片面积利用率高、速度快、功耗低的最优性能,但其设计制作费用高,周期长,适用于批量较大的产品。半定制是一种约束性设计方式,约束的主要目的是简化设计、缩短设计周期和提高芯片成品率,半定制 ASIC 主要有三种类型,即门阵列、标准单元和可编程逻辑器件。门阵列是一种预先做好的硅片,内部包括逻辑门、触发器和一定的连线区,并且整齐地排列成阵列。用户根据所需要的功能设计电路确定连线方式,然后再交生产厂家布线。标准单元是生产厂家将预先配置好、具有一定功能并经过测试的逻辑电路作为标准单元存储在数据库中,设计时根据用户要求从数据库中取出需要的标准单元进行组合,构成所需的 ASIC 芯片。可编程逻辑器件(programable logic device,PLD)是 ASIC 的一个重要分支,与上述两种半定制电路不同,PLD 是厂家作为一种通用器件生产的半定制电路,用户可以通过对器件编程使之实现所需要的逻辑功能。由于 PLD 具有成本较低、使用灵活、设计周期短、可靠性高、承担风险小等优点,很快得到普遍应用,近年来发展非常迅速。

本章主要介绍各种半导体存储器的工作原理和使用方法、PLD 的原理和应用。

7.2　ROM

7.2.1　掩模 ROM

在采用掩模工艺制作 ROM 时,存储的数据是由制作过程中使用的掩模板决定的,这种掩模板是按照用户的要求而专门设计的。因此,掩模 ROM 在出厂时内部存储的数据就已经"固化"在里边了。

ROM 的电路结构包含存储矩阵、地址译码器和输出缓冲器三个组成部分,如图 7.2.1 所示。存储矩阵由许多存储单元排列而成,存储单元可以用二极管构成,也可以用双极型三极管或 MOS 管构成,每个存储单元能存放 1 位二值代码(0 或 1),若干个存储单元构成一个信息单元(字),每一个信息单元有一个对应的地址代码。

地址译码器有 n 个输入端 $A_0, A_1, \cdots, A_{n-1}$,有 2^n 个输出信息,每个输出信息

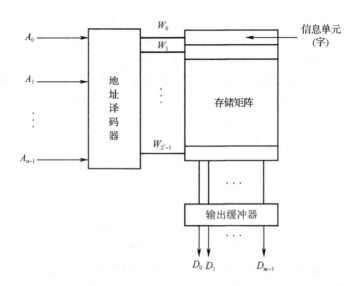

$$A_0 \rightarrow$$

$$A_1 \rightarrow$$

$$\vdots$$

$$A_{n-1} \rightarrow$$

地址译码器

W_0

W_1

$\vdots$

W_{2^n-1}

存储矩阵

信息单元（字）

输出缓冲器

$\cdots$

$D_0\ D_1\qquad\qquad D_{m-1}$

图 7.2.1　ROM 结构示意图

对应一个信息单元,而每个信息单元存放一个字,共有 2^n 个字($W_0,W_1,\cdots,W_{2^n-1}$ 称为字线),每个字有 m 位,每位对应从 $D_0,D_1,\cdots,D_{m-1}$ 输出(称为位线)。存储器的容量是 $2^n \times m$(字线数×位线数)。地址译码器的作用是将输入的地址代码译成相应的控制信号,利用这个控制信号从存储矩阵中将指定的信息单元选中,并把其中的数据送到输出缓冲。输出缓冲器的作用有两个:一是提高存储器的带负载能力;二是实现对输出状态的三态控制,以便与系统的总线连接。

　　图 7.2.2 是具有 2 位地址输入码和 4 位数据输出的 ROM 电路,它的存储单元由二极管构成。在对应的存储单元内存入的是 1 还是 0 由接入或不接入相应的二极管来决定。2 位地址代码 $A_1 A_0$ 能给出 4 个不同的地址 00,01,10,11,地址译码器将这 4 个地址代码分别译成 $W_0' \sim W_3'$ 4 根线上的低电平信号。当 $W_0' \sim W_3'$ 每根线上分别给出低电平信号时,都会在 $D_3 \sim D_0$ 4 根线上输出一个 4 位二值信息代码。通常,将每个输出信息代码称为一个"字",并将 $W_0' \sim W_3'$ 称为字线,将 $D_0 \sim D_3$ 称为位线(或数据线),而 A_1、A_0 称为地址线。输出端的缓冲器用来提高带负载能力,并将输出的高、低电平变换为标准的逻辑电平。在读取数据时,只要输入指定的地址码并令 $CS'=0$,则指定地址内各存储单元所存的数据便会出现在输出数据线上。例如,当 $A_1 A_0 = 10$ 时,$W_2' = 0$,而其他字线均为高电平。由于只有 D_0 一根线与 W_2' 间接有二极管,所以,这个二极管导通后使 D_0 为高电平,而 D_1、D_2 和 D_3 为低电平。于是,在数据输出端得到 $D_3 D_2 D_1 D_0 = 0001$。对应存储内容如图 7.2.3 所示。

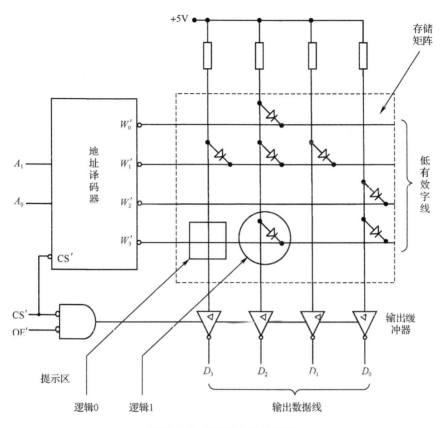

图 7.2.2　ROM 电路结构图

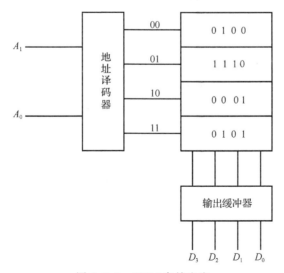

图 7.2.3　ROM 存储内容

　　不难看出,字线和位线的每个交叉点都是一个存储单元。交点处接有二极管时相当于存 1,没有接二极管时相当于存 0。交叉点的数目也就是存储单元数。习惯上用存储单元的数目表示存储器的存储量(或称容量),并写成"(字线数)×(位线数)"的形式。

　　采用 MOS 工艺制作 ROM 时,地址译码器、存储矩阵和输出缓冲器全用 MOS管组成。图 7.2.4 给出了 MOS 管存储矩阵的原理图。在 LSI 中,MOS 管多做成对称结构,同时也为了画图的方便,一般都采用图中所用的简化画法。

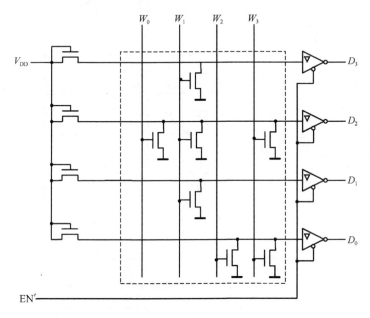

图 7.2.4　用 MOS 管构成的存储矩阵

　　图 7.2.4 中以 N 沟道增强型 MOS 管代替了图 7.2.2 中的二极管。字线与位线的交叉点上接有 MOS 管时相当于存 1,没有接 MOS 管时相当于存 0。

　　当给定地址代码后,经译码器译成 $W_0 \sim W_3$ 中某一根字线上的高电平,使接在这根字线上的 MOS 管导通,并使与这些 MOS 管漏极相连的位线为低电平,经输出缓冲器反相后,在数据输出端得到高电平,输出为 1。图 7.2.4 存储矩阵中所存的数据与图 7.2.3 中的数据相同。

7.2.2　PROM

　　在开发数字电路新产品的工作过程中,设计人员经常需要按照自己的设想迅速得到存有所需内容的 ROM。这时,可以通过将所需内容自行写入 PROM 而得到要求的 ROM。

PROM 的总体结构与掩模 ROM 一样,同样由存储矩阵、地址译码器和输出电路组成。不过,出厂时已经在存储矩阵的所有交叉点上全部制作了存储元件,即相当于在所有存储单元中都存入了 1。使用中,根据需要用编程器一次性地修改一些存储单元中存储的信息为 0。

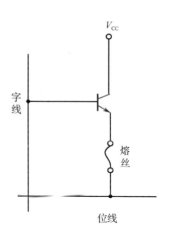

图 7.2.5 是熔丝型 PROM 存储单元的原理图,它由一只三极管和串在发射极的快速熔断丝组成。三极管的发射结相当于接在字线与位线之间的二极管。熔丝用很细的低熔点合金丝或多晶硅导线制成。在写入数据时,只要设法将需要存入 0 的那些存储单元上的熔丝烧断就行了。在编程前,存储矩阵中的全部存储单元的熔丝都是连通的,即

图 7.2.5　熔丝型 PROM
存储单元

每个单元存储的都是 1。用户可根据需要借助一定的编程工具将某些存储单元上的熔丝用大电流烧断,该单元存储的内容就变为 0,此过程称为编程。熔丝烧断后不能再接上,故 PROM 只能进行一次编程。

图 7.2.6 是一个 16×4 位 PROM 的结构原理图。编程时,首先应输入地址代码,找出要写入 0 的单元地址,然后使 V_{CC} 和选中的字线揩高到编程所要求的高电平,同时在编程单元的位线上加入编程脉冲(幅度约 20V,持续时间约十几微秒)。这时,写入放大器 A_W 的输出为低电平、低内阻状态,有较大的脉冲电流流过熔丝,将其熔断。正常工作时,读出放大器 A_R 输出的高电平不足以使 D_Z 导通,A_W 不工作。

可见,PROM 的内容一经写入后就不可能修改了,所以,它只能写入一次。因此,PROM 仍不能满足研制过程中经常修改存储内容的需要,这就要求生产一种可以擦除重写的 ROM。

7.2.3　EPROM

由于 EPROM 中存储的数据可以擦除重写,因此,在需要经常修改 ROM 中内容的场合,它便成为一种比较理想的器件。

最早研究成功并投入使用的 EPROM 是用紫外线照射进行擦除的,并被称之为 EPROM。因此,现在一提到 EPROM 就是指的这种用紫外线擦除的可编程 ROM(ultra-violet erasable programmable read-only memory,UVEPROM)。不久,又出现了用电信号擦除的可编程 ROM(electrically erasable pro-grammable read-only memory,E^2PROM)。后来,又研制成功了新一代的电信号擦除的可编程 ROM——快闪存储器(flash memory)。

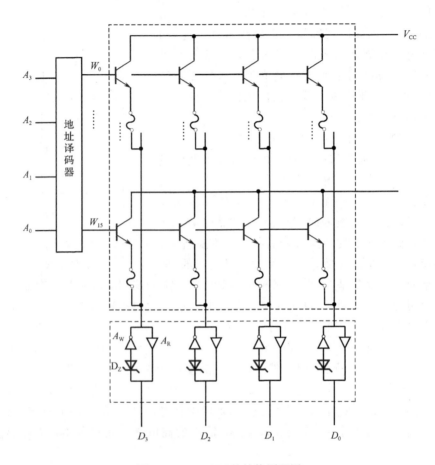

图 7.2.6　PROM 的结构原理图

1. EPROM(UVEPROM)

　　EPROM 与 PROM 在总体结构形式上没有多大区别,只是采用了不同的存储单元。EPROM 中采用叠栅注入 MOS 管(stacked-gate injection metal-oxide-semiconductor,SIMOS)制作的存储单元。

　　图 7.2.7 是 SIMOS 管的结构原理图和符号,它是一个 N 沟道增强型的 MOS 管,有两个重叠的栅极——控制栅和浮置栅。控制栅用于控制读出和写入,浮置栅用于长期保存注入电荷。浮置栅上未注入电荷以前,在控制栅上加入正常的高电平能够使漏–源之间产生导电沟道,SIMOS 管导通。反之,在浮置栅上注入负电荷后,必须在控制栅上加入更高的电压才能抵消注入电荷的影响而形成导电沟道,因此,在栅极加上正常的高电平信号时,SIMOS 管将不会导通。当漏–源间加以较高的电压(约＋20～＋25V)时,将发生雪崩击穿现象。如果同时在控制栅上加以高

压脉冲(幅度约＋25V,宽度约50ms),则在栅极电场的作用下,一些速度较高的电子便穿越 SiO$_2$ 层到达浮置栅,被浮置栅俘获而形成注入电荷。浮置栅上注入了电荷的 SIMOS 管相当于写入了 1,未注入电荷的相当于存入了 0。漏极和源极间的高电压去掉以后,由于浮置栅被 SiO$_2$ 绝缘层包围,注入到浮置栅上的电荷没有放电通路,所以,能长久保存下来。如果用一定波长的紫外线或 X 射线照射 SIMOS 管的栅极氧化层,则 SiO$_2$ 层中将产生电子–空穴对,为浮置栅上的电荷提供泄放通道,使之放电,这个过程称为擦除。

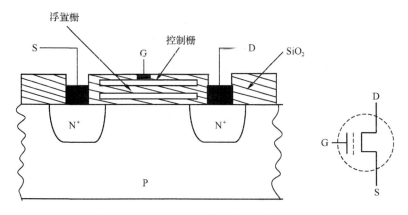

图 7.2.7 SIMOS 管的结构原理图和符号

UVEPROM 的编程(写入)需要使用编程器完成。编程器是用于产生 UVEPROM 编程所需要的高压脉冲信号的装置。编程时,将 UVEPROM 插到编程器上,并将准备写入 UVEPROM 的数据表装入编程器的 RAM 中,然后启动编程程序,编程器便将数据逐行地写入 UVEPROM 中。UVEPROM 的擦除在擦除器中进行。擦除器中的紫外线灯产生一定强度的紫外线,经过一定时间的照射后,即可将存储的数据擦除。

2. E^{2}PROM

虽然用紫外线擦除的 EPROM 具备了可擦除重写的功能,但擦除操作复杂,擦除速度很慢。为克服这些缺点,又研制成了 E^{2}PROM。

在 E^{2}PROM 的存储单元中采用了一种称为浮栅隧道氧化层 MOS 管(floating gate tunnel oxide,Flotox),图 7.2.8 是 Flotox 管的原理结构和符号。Flotox 管与 SIMOS 管相似,也有两个栅极——控制栅和浮置栅。所不同的是,Flotox 管的浮置栅与漏区之间有一个氧化层极薄的区域,这个区域称为隧道区。当隧道区的电场强度大到一定程度时,便在漏区和浮置栅之间出现导电隧道,电子可以双向通过,形成电流,这种现象称为隧道效应。

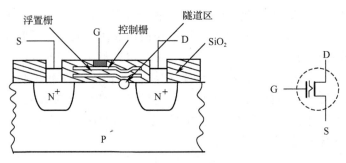

图 7.2.8　Flotox 管的结构原理图和符号

E^2 PROM 根据浮置栅上是否充有负电荷来区分单元的 1 或 0 状态。而存储单元数据的擦除和写入都是利用隧道效应,通过高压脉冲向浮置栅充、放电实现的。

虽然 E^2 PROM 改用电压信号擦除了,但由于擦除和写入时需要加高电压脉冲,而且擦、写的时间仍较长,所以,在系统的正常工作状态下,E^2 PROM 仍然只能工作在它的读出状态,作 ROM 使用。

3. 快闪存储器

快闪存储器是采用一种类似于 EPROM 的单管叠栅结构的存储单元而制成的新一代用电信号擦除的可编程 ROM。快闪存储器既吸收了 EPROM 结构简单、编程可靠的优点,又保留了 E^2 PROM 用隧道效应擦除的快捷特性,而且集成度可以做得很高。

快闪存储器的编程和擦除操作不需要使用编程器,写入和擦除的控制电路集成于存储器芯片中,工作时只需要 5 V 的低压电源,使用极其方便。

自从 20 世纪 80 年代末期快闪存储器问世以来,便以其高集成度、大容量、低成本和使用方便等优点而引起普遍关注,应用领域迅速扩展,不仅取代了从前普遍使用的软磁盘,而且已经成为较大容量磁性存储器(如 PC 机中的硬磁盘)的替代产品。

7.2.4　用 ROM 存储器实现组合逻辑函数

用 ROM 存储器实现组合逻辑函数的主要根据:①任何一个组合逻辑函数都可以写成最小项之和的形式;②存储器的地址译码电路是与逻辑阵列,而且是全译码;③存储器的存储矩阵是或逻辑阵列,因此,利用存储矩阵可编程可以实现在某个位线上的输出为任意几个最小项之和,即实现任意的组合逻辑函数。

想让哪几个最小项相加构成一个逻辑函数,就可以在输出位线与相应字线的交叉点放一个管子使该存储单元存"1"。不难推想,用具有 n 位输入地址、m 位数据输出的 ROM 可以获得一组(最多为 m 个)任何形式的 n 变量组合逻辑函数,只要根据函数的形式向 ROM 中写入相应的数据即可。这个原理也适用于 RAM。

例 7.2.1　用 16×4 位的 ROM 设计一个将两个 2 位二进制数相乘的乘法器电路,列出 ROM 的数据表,画出存储矩阵的点阵图。

解:列出真值表(如表 7.2.1 所示),应取输入地址为 4 位、输出数据为 4 位的 $(16 \times 4$ 位$)$ROM 来实现这个乘法器电路。以地址输入端 A_3、A_2、A_1、A_0 作为二进制乘数 B_1、B_0、C_1、C_0 的输入端,以数据输出端 $P_3 \sim P_0$ 作为 4 位乘积输出端,如图 7.2.9 所示,就得到所要求的乘法器。

表 7.2.1　乘法器真值表

乘数				乘积				
$B_1(A_3)$	$B_0(A_2)$	$C_1(A_1)$	$C_0(A_0)$	十进制	P_3	P_2	P_1	P_0
0	0	0	0	0	0	0	0	0
0	0	0	1	0	0	0	0	0
0	0	1	0	0	0	0	0	0
0	0	1	1	0	0	0	0	0
0	1	0	0	0	0	0	0	0
0	1	0	1	1	0	0	0	1
0	1	1	0	2	0	0	1	0
0	1	1	1	3	0	0	1	1
1	0	0	0	0	0	0	0	0
1	0	0	1	2	0	0	1	0
1	0	1	0	4	0	1	0	0
1	0	1	1	6	0	1	1	0
1	1	0	0	0	0	0	0	0
1	1	0	1	3	0	0	1	1
1	1	1	0	6	0	1	1	0
1	1	1	1	9	1	0	0	1

在使用 PROM 或掩膜 ROM 时,为了简化作图,在接入存储器件的矩阵交叉点上画一个圆点以代替存储器件。图中以接入存储器件表示存 1,以不接存储器件表示存 0,即为点阵图。根据表 7.2.1 画出存储矩阵的点阵图,如图 7.2.9 所示。

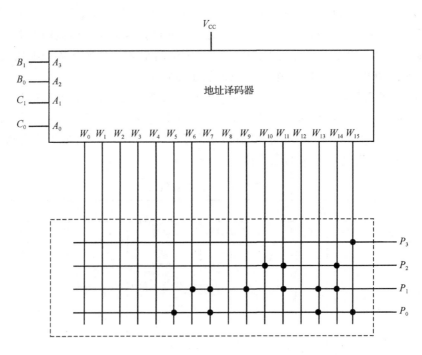

图 7.2.9 例 7.2.1ROM 的点阵图

7.3 RAM

RAM 也称随机读/写存储器。在工作过程中,既可从存储器的任意单元读出信息,又可以把外界信息写入任意单元,读写速度很快。但一般具有易失性,数据掉电后就消失。RAM 又分为 SRAM 和 DRAM 两大类。

7.3.1 SRAM

1. SRAM 的结构和工作原理

SRAM 电路通常由存储矩阵、地址译码器和读/写控制电路(也称输入/输出电路)三部分组成,如图 7.3.1 所示。

存储矩阵由许多存储单元排列而成,每个存储单元能存储 1 位二值数据(1 或 0),在译码器和读/写控制电路的控制下,既可以写入 1 或 0,又可以将存储的数据读出。地址译码器一般都分成行地址译码器和列地址译码器两部分,行地址译码器将输入地址代码的若干位 $A_i A_{i-1} \cdots A_0$ 译成某一条字线的输出有效电平信号,从存储矩阵中选中一行存储单元;列地址译码器将输入地址代码的其余几位 $A_n A_{n-1} \cdots A_{i+1}$ 译成某一根输出线上的有效电平信号,从字线选中的一行存储单元

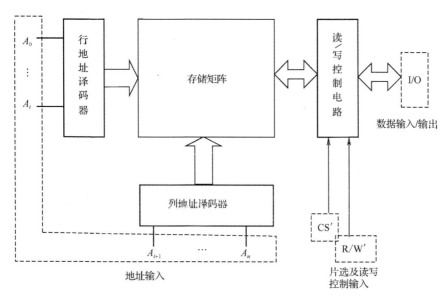

图 7.3.1 SRAM 的结构框图

中再选 1 位(或几位),使这些被选中的单元经读/写控制电路与数据输入/输出端接通,以便对这些单元进行读、写操作。读/写控制电路用于对电路的工作状态进行控制。当读/写控制信号 $R/W'=1$ 时,执行读操作,将被选中存储单元里的数据送到输入/输出端上。当 $R/W'=0$ 时,执行写操作,加到输入/输出端上的数据被写入存储单元中。在读/写控制电路上都设有片选输入端 CS'。当 $CS'=0$ 时,RAM 为正常工作状态;当 $CS'=1$ 时,所有的数据输入/输出端均为高阻态,不能对 RAM 进行读/写操作。

图 7.3.2 是一个 $256×1$ 位 RAM 的实例的结构图,其中,256 个存储单元排列成 16 行×16 列的矩阵。8 位输入地址代码分成两组译码。$A_0 \sim A_3$ 4 位地址码加到行地址译码器上,用它的输出信号从 16 行存储单元中选定一行。另外 4 位地址码加到列地址译码器上,利用它的输出信号再从已选中的一行里挑出要进行读/写的 1 个存储单元。I/O 既是数据输入端,又是数据输出端。读/写操作在 R/W' 和 CS' 信号的控制下进行。当 $CS'=0$,且 $R/W'=1$ 时,读/写控制电路工作在读出状态,这时由地址译码器选中的存储单元中的数据被送到 I/O。当 $CS'=0$,且 $R/W'=0$ 时,读/写控制电路工作在写入工作状态,加到 I/O 端的输入数据便被写入指定的 1 个存储单元中去。若令 $CS'=1$,则 I/O 端处于禁止态,将存储器内部电路与外部连线隔离。因此,可以直接将 I/O 与系统总线相连,或将多片输入/输出端并联运用。

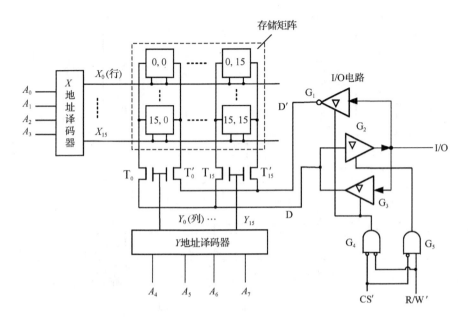

图 7.3.2　256×1 位 RAM 的结构框图

2. SRAM 的静态存储单元

静态存储单元是在 RS 锁存器的基础上附加门控管而实现的。图 7.3.3 是用 6 只 CMOS 管组成的静态存储单元。用栅极上的小圆圈表示 T_2、T_4 为 P 沟道 MOS 管，而栅极上没有小圆圈的为 N 沟道 MOS 管。$T_1 \sim T_4$ 组成 RS 锁存器，用于记忆 1 位二值代码。T_5 和 T_6 是门控管，作模拟开关使用，以控制锁存器的 Q、Q' 和位线 D_j、D_j' 之间的联系。T_5、T_6 的开关状态由字线 X_i 的状态决定。$X_i = 1$ 时，T_5、T_6 导通，锁存器的 Q 和 Q' 端与位线 D_j、D_j' 接通；$X_i = 0$ 时 T_5、T_6 截止，锁存器与位线之间的联系被切断。T_j、T_j' 是每一列存储单元公用的两个门控管，用于和读/写控制电路之间的连接。T_j、T_j' 的开关状态由列地址译码器的输出 Y_j 来控制，$Y_j = 1$ 时导通，$Y_j = 0$ 时截止。存储单元所在的一行和所在的一列同时被选中时，$X_i = 1$，$Y_j = 1$，T_5、T_6、T_j、T_j' 均处于导通状态，Q 和 Q' 与 D_j 和 D_j' 接通。如果这时 $CS' = 0$，$R/W' = 1$，则读/写控制电路的 A_1 接通，A_2 和 A_3 截止，Q 端的状态经 T_5、T_j、A_1 送到 I/O 端，实现数据读出。若此时 $CS' = 0$，$R/W' = 0$，则 A_1 截止，A_2 和 A_3 导通，加到 I/O 端的数据被写入存储单元。

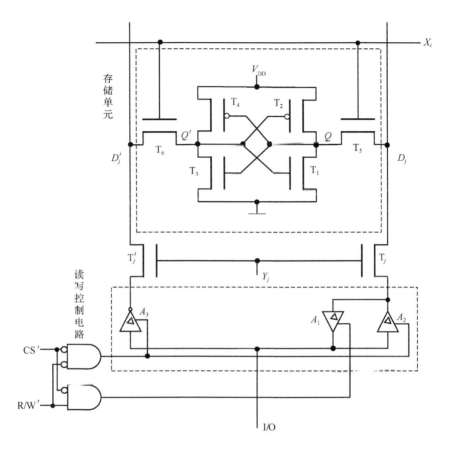

图 7.3.3　六管 CMOS 静态存储单元

7.3.2　DRAM

　　SRAM 存储单元所用的管子数较多,功耗多,集成度受到限制,为了克服这些缺点,人们研制出了 DRAM。DRAM 存储数据的原理是基于 MOS 管栅极电容的电荷存储效应。由于漏电流的存在,电容上存储的数据(电荷)不能长久保存,因此,必须定期给电容补充电荷,以避免存储数据的丢失,这种操作成为再生或刷新。

　　常见的 DRAM 存储单元有三管和单管两种。图 7.3.4 所示为三管动态存储单元,存储单元是以 MOS 管 T_2 及其栅极电容 C 为基础构成的,数据存于栅极电容 C 中。若电容 C 充有足够的电荷,使 T_2 导通,这一状态为逻辑 0,否则为逻辑 1。在进行读操作时,R/W′ 为高电平(R/W′=1),地址信号使门控管 T_3 导通,此时若 C 上充有电荷且使 T_2 导通,则读出数据为 0;反之,使"读"位线获得高电平,输出数据为 1。由图可以看出,"读"位线信号分为两路,一路经 T_5 由 D_0 输出,另

一路经写入刷新控制电路对存储单元刷新。进行写操作时，R/W' 为低电平
（R/W'=0），此时 G_2 被封锁，由于 Y_j 为高电平，T_4 导通，输入数据 D_i 经 T_4 并由
写入刷新控制电路反相，再经 T_1 写入到电容器 C 中。这样，当输入数据为 0 时，
电容充电；而输入数据为 1 时，电容放电。除了读、写操作可以进行刷新外，刷新操
作也可以通过只选通行选择线来实现。例如，当行选择线 X_i 为高电平，且 R/W'
读有效时（R/W'=1），C 上的数据经 T_2、T_3 到达"读"位线，然后经写入刷新控制
电路对存储单元刷新。此外，X_i 有效的整个一行存储单元被刷新。由于列选择线
Y_j 无效，因此，数据不被读出。

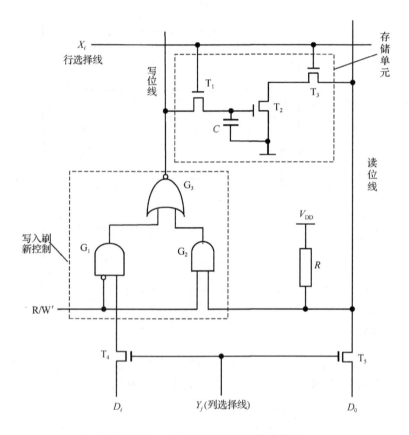

图 7.3.4　三管动态 NMOS 存储单元

7.3.3　RAM 存储器容量的扩展

实际应用中，当使用一片 RAM 器件不能满足对存储容量的要求时，就需要用
多片 RAM 组合，形成一个容量更大的存储器，这就是存储器容量的扩展。

集成芯片 6264 是一种静态 RAM，采用六管 CMOS 静态存储单元，存储容量

8K×8 位,存储时间 100ns,电源电压＋5V,工作电流 40mA。维持电流 2μA。因存储字数达 8K＝2^{13},所以,有 13 条地址线 $A_0 \sim A_{12}$,而每字有 8 位,因此有 8 条数据输入/输出线 $I/O_0 \sim I/O_7$,还有 4 条控制线 CS_1'、CS_2、R/W'、OE'。下面以 6264 为例介绍 RAM 存储容量的扩展。

1. 位扩展方式

如果一片 RAM 中的字数已经够用,而每字的位数不够用时,可用位扩展方法将多片 RAM 连接成位数更多的存储器。例如,要求用 6264 型 RAM 实现 8K×16 位的存储器。每片 6264 有 8K 个字,字数正够用,但一片 6264 的字长只有 8 位,所以需要用两片 6264,第 I 片实现数据字中的高 8 位,第 II 片实现低 8 位,并将两片对应的地址端、片选端 CS_1' 和读/写端 R/W' 并联而实现,见图 7.3.5 RAM 的位扩展。

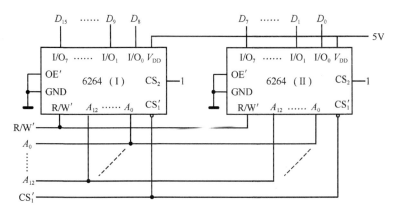

图 7.3.5　RAM 的位扩展

2. 字扩展方式

如果一片 RAM 的位数(字长)已经够用,但字数不够用时,可采用字扩展方法将多片 RAM 连接成字数更多的存储器。例如,要求用 6264 型 RAM 构成存储容量为 32K×8 位的存储器。6264 的位数为 8 位,满足字长要求,但字数只有 8K 个,一片不够,需要字扩展,因为要求字数为 32K＝4×8K 个,所以,需要用 4 片 6264。因 32K 小于并接近 2^{15},故需要 15 条地址线 $A_0 \sim A_{14}$,地址线 $A_0 \sim A_{12}$ 与 4 片 6264 的相应地址线直接并接,A_{13}、A_{14} 经 2 线-4 线译码器 74LS139 译码后的输出控制各片的片选端 CS_1',如图 7.3.6 所示。各片所占用的地址范围如表 7.3.1 所示。

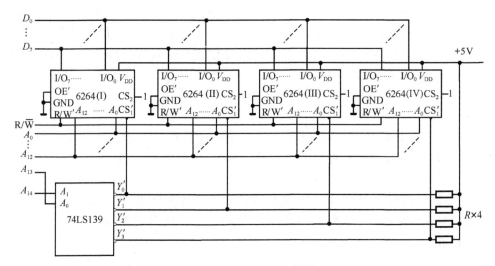

图 7.3.6　RAM 的字扩展

表 7.3.1　各片地址范围

地址范围																CS′₁ 有效的片子
A_{14}	A_{13}	A_{12}	A_{11}	A_{10}	A_9	A_8	A_7	A_6	A_5	A_4	A_3	A_2	A_1	A_0		
0	0	0 0 ⋮ 1	0 0 ⋮ 1	0 0 ⋮ 1	0 0 ⋮ 1	0 0 ⋮ 1	0 0 ⋮ 1	0 0 ⋮ 1	0 0 ⋮ 1	0 0 ⋮ 1	0 0 ⋮ 1	0 0 ⋮ 1	0 0 ⋮ 1	0 1 ⋮ 1		I
0	1	0 0 ⋮ 1	0 0 ⋮ 1	0 0 ⋮ 1	0 0 ⋮ 1	0 0 ⋮ 1	0 0 ⋮ 1	0 0 ⋮ 1	0 0 ⋮ 1	0 0 ⋮ 1	0 0 ⋮ 1	0 0 ⋮ 1	0 0 ⋮ 1	0 1 ⋮ 1		II
1	0	0 0 ⋮ 1	0 0 ⋮ 1	0 0 ⋮ 1	0 0 ⋮ 1	0 0 ⋮ 1	0 0 ⋮ 1	0 0 ⋮ 1	0 0 ⋮ 1	0 0 ⋮ 1	0 0 ⋮ 1	0 0 ⋮ 1	0 0 ⋮ 1	0 1 ⋮ 1		III
1	1	0 0 ⋮ 1	0 0 ⋮ 1	0 0 ⋮ 1	0 0 ⋮ 1	0 0 ⋮ 1	0 0 ⋮ 1	0 0 ⋮ 1	0 0 ⋮ 1	0 0 ⋮ 1	0 0 ⋮ 1	0 0 ⋮ 1	0 0 ⋮ 1	0 1 ⋮ 1		IV

　　由于各片的 I/O 端都有三态缓冲器,根据表 7.3.1,当 $CS_2 = 1$, $OE' = 0$ 时,I/O 端的三态缓冲器只受 CS'_1 端控制,只有 $CS'_1 = 0$ 的片子,I/O 端才能对外输入/输出,否则处于高阻浮置态。图 7.3.6 中的 4 个 CS'_1 在同一时刻只有一个为 0,所以,可以将 4 片的 I/O 端分别并接,作为整个存储器的 8 个I/O端。

7.4　PLD

　　PLD 与 FPGA(field programable gate array,现场可编程门阵列)的功能基本相同,只是实现原理略有不同,所以,有时可以忽略这两者的区别,统称为 PLD 或 CPLD/FPGA。

　　PLD 是电子设计领域中最具活力和发展前途的一项技术,它的影响丝毫不业于 20 世纪 70 年代单片机的发明和使用。PLD 能做什么呢?可以毫不夸张地讲,PLD 能完成任何数字器件的功能,上至高性能 CPU,下至简单的 74 电路,都可以用 PLD 来实现。PLD 如同一张白纸或是一堆积木,工程师可以通过传统的原理图输入法,或是硬件描述语言自由的设计一个数字系统。通过软件仿真,可以事先验证设计的正确性。在 PCB 完成以后,还可以利用 PLD 的在线修改能力,随时修改设计而不必改动硬件电路。使用 PLD 来开发数字电路,可以大大缩短设计时间,减少 PCB 面积,提高系统的可靠性。PLD 的这些优点使得 PLD 技术在 20 世纪 90 年代以后得到飞速的发展,同时,也大大推动了 EDA 软件和硬件描述语言(HDL)的进步。

　　当今社会是数字化的社会,是数字集成电路广泛应用的社会。数字集成电路本身在不断地进行更新换代,它由早期的电子管、晶体管、SSI、LSI 发展到 VLSI(VLSIC,几万门以上)及许多具有特定功能的 ASIC。但是,随着微电子技术的发展,设计与制造集成电路的任务已不完全由半导体厂商来独立承担。系统设计师们更愿意自己设计 ASIC 芯片,而且希望 ASIC 的设计周期尽可能短,最好是在实验室里就能设计出合适的 ASIC 芯片,并且立即投入实际应用之中,因而出现了现场可编程逻辑器件(FPLD),其中,应用最广泛的当属 FPGA 和复杂可编程逻辑器件(CPLD)。

　　早期的 PLD 只有 PROM、EPROM 和 E^2 PROM 三种。由于结构的限制,它们只能完成简单的数字逻辑功能。其后,出现了一类结构上稍复杂的可编程芯片,即 PLD,它能够完成各种数字逻辑功能。典型的 PLD 由一个"与"门阵列和一个"或"门阵列组成,而任意一个组合逻辑都可以用"与-或"表达式来描述,所以,PLD 能以乘积和的形式完成大量的组合逻辑功能。这一阶段的产品主要有 PAL(可编程阵列逻辑)和 GAL(通用阵列逻辑)。PAL 由一个可编程的"与"逻辑阵列和一个固定的"或"逻辑阵列构成,或门的输出可以通过触发器有选择地被置为寄存状态。PAL 器件是现场可编程的,它的实现工艺采用反熔丝技术、EPROM 技术或 E^2 PROM技术。在 PAL 的基础上,又发展了一种 GAL,如 GAL16V8、GAL22V10 等。它采用了 E^2 PROM 工艺,实现了电可擦除、电可改写,输出结构是可编程的逻辑宏单元,因而设计具有很强的灵活性,至今仍有许多人使用。这些早期的 PLD

器件的一个共同特点是可以实现速度特性较好的逻辑功能,但其过于简单的结构也使其只能实现规模较小的电路。为了弥补这一缺陷,20 世纪 80 年代中期,Altera 和 Xilinx 分别推出了类似于 PAL 结构的扩展型 CPLD 和与标准门阵列类似的 FPGA,它们都具有体系结构和逻辑单元灵活、集成度高及适用范围宽等特点。这两种器件兼容了 PLD 和通用门阵列的优点,可实现较大规模的电路,编程也很灵活。与门阵列等其他 ASIC 相比,它们又具有设计开发周期短、设计制造成本低、开发工具先进、标准产品无需测试、质量稳定及可实时在线检验等优点,因此,被广泛应用于产品的原型设计和产品生产(一般在 10000 件以下)之中。几乎所有应用门阵列、PLD 和中小规模通用数字集成电路的场合均可应用 FPGA 和 CPLD 器件。

7.4.1 PLD 的基本电路结构和电路表示方法

1. PLD 的基本电路结构

PLD 的基本内部结构如图 7.4.1 所示。PLD 的主体由与阵列和或阵列构成,如虚线框所示。PLD 各组成部分的功能如下。

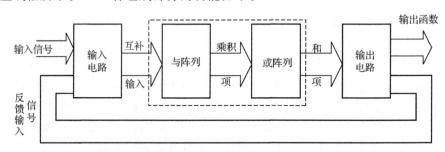

图 7.4.1 PLD 的基本结构

(1)与阵列和或阵列。与阵列用以产生有关与项,或阵列把所有与项相加构成"与或"形式的逻辑函数。

(2)输入电路。输入电路中为了适应各种输入情况,每一个输入信号都配有一缓冲电路,使其具有足够的驱动能力,同时产生原变量和反变量,产生互补信号输入。

(3)输出电路。输出电路的输出方式有多种,可以由或阵列直接输出,构成组合方式输出,也可以通过寄存器输出,构成时序方式输出。输出既可以是低电平有效,也可以是高电平有效;既可以直接接外部电路,也可以反馈到输入与阵列。

2. PLD 的逻辑符号表示方法

(1)输入缓冲器表示方法 。PLD 的输入缓冲器和反馈缓冲器均采用互补输

出的结构,它的两个输出分别是输入的原码和反
码,如图 7.4.2 所示。

（2）与门和或门的表示方法。PLD 电路中采
用两种基本门电路,即"与"门和"或"门。图 7.4.3
为与门和或门在 PLD 中采用的表示方法。

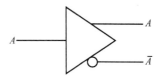

图 7.4.2　PLD 的输入缓冲器

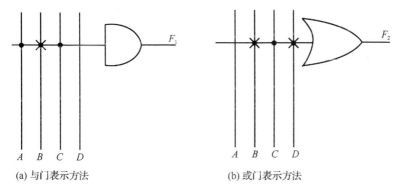

(a) 与门表示方法　　　　　　　　(b) 或门表示方法

图 7.4.3　PLD 中采用的与门和或门逻辑符号

输入信号和乘积项构成了"与"阵列,乘积项和逻辑函数构成了"或"阵列,这些
阵列形成交叉点。阵列上交叉点连接方式有三种表示方法:交叉点上的"·"表示
固定连接,不可编程;"×"表示用户可编程连接;无任何标记则表示不连接。图
7.4.3 中,与门和或门输出函数分别为

$$F_1 = A \cdot B \cdot C$$
$$F_2 = B + C + D$$

（3）与门连接的三种特殊表示法。图 7.4.4 列出了与门连接的三种特殊情况。

由图可以看出,当与门的输入全部编程,它的输出乘积项为 0,即 $D = AA'BB' = 0$。对于这种情况,可以简单地在对应的与门中画一个"×"以代替输入项和乘积线
上所对应的"×",如图 7.4.4 中第二个与门所表示,因此,$E = D$。乘积项与任何输
入信号都没有接通,相当于与门输出为逻辑 1。由于与阵列的输出是或阵列的输
入,这样,将使或阵列的输出 $F = 1$,而使其他乘积项（即或门的其他输入）不能输
出,所以,在 EDA 的手动设计时要特别注意。若采用自动设计,计算机会自动将 F
置成 E 的情况,保证其他乘积项正常输出。

（4）PLD 电路简化画法。输入缓冲器的互补输入用原变量和反变量表示,用
"·"表示固定连接,不连接表示不可编程;"×"表示用户可编程连接。与阵列产生
与项作为或阵列的输入,或阵列产生"与或"表达式。

图 7.4.5 给出了一个简单的 PLD 与或阵列电路图。或阵列有三个输出 F_1、
F_2 和 F_3,实现的函数为

$$F_1 = A'B + AB', F_2 = A'B' + AB, F_3 = AB$$

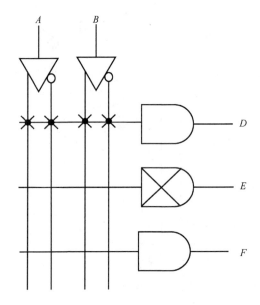

A	B	D	E	F
0	0	0	0	1
0	1	0	0	1
1	0	0	0	1
1	1	0	0	1

图 7.4.4　与门的三种特殊表示方法

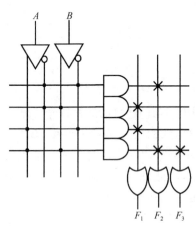

图 7.4.5　PLD 与或阵列图

芯片制造厂将制成的未编程的集成电路投向市场,由用户借助计算机和编程设备,自行对集成电路进行编程,使之具有预定的逻辑功能,成为用户设计的 ASIC 芯片。

7.4.2　PAL

PAL 是 20 世纪 70 年代末期由 MMI 公司率先推出的一种 PLD,它采用双极型工艺制作,熔丝编程方式。随着 MOS 工艺的广泛应用,后来又出现了以叠栅 MOS 管作为编程器件的 PAL 器件。

PAL 器件由可编程的与逻辑阵列、固定的或逻辑阵列和输出电路三部分组成。通过对与逻辑阵列编程可以获得不同形式的组合逻辑函数。另外,在有些型号的 PAL 器件中,输出电路中设置有触发器和从触发器输出到与逻辑阵列的反馈线,利用这种 PAL 器件还可以很方便地构成各种时序逻辑电路。

图 7.4.6 所示电路是 PAL 器件当中最简单的一种电路结构形式,它仅包含一个可编程的与逻辑阵列和一个固定的或逻辑阵列,没有附加其他的输出电路。

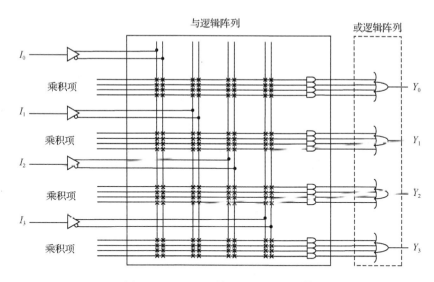

图 7.4.6　PAL 器件的基本电路结构

由图 7.4.6 可见,在尚未编程之前,与逻辑阵列的所有交叉点上均有熔丝接通。编程时,将有用的熔丝保留,将无用的熔丝熔断,即得到所需的电路。图 7.4.7 是经过编程后的一个 PAL 器件的结构图,它所产生的逻辑函数为

$$\begin{cases} Y_0 = I_0 I_1 I_3 + I_1 I_3 + I_0 I_2 I_3 + I_0 I_1 I_3 \\ Y_1 = I_0' I_2' + I_2' + I_2' I_3' + I_0' I_3' \\ Y_2 = 1 \\ Y_3 = I_0 + I_0' I_1' \end{cases}$$

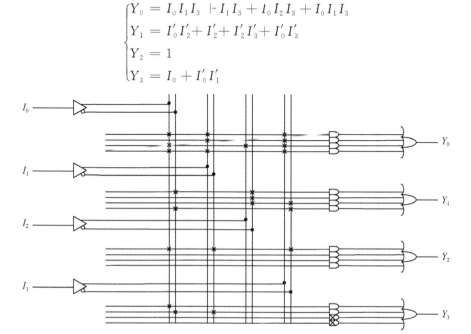

图 7.4.7　编程后的 PAL 电路

7.4.3 GAL

PAL 器件的出现为数字电路的研制工作和小批量产品的生产提供了很大的方便。但是,由于它采用的是双极型熔丝工艺,一旦编程以后就不能修改,因而不适应研制工作中经常修改电路的需要。采用 CMOS 可擦除编程单元的 PAL 器件克服了不可改写的缺点,然而,PAL 器件输出电路结构的类型繁多,仍给设计和使用带来一些不便。

为了克服 PAL 器件存在的缺点,Lattice 公司于 1985 年首先推出了另一种新型的可编程逻辑器件——GAL。GAL 采用电可擦除的 CMOS(E^2CMOS)制作,可以用电压信号擦除并可重新编程。GAL 器件的输出端设置了可编程的输出逻辑宏单元 OLMC(output logic macro cell)。通过编程可将 OLMC 设置成不同的工作状态,这样,就可以用同一种型号的 GAL 器件实现 PAL 器件所有的各种输出电路工作模式,从而增强了器件的通用性。

1. GAL 的电路结构

下面以 GAL16V8 为例,说明 GAL 的电路结构和工作原理。图 7.4.8 为 GAL16V8 的内部逻辑电路结构图,它由 5 部分组成:①8 个输入缓冲器(引脚 2~9 作为固定输入);②8 个三态输出缓冲器(引脚 12~19 作为输出缓冲器的输出);③8个输出逻辑单元(OLMC12~19,或门阵列包含在其中);④可编程与门阵列,由 8×8 个与门构成,可形成 64 个乘积项,每个与门有 32 个输入端;⑤8 个输出反馈/输入缓冲器。

除以上 5 个组成部分外,该器件还有一个系统时钟 CLK 的输入端(引脚 1),一个输出三态控制端 OE(引脚 11),一个电源 V_{CC} 和一个接地端(引脚 20 和引脚 10,图中未画出,通常 $V_{CC}=5$V)。

2. OLMC

GAL 的每一个输出端都对应一个 OLMC,其逻辑结构如图 7.4.9 所示。它主要由 4 部分组成:①一个 8 输入或阵列。②异或门。异或门用于控制输出信号的极性,8 输入或门的输出与结构控制字中的控制位 XOR(n)异或后,输出到 D 触发器的 D 端。通过将 XOR(n)编程为 1 或 0 来改变或门输出的极性;XOR(n)中的 n 表示该宏单元对应的 I/O 引脚号。③正边沿触发的 D 触发器。锁存或门的输出状态,使 GAL 适用于时序逻辑电路。④4 个多路数据开关(数据选择器 MUX)。

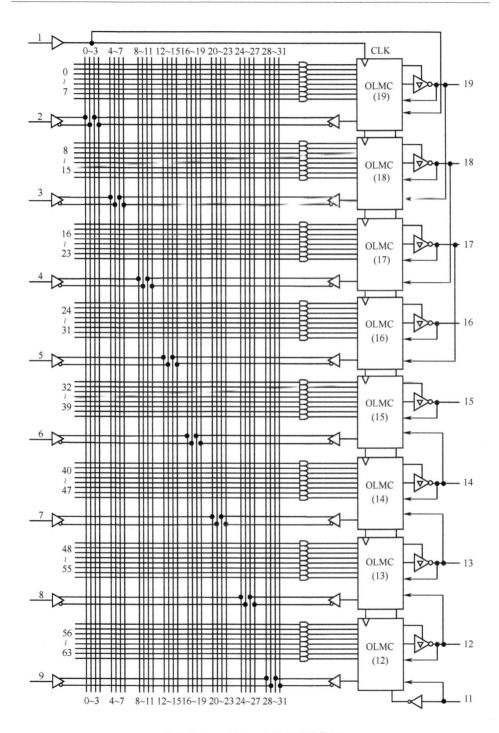

图 7.4.8 GAL16V8 的电路结构图

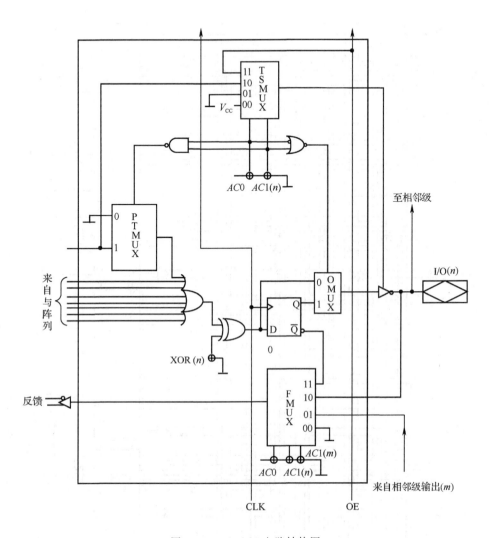

图 7.4.9　OLMC 电路结构图

3. GAL 的工作模式

由于 OLMC 提供了灵活的输出功能。GAL16V8 有三种工作模式,即简单型、复杂型和寄存器型,适当连接该器件的引脚线,通过对结构控制字编程,便可设定 OLMC 的工作模式。

表 7.4.1 给出了 GAL16V8 的简单工作模式。处于这种工作模式时,该器件有多条输入和输出线,没有任何反馈通路。15 和 16 脚仅仅作为输出端,12～14 和 17～19 脚既能作为输入端也能作为输出端,其输出逻辑表达式最多有 8 个乘

积项。

表 7.4.1　GAL16V8 的简单型工作模式

引脚号	功能	引脚号	功能
20	V_{CC}	15,16	仅作为输出(无反馈通路)
10	地	12~14,17~19	输入或输出(无反馈通路)
1~9,11	仅作为输入		

表 7.4.2 给出了 GAL16V8 的复杂型工作模式。处于该模式时,有多条输入和输出线,输出 12 和 19 脚不存在任何反馈通路,输出 13~18 脚和与门阵列之间有一条反馈通路。其输出逻辑表达式最多有 7 个乘积项,另一个乘积项用于输出使能控制。

表 7.4.2　GAL16V8 的复杂型工作模式

引脚号	功能	引脚号	功能
20	V_{CC}	12,19	仅作为输出(无反馈通路)
10	地	13~18	输入或输出(无反馈通路)
1~9,11	仅作为输入		

表 7.4.3 给出了 GAL16V8 的寄存器型工作模式。

表 7.4.3　GAL16V8 的寄存器型工作模式

引脚号	功能	引脚号	功能
20	V_{CC}	1	时钟脉冲输入
10	地	11	使能输入(低电平有效)
2~9	仅作为输入	12~19	输入或输出(有反馈通路)

7.5　CPLD 和 FPGA

7.5.1　CPLD 的结构

将若干个类似于 GAL 的功能模块和实现互连的开关矩阵集成于同一芯片上,就形成了所谓的 CPLD。CPLD 多采用 E^2CMOS 工艺制作。同时,为了使用方便,越来越多的 CPLD 都做成了在系统可编程器件 ispPLD。在 ispPLD 电路中,除了原有的可编程逻辑电路以外,还集成了编程所需的高压脉冲产生电路及编程控制电路。因此,编程时不需要使用另外的编程器,也无需将 ispPLD 从系统中拔出,在正常的工作电压下即可完成对器件的编程(写入编程数据或擦除)。

CPLD 产品的种类和型号繁多,虽然它们的具体结构形式各不相同,但基本上都由若干个可编程的逻辑模块、输入/输出模块和一些可编程的内部连线阵列组成。在 ispPLD 中都包含有编程电路部分。

1. 基于乘积项的 CPLD 结构

采用这种结构的 CPLD 芯片有 Altera 的 MAX7000、MAX3000 系列 (E^2PROM工艺),Xilinx 的 XC9500 系列(Flash 工艺)和 Lattice、Cypress 的大部分产品(E^2PROM 工艺)。

下面以 MAX7000 为例来了解一下 CPLD 的电路结构。如图 7.5.1 所示,CPLD 由宏单元、可编程连线(PIA)和 I/O 控制块组成。宏单元是 CPLD 的基本结构,由它来实现基本的逻辑功能。图 7.5.1 中阴影部分是多个宏单元的集合(因为宏单元较多,没有一一画出)。可编程连线负责信号传递,连接所有的宏单元。I/O 控制块负责输入输出的电气特性控制,如可以设定集电极开路输出、摆率控制、三态输出等。图 7.5.1 左上的 GCLCK1、GCLCKn、OE1、OE2 是全局时钟、清零和输出使能信号,这几个信号有专用连线与 CPLD 中每个宏单元相连,信号到每个宏单元的延时相同并且延时最短。

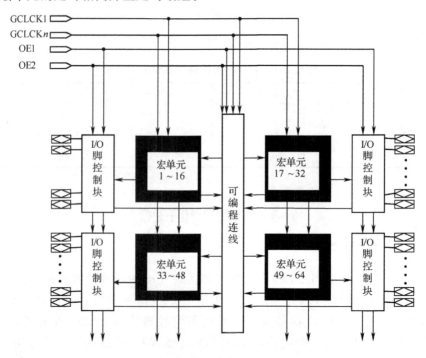

图 7.5.1　基于乘积项的 CPLD 内部结构

宏单元的具体结构如图 7.5.2 所示。图中左侧的乘积项逻辑阵列实际就是一个与阵列,每一个交叉点都是可编程的。后面的乘积项选择矩阵是一个"或"阵列。两者一起完成组合逻辑。图右侧是一个可编程 D 触发器,它的时钟、清零输入都可以编程选择,可以使用专用的全局清零和全局时钟,也可以使用内部逻辑(乘积项阵列)产生的时钟和清零。如果不需要触发器,也可以将此触发器旁路,信号直接输出给可编程连线或输出到 I/O 脚。

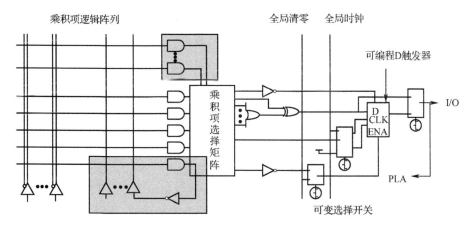

图 7.5.2　宏单元结构

2. CPLD 的逻辑实现原理

下面以一个简单的电路为例,具体说明 CPLD 是如何利用以上结构实现逻辑的,现在用 CPLD 实现图 7.5.3 所示电路逻辑功能。

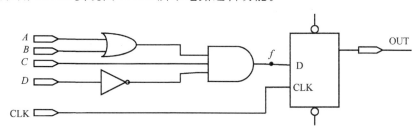

图 7.5.3　CPLD 的逻辑实现原理

假设组合逻辑的输出为 f,则 $f=(A+B)\cdot C\cdot D'=A\cdot C\cdot D'+B\cdot C\cdot D'$,CPLD将以下面的方式来实现组合逻辑 f,如图 7.5.4 所示。

A、B、C、D 由 CPLD 芯片的管脚输入后进入可编程连线阵列,在内部会产生 A、A'、B、B'、C、C'、D、D' 8 个输出。图 7.5.4 中,每一个叉表示编程相连,得到 $f=f_1+f_2=A\cdot C\cdot D'+B\cdot C\cdot D'$。这样,组合逻辑就实现了。图 7.5.3 电路中 D

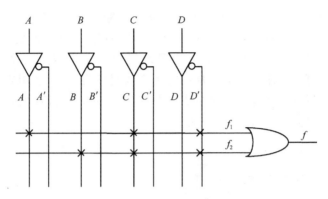

图 7.5.4　CPLD 的逻辑实现

触发器的实现比较简单,直接利用宏单元中的可编程 D 触发器来实现。时钟信号 CLK 由 I/O 脚输入后进入芯片内部的全局时钟专用通道,直接连接到可编程触发器的时钟端。可编程触发器的输出与 I/O 脚相连,把结果输出到芯片管脚。这样,CPLD 就完成了图 7.5.3 所示电路的功能(以上这些步骤都是由软件自动完成的,不需要人为干预)。图 7.5.3 的电路是一个很简单的例子,只需要一个宏单元就可以完成。但对于复杂的电路,一个宏单元是不能实现的,这时就需要通过并联扩展项和共享扩展项将多个宏单元相连,宏单元的输出也可以连接到可编程连线阵列,再作为另一个宏单元的输入。这样,CPLD 就可以实现更复杂逻辑。

　　基于乘积项的 CPLD 基本都是由 $E^2 PROM$ 和 Flash 工艺制造的,一上电就可以工作,无需其他芯片配合。

7.5.2　FPGA 的基本结构

　　在前面所讲的几种 PLD 电路中,都采用了与-或逻辑阵列加上输出逻辑单元的结构形式;而 FPGA 的电路结构形式则完全不同,它由若干独立的可编程逻辑模块组成,用户可以通过编程将这些模块连接成所需的数字系统。因为这些模块的排列形式和门阵列(GA)中单元的排列形式相似,所以沿用了门阵列这个名称。FPGA 属于高密度 PLD,其集成度可达百万门/片以上。

1. 查找表的原理与结构

　　采用这种结构的 PLD 芯片也可以称之为 FPGA,如 Altera 的 ACEX、APEX 系列,Xilinx 的 Spartan、Virtex 系列等。

　　查找表(look-up-table)简称为 LUT,本质上就是一个 RAM。目前,FPGA 中多使用 4 输入的查找表,所以,每一个查找表可以看成一个有 4 位地址线的 16×1 的 RAM。当用户通过原理图或 HDL 语言描述了一个逻辑电路以后,CPLD/FP-

GA 开发软件会自动计算逻辑电路的所有可能的结果,并把结果事先写入 RAM,这样,每输入一个信号进行逻辑运算就等于输入一个地址进行查表,找出地址对应的内容,然后输出即可。

下面是一个 4 输入与门的例子,如表 7.5.1 所示。

表 7.5.1 查找表原理

实际逻辑电路	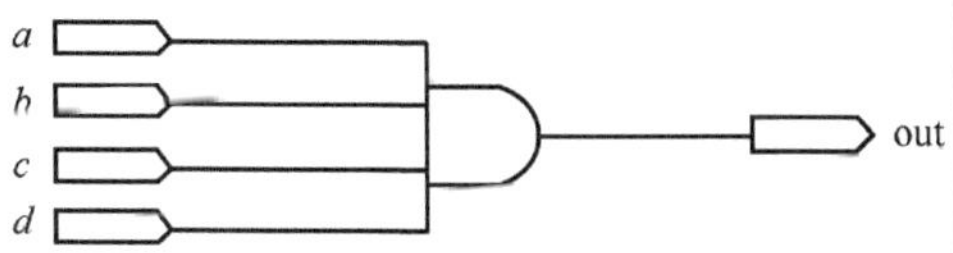	查找表的实现方式	
a,b,c,d 输入	逻辑输出	地址	RAM 中存储的内容
0000	0	0000	0
0001	0	0001	0
…	0	…	0
1111	1	1111	1

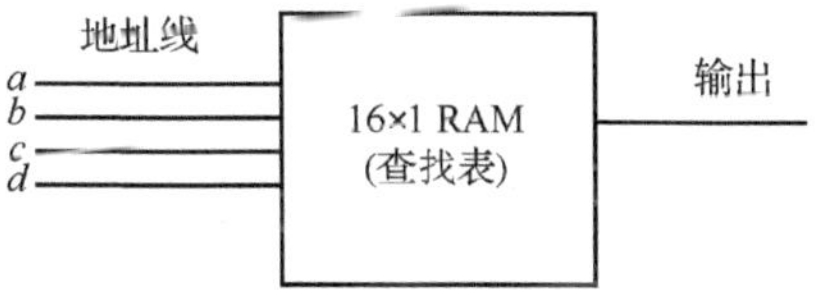

2. 基于查找表的 FPGA 的结构

由于不同公司的 FPGA 器件基本结构、性能不尽相同,下面以 XC4000E 系列的 FPGA 为例,说明 FPGA 的基本结构。

XC4000E 系列的 FPGA 器件采用了 CMOS SRAM 编程技术,器件基本结构如图 7.5.5 所示,主要由可配置逻辑模块(configurable logic block,CLB)、输入/输出模块(input/output block,IOB)和可编程互联资源(programable interconnect,PI)组成。多个 CLB 组成 FPGA 的二维核心阵列,实现设计者所需要的逻辑功能。IOB 位于器件的四周,它提供内部逻辑阵列与外部引脚之间的可编程接口。PI 位于器件内部的逻辑模块之间,经编程实现 CLB 与 CLB 及 CLB 与 IOB 之间的互连。此外,FPGA 器件内还有一可配置的 SRAM,其加电后的存储数据决定了器件的具体逻辑功能。

1)CLB

CLB 是 FPGA 的重要组成部分,多个 CLB 以二维阵列的形式分布在器件的中部。XC4000E 系列的 CLB 的基本结构如图 7.5.6 所示。由图可知,每个 CLB 主要由 2 个触发器、2 个独立的 4 输入组合逻辑函数发生器(F,G)和由数据选择器组成的内部控制电路构成。CLB 有 13 个输入和 4 个输出,它们分别作为组合逻辑发生器和触发器的输入和输出,这些输入和输出可与 CLB 周围的互联资源相连。

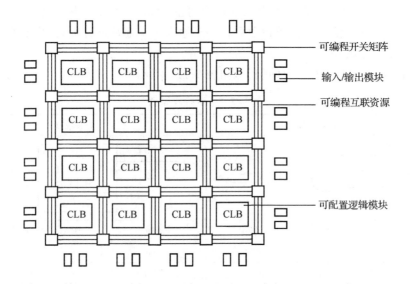

图 7.5.5　FPGA 的基本结构

可编程开关矩阵

输入/输出模块

可编程互联资源

可配置逻辑模块

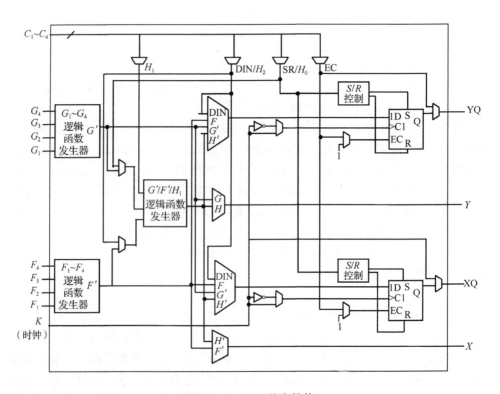

图 7.5.6　CLB 基本结构

两个组合逻辑函数发生器 F 和 G 为查找表结构。查找表工作原理类似于用 ROM 实现多种组合逻辑函数,F 和 G 的输入等效于 ROM 的地址码,通过查找 ROM 中的地址表,可得到对应的组合逻辑函数输出。每个组合逻辑函数发生器分别由 4 个独立的输入 $F_1 \sim F_4$ 及 $G_1 \sim G_4$,它们的输出 F'、G' 可以是 4 变量的任意组合逻辑函数。第三个组合逻辑函数发生器也为查找表结构,它可以完成 3 输入(F'、G' 和 H_1)的任意组合逻辑函数。将三个函数发生器 F、G 和 H 编程组合配置,一个 CLB 可以完成任意两个独立 4 变量逻辑函数或任意一个 5 变量逻辑函数,或任意一个 4 变量逻辑函数加上一些 5 变量逻辑函数,甚至是一些 9 变量的逻辑函数。CLB 中有两个边沿触发的 D 触发器,它们有公共的时钟和时钟使能输入端。S/R 控制电路可以分别对两个触发器异步置位和复位。每个 D 触发器可以配置成上升沿触发或下降沿触发,D 触发器的输入可以是 F'、G' 和 H_1,也可以是 DIN/H_2 输入,触发器从 XQ 和 YQ 端输出。

2) IOB

FPGA 的 IOB 分布在器件的四周,它提供了器件外部引脚和内部逻辑之间的连接,其结构如图 7.5.7 所示。XC4000E IOB 主要由输入触发/锁存器,输入缓冲器和输出触发/锁存器、输出缓冲器组成。每个 IOB 控制一个外部引脚,它可以被编程为输入、输出或双向输入/输出功能。

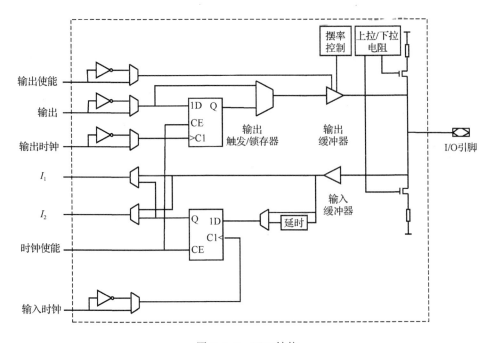

图 7.5.7　IOB 结构

当 IOB 用作输入接口时,通过编程,可以将输入 D 触发器旁路,将对应引脚经输入缓冲器,定义为直接输入 I_1。还可编程将对应引脚经输入缓冲器、输入 D 触发器或 D 锁存器,定义为寄存输入或锁存输入 I_2。当 IOB 用作输出时,来自器件内部的输出信号,经输出 D 触发器或直接至输出缓冲器的输入端。输出缓冲器可编程为三态输出或直接输出,并且输出信号的极性也可编程选择。

IOB 还具有可编程电压摆率控制,可配置系统达到低噪声或高速度设计。电压摆率加快,能使系统传输延迟短,工作速度提高,但同时会在系统中引入较大的噪声。因此,对系统中速度起关键作用的应选用较快的电压摆率,对噪声要求较严的系统,应折中考虑,选择适当的电压摆率,以抑制系统噪声。

输入和输出触发器有各自的时钟输入信号,通过编程可选择上升沿或下降沿触发。

3) PI

通过遍布器件内的 PI 可将器件内部任意两点连接起来,能将 FPGA 中多个 CLB 和 IOB 连接成各种复杂的系统。PI 主要由纵横分布在 CLB 阵列之间的金属线网络和位于纵横交叉点上的可编程开关矩阵组成。XC4000E 系列使用的是分层连线资源结构,根据应用的不同,PI 一般提供三种连接结构,即通用单/双长度线连接、长线连接和全局连接。

通用单/双长度线连接结构主要用于 CLB 之间的连接。在此结构中,任意两点间的连接都要通过开关矩阵,它提供了相邻 CLB 之间的快速互连和复杂互连的灵活性。但输入信号每通过一个可编程开关矩阵,就增加一次时延。因此,FPGA内部时延与器件结构和逻辑布线等有关,它的信号传输时延不可确定。在通用单/双长度线的旁边还有 3 条从阵列的一头连到另一头的线段,称之为水平长线和垂直长线,这些长线不经过可编程开关矩阵,信号延迟时间少,长线主要用于长距离或多分支信号的传送。8 个全局线贯穿 XC4000E 器件,可达到每个 CLB。全局连接主要用于传送一些公共信号,如全局时钟信号、公用控制信号等。

3. 查找表结构的 FPGA 逻辑实现原理

以图 7.5.3 所示电路为例,说明基于查找表结构的 FPGA 逻辑实现原理。

A、B、C、D 由 FPGA 芯片的管脚输入后进入可编程连线,然后作为地址线连到查找表,查找表中已经事先写入了所有可能的逻辑结果,通过地址查找到相应的数据然后输出,这样,组合逻辑 f 就实现了。该电路中 D 触发器是直接利用查找表后面 D 触发器来实现。时钟信号 CLK 由 I/O 脚输入后进入芯片内部的时钟专用通道,直接连接到触发器的时钟端。触发器的输出与 I/O 脚相连,把结果输出到芯片管脚。这样,FPGA 就完成了图 7.5.3 所示电路的功能(以上这些步骤都是由软件自动完成的,不需要人为干预)。

这个电路是一个很简单的例子,只需要一个查找表加上一个触发器就可以完成。对于一个查找表无法完成的电路,就需要通过进位逻辑将多个单元相连,这样,FPGA 就可以实现复杂的逻辑。

由于查找表主要适合 SRAM 工艺生产,所以,目前大部分 FPGA 都是基于 SRAM 工艺的,而 SRAM 工艺的芯片在掉电后信息就会丢失,一定需要外加一片专用配置芯片,在上电的时候,由这个专用配置芯片把数据加载到 FPGA 中,然后 FPGA 就可以正常工作,由于配置时间很短,不会影响系统正常工作。也有少数 FPGA 采用反熔丝或 Flash 工艺,对这种 FPGA,就不需要外加专用的配置芯片。

4. CPLD 与 FPGA 的区别

根据 CPLD 的结构和原理可以知道,CPLD 分解组合逻辑的功能很强,一个宏单元就可以分解十几个甚至 20~30 多个组合逻辑输入。而 FPGA 的一个查找表只能处理 4 输入的组合逻辑,因此,CPLD 适合用于设计译码等复杂组合逻辑。但 FPGA 的制造工艺确定了 FPGA 芯片中包含的查找表和触发器的数量非常多,往往都是几千上万,CPLD 一般只能做到 512 个逻辑单元,而且如果用芯片价格除以逻辑单元数量,FPGA 的平均逻辑单元成本大大低于 CPLD。所以,如果设计中使用到大量触发器,如设计一个复杂的时序逻辑,那么,使用 FPGA 就是一个很好选择。同时,CPLD 拥有上电即可工作的特性,而大部分 FPGA 需要一个加载过程,所以,如果系统要可编程逻辑器件上电就要工作,就应该选择 CPLD。

7.5.3　PLD 的开发

PLD 集成度高,速度快,功耗低,结构灵活,使用方便,具有用户可定义逻辑功能,可以实现各种逻辑设计,是数字系统设计的理想集成电路器件。然而,要使 PLD 实现设计要求的逻辑功能,必须借助于适当的 PLD 开发工具,即 PLD 开发软件和开发硬件。两者结合使用,才能完成从设计、验证到器件最终实现其预定的逻辑功能。为此,一些 PLD 的生产厂商和软件公司相继研制了各种功能完善、高效率的 PLD 开发系统。

开发系统的硬件部分包括计算机和编程器,PLD 开发系统软件都可以在 PC 机上运行。编程器是对 PLD 进行写入和擦除的专用设备,它能提供编程信息写入和擦除操作所需电源电压和控制信号,并通过并行或串行接口从计算机接受编程数据,最终写入 PLD 中。

基于 CPLD/FPGA 器件数字系统设计流程如图 7.5.8 所示,主要包括设计分析、设计输入、设计处理、设计仿真、器件编程、器件测试等几个主要步骤。

(1) 设计分析。在利用 PLD 进行数字系统设计前,应根据 PLD 开发环境及设计要求,如系统复杂度、工作频率、功耗、引脚数、封装形式、成本等,选择适当的

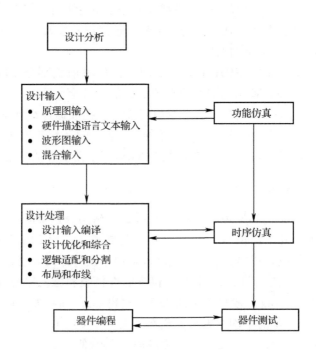

图 7.5.8　基于 CPLD/FPGA 数字系统设计流程

设计方案和器件类型和型号。

　　(2) 设计输入。设计输入是设计者将要设计的数字系统,以开发软件要求的某种形式表达出来,并输入到相应的开发软件中。设计输入有多种表达方式,常用的有原理图输入方式、硬件描述语言文本输入方式和混合输入方式。

　　(3) 设计处理。设计处理主要根据选择器件型号,将设计输入文件转换为具体电路结构下载编程(或配置)文件。一般主要有以下一些任务完成:①设计输入编译。即首先检查设计输入的逻辑完整性和一致性,然后建立各种设计输入文件之间的连接关系。②逻辑设计优化和综合。优化处理是根据布尔方程逻辑等效原则,将设计逻辑化简,以尽量减少设计所占用的器件资源。综合管理是将设计中产生的多个文件合并为一个网表文件。③逻辑适配和分割。逻辑适配和分割是按系统默认的或用户设定的适配原则,把设计分为多个适配器件内部逻辑资源实现的逻辑形式。④布局和布线。布局处理是将已分割的逻辑小块配置到所用器件内部逻辑资源的具体位置,并使逻辑之间易于连线,且连线最少。布线处理是利用器件的布线资源完成各功能模块之间和反馈信号之间的连接。设计处理最后可生成供 CPLD 或 FPGA 器件下载编程或配置使用的数据下载文件。对 CPLD 是产生熔丝图文件,对 FPGA 是产生位流数据文件。

（4）设计仿真。设计仿真的目的是对上述逻辑设计进行功能仿真和时序仿真,以验证逻辑设计是否满足设计功能要求。①功能仿真。功能仿真一般在设计输入阶段进行,它只验证逻辑设计的正确性,而不考虑器件内部由于布局布线可能造成的信号时延等因素。②时序仿真。时序仿真一般在设计处理阶段进行。由于不同器件的内部时延不同,且不同的布局、布线也对时延有较大的影响,因此,通常在设计处理后对器件进行时序仿真,分析定时关系、点到点的时延预测和系统级性能评估等。

（5）下载编程或配置。下载编程即把设计适配后生成的下载编程（或配置）数据装入到对应的 CPLD 或 FPGA 中。通常,将对基于 E^2PROM 等工艺的 CPLD 下载称为编程,而将基于 SRAM 工艺结构的 FPGA 下载称为配置。常采用两种编程方式,即在系统编程和专用编程器编程。PLD 结构不同,器件编程或配置方式也不同。

对普通的 CPLD 器件和一次性编程的 FPGA,需要专用的编程器或多功能通用编程器。对基于 SRAM 的 FPGA,可以由 EPROM 或其他外存储器进行配置。基于在系统 PLD 器件不需要专用的编程器,只需相应的下载电缆就可以了。

（6）器件编程测试。器件在编程或配置后,对于支持 JTAG 技术,具有边界扫描测试（bandary scan testing,BST）或在系统编程功能的器件,可方便地使用编译时产生的文件对器件进行校验。

7.5.4 IIDL

1. HDL 概述

随着 EDA 技术的发展,使用硬件语言设计 CPLD/FPGA 成为一种趋势。所谓用 HDL（hardware description language）进行电路设计,就是用 HDL 作为设计输入的描述方法。目前,最主要的硬件描述语言是 VHDL 和 Verilog HDL。VHDL 发展较早,语法严格,而 Verilog HDL 是在 C 语言的基础上发展起来的一种硬件描述语言,语法较自由。VHDL 和 Verilog HDL 两者相比,VHDL 的书写规则比 Verilog 烦琐一些,但 Verilog 自由的语法也容易让少数初学者出错。国外电子专业很多会在本科阶段教授 VHDL,在研究生阶段教授 Verilog。从国内来看,VHDL 的参考书很多,便于查找资料,而 Verilog HDL 的参考书相对较少,这给学习 Verilog HDL 带来一些困难。从 EDA 技术的发展上看,已出现用于 CPLD/FPGA 设计的硬件 C 语言编译软件,虽然还不成熟,应用极少,但它有可能会成为继 VHDL 和 Verilog 之后,设计大规模 CPLD/FPGA 的又一种手段。

1) VHDL 与 Verilog HDL 的区别

其实,两种语言的差别并不大,它们的描述能力也是类似的。掌握其中一种语言以后,可以通过短期的学习较快地学会另一种语言。选择何种语言主要还是看周围人群的使用习惯,这样,可以方便日后的学习交流。当然,如果您是集成电路(ASIC)设计人员,则必须首先掌握 Verilog,因为在 IC 设计领域,90％以上的公司都是采用 Verilog 进行 IC 设计。对于 CPLD/FPGA 设计者而言,两种语言可以自由选择。

2) HDL 的特点

(1) HDL 的可综合性问题。HDL 有两种用途:系统仿真和硬件实现。如果程序只用于仿真,那么,几乎所有的语法和编程方法都可以使用。但如果程序是用于硬件实现(如用于 FPGA 设计),那么,就必须保证程序"可综合"(程序的功能可以用硬件电路实现)。不可综合的 HDL 语句在软件综合时将被忽略或者报错。应当牢记一点:"所有的 HDL 描述都可以用于仿真,但不是所有的 HDL 描述都能用硬件实现。"

(2) 用硬件电路设计思想来编写 HDL 程序。学好 HDL 的关键是充分理解HDL 语句和硬件电路的关系。编写 HDL,就是在描述一个电路,写完一段程序以后,应当对生成的电路有一些大体上的了解,而不能用纯软件的设计思路来编写硬件描述语言程序。

3) HDL 与原理图输入法的关系

HDL 的可移植性好,使用方便,但效率不如原理图;原理图输入的可控性好,效率高,比较直观,但设计大规模 CPLD/FPGA 时显得很烦琐,移植性差。在真正的 CPLD/FPGA 设计中,通常建议采用原理图和 HDL 结合的方法来设计,适合用原理图的地方就用原理图,适合用 HDL 的地方就用 HDL,并没有强制的规定。在最短的时间内,用自己最熟悉的工具设计出高效、稳定、符合设计要求的电路才是最终目的。

4) HDL 开发流程

(1) 文本编辑。用任何文本编辑器都可以进行,也可以用专用的 HDL 编辑环境。通常,VHDL 文件保存为 .vhd 文件,Verilog 文件保存为 .v 文件。

(2) 功能仿真。将文件调入 HDL 仿真软件进行功能仿真,检查逻辑功能是否正确(也叫前仿真,对简单的设计可以跳过这一步,只在布线完成以后,进行时序仿真)。

(3) 逻辑综合。将源文件调入逻辑综合软件进行综合,即把语言综合成最简的布尔表达式和信号的连接关系。逻辑综合软件会生成 .edf(edif)的 EDA 工业标准文件。

(4) 布局布线。将 .edf 文件调入 CPLD 厂家提供的软件中进行布线,即把设计好的逻辑安放到 PLD/FPGA 内。

(5) 时序仿真。需要利用在布局布线中获得的精确参数,用仿真软件验证电路的时序(也叫后仿真)。

(6) 编程下载。确认仿真无误后,将文件下载到芯片中。

通常,以上过程可以都在 CPLD/FPGA 厂家提供的开发工具(如 MAX-PLUSII、Foundation、ISE)中完成,但许多集成的 PLD 开发软件只支持 VHDL/Verilog 的子集,可能造成少数语法不能编译,如果采用专用 HDL 工具分开执行,效果会更好。

2. VHDL 简介

VHDL 诞生于 1982 年,1987 年底,VHDL 被 IEEE 和美国国防部确认为标准硬件描述语言。自 IEEE 公布了 VHDL 的标准版本 IEEE-1076(简称 87 版)后,各 EDA 公司相继推出了自己的 VHDL 设计环境,或宣布自己的设计工具可以和 VHDL 接口。此后,电子设计领域广泛接受了 VHDL,并逐步取代了原有的非标准的硬件描述语言。1993 年,IEEE 对 VHDL 进行了修订,从更高的抽象层次和系统描述能力上扩展 VHDL 的内容,公布了新版本的 VHDL,即 IEEE 标准的 1076—1993 版本(简称 93 版)。现在,VHDL 和 Verilog 作为 IEEE 的工业标准硬件描述语言又得到众多 EDA 公司的支持,在电子工程领域,已成为事实上的通用硬件描述语言。

VHDL 主要用于描述数字系统的结构、行为、功能和接口。除了含有许多具有硬件特征的语句外,VHDL 的语言形式和描述风格与句法十分类似于一般的计算机高级语言。VHDL 的程序结构特点是将一项工程设计或称设计实体(可以是一个元件、一个电路模块或一个系统)分成外部(或称可视部分及端口)和内部(或称不可视部分),即涉及实体的内部功能和算法完成部分。在对一个设计实体定义了外部界面后,一旦其内部开发完成后,其他的设计就可以直接调用这个实体。这种将设计实体分成内、外部分的概念是 VHDL 系统设计的基本点。应用 VHDL 进行工程设计的优点是多方面的。

(1) 与其他的硬件描述语言相比,VHDL 具有更强的行为描述能力,从而决定了它成为系统设计领域最佳的硬件描述语言。强大的行为描述能力是避开具体的器件结构,从逻辑行为上描述和设计大规模电子系统的重要保证。

(2) VHDL 丰富的仿真语句和库函数,使得在任何大系统的设计早期就能查验设计系统的功能可行性,随时可对设计进行仿真模拟。

(3) VHDL 语句的行为描述能力和程序结构决定了它具有支持大规模设计的分解和已有设计的再利用功能。符合市场需求的大规模系统高效、高速地完成必须由多人甚至多个研发组共同并行工作才能实现。

(4) 对于用 VHDL 完成的一个确定的设计,可以利用 EDA 工具进行逻辑综合和优化,并自动地把 VHDL 描述设计转变成门级网表。

（5）VHDL 对设计的描述具有相对独立性，设计者可以不懂硬件的结构，也不必管最终设计实现的目标器件是什么，而进行独立的设计。

如下是一个简单的 VHDL 的例子（12 位寄存器的 VHDL 功能描述）：

```
ENTITY reg12 IS
  PORT(
    d:IN BIT_VECTOR(11 DOWNTO 0);
    clk:IN BIT;
    q:OUT BIT_VECTOR(11 DOWNTO 0));
END reg12;


ARCHITECTURE a OF reg12 IS
BEGIN
  PROCESS
  BEGIN
    WAIT UNTIL clk =' 1' ;
    q < = d;
  END PROCESS;
END a;
```

3. Verilog HDL 简介

Verilog HDL 是在应用最广泛的 C 语言的基础上发展起来的一种硬件描述语言，它是由 GDA 公司的 PhilMoorby 在 1983 年末首创的，最初只设计了一个仿真与验证工具，之后又陆续开发了相关的故障模拟与时序分析工具。1985 年，Moorby 推出它的第三个商用仿真器 Verilog-XL，获得了巨大的成功，从而使得 Verilog HDL 迅速得到推广应用。1989 年，CADENCE 公司收购了 GDA 公司，使得 VerilogHDL 成为该公司的独家专利。1990 年，CADENCE 公司公开发表了 Verilog HDL，并成立 LVI 组织以促进 Verilog HDL 成为 IEEE 标准，即 IEEE Standard 1364—1995.

Verilog HDL 的最大特点就是易学易用，如果有 C 语言的编程经验，可以在一个较短的时间内很快地学习和掌握，但 Verilog HDL 较自由的语法，也容易造成初学者犯一些错误，这一点要注意。

如下是一个简单的 Verilog HDL 的例子（12 位寄存器的 Verilog HDL 功能描述）：

```
module reg12(d,clk,q);

'define size 11
```

```
input ['size:0]d;
input clk;
output ['size:0]q;
reg ['size:0]q;

always @(posedge clk)
q = d;

endmodule
```

习题

题 7.1　若存储器的容量为 $512\text{K} \times 8$ 位，则地址代码应取几位？

题 7.2　某台计算机的内存储器设置有 32 位的地址线，16 位并行数据输入/输出端，试计算它的最大存储量是多少？

题 7.3　图 7.1 是一个 16×4 位的 ROM，$A_3 A_2 A_1 A_0$ 为地址输入，$D_3 D_2 D_1 D_0$ 为数据输出。若将 D_3、D_2、D_1、D_0 视为 A_3、A_2、A_1、A_0 的逻辑函数，试写出 D_3、D_2、D_1、D_0 的逻辑函数表达式。

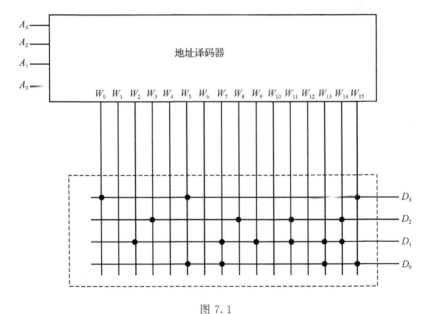

图 7.1

题 7.4　试用 ROM 产生如下一组多输出逻辑函数。列出 ROM 的数据表，画出存储矩阵的点阵图。

$$\begin{cases} Y_1 = A'B'C' + ABC \\ Y_2 = AB'CD + BCD' + A'B'C'D \\ Y_3 = ABC'D + A'BC'D' \\ Y_4 = A'B'CD' + ABCD \end{cases}$$

题 7.5　用 6264 型 RAM 构成一个 16K×16 位存储器,画出结构示意图。

题 7.6　图 7.2 是用 16×4 位 ROM 和同步十六进制加法计数器 74LS161 组成的脉冲分频电路,ROM 的数据表如表 7.1 所示。试画出在 CLK 信号连续作用下,D_3、D_2、D_1 和 D_0 输出的电压波形,并说明它们和 CLK 信号频率之比。

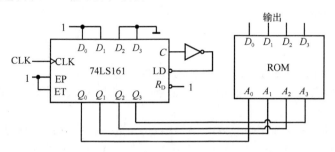

图 7.2

表 7.1　ROM 数据表

地址输入				数据输出			
A_3	A_2	A_1	A_0	D_3	D_2	D_1	D_0
0	0	0	0	1	1	1	1
0	0	0	1	0	0	0	0
0	0	1	0	0	0	1	1
0	0	1	1	0	1	0	0
0	1	0	0	0	1	0	1
0	1	0	1	1	0	1	0
0	1	1	0	1	0	0	1
0	1	1	1	1	0	0	0
1	0	0	0	1	1	1	1
1	0	0	1	1	1	0	0
1	0	1	0	0	0	0	1
1	0	1	1	0	0	1	0
1	1	0	0	0	0	0	1
1	1	0	1	0	1	0	0
1	1	1	0	0	1	1	1
1	1	1	1	0	0	0	0

题 7.7　试分析图 7.3 所示的与-或逻辑阵列,写出 Y_1、Y_2、Y_3、Y_4 与 A、B、C、D 之间的逻辑函数表达式。

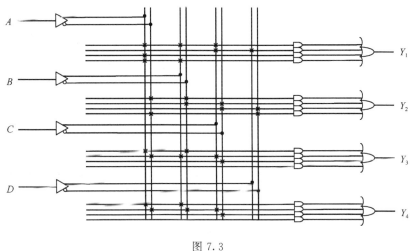

图 7.3

题 7.8　GAL16V8 器件输出逻辑宏单元 OLMC 有几种工作模式？各有什么特点？

题 7.9　用 GAL 器件实现一个 3 线-8 线译码器,如采用 GAL16V8 实现,试估算用几个 OLMC 实现？各输出逻辑宏单元可如何配置？

题 7.10　简述 CPLD 的基本结构及各部分的功能。

题 7.11　XC40000E 由哪几个部分组成？并简述其工作原理。

题 7.12　简述 CPLD/FPGA 的开发与设计过程。

第8章 D/A 和 A/D 转换器

8.1 概　　述

随着数字电子技术,特别是计算机技术的迅速发展,在自动控制、自动检测及通信等很多领域中都采用了计算机技术对信号进行处理,以提高系统的性能指标。

由于系统的实际对象往往都是一些模拟量,在使用计算机处理这些信号之前,必须先将这些模拟信号转换成相应的数字信号;而经计算机分析、处理后输出的数字量也往往需要将其转换成相应的模拟信号作为最后的输出。我们将前一种从模拟信号到数字信号的转换称为 A/D(analog to digital)转换;将后一种从数字信号到模拟信号的转换称为 D/A(digital to analog)转换。同时,将实现 A/D 转换的电路称为 A/D 转换器,简写为 ADC(analog-digital converter);将实现 D/A 转换的电路称为 D/A 转换器,简写为 DAC(digital-analog converter)。

为确保数据处理结果的精确度,A/D 转换器和 D/A 转换器必须具有足够的转换精度;同时,为了实现对快速变化信号的实时控制与检测,A/D 转换器和 D/A 转换器还要求具有较高的转换速度。因此,转换精度和转换速度是衡量 A/D 转换器和 D/A 转换器性能优劣的重要技术指标。

8.2 D/A 转换器

在第 1 章中已经介绍过,数字量是用代码按位数组和起来表示的,对于有权码,每位代码都有一定的权。例如,一个 n 位二进制数用 $D_n = d_{n-1}d_{n-2}\cdots d_1 d_0$ 表示,则从最高位(most significant bit,MSB)到最低位(least significant bit,LSB)的权将依次为 $2^{n-1}, 2^{n-2}, \cdots, 2^1, 2^0$。要将二进制数字量转换成模拟量,须将数字量中的每一位为 1 的代码按其权值的大小转换成相应的模拟量,然后将这些模拟量相加,即可得到与该数字量成正比的模拟量。这就是 D/A 转换器的基本指导思想。

n 位 D/A 转换器的组成框图如图 8.2.1 所示。

D/A 转换器由模拟电路开关、位权网络、求和运算放大器和基准电压源组成。

D/A 转换器根据位权网络的不同,可以分为权电阻网络 D/A 转换器、倒 T 形电阻网络 D/A 转换器、权电流网络 D/A 转换器、权电容网络 D/A 转换器等。本章介绍权电阻网络 D/A 转换器、倒 T 形电阻网络 D/A 转换器两种基本类型。

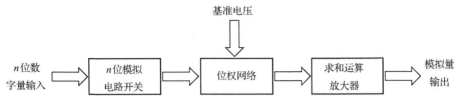

图 8.2.1 n 位 D/A 转换器方框图

8.2.1 权电阻网络 D/A 转换器

4 位二进制权电阻网络 D/A 转换器电路的原理图如图 8.2.2 所示,电路由电阻网络、4 个模拟开关、1 个求和运算放大器和基准电压源提供的参考电压 V_{REF} 组成。权电阻网络由阻值分别为 R、$2R$、2^2R、2^3R 的电阻组成,每个电阻称为权电阻。S_3、S_2、S_1 和 S_0 是 4 个电子开关,它们的状态分别受输入代码 d_3、d_2、d_1 和 d_0 的取值控制。当代码为 1 时,开关接到参考电压 V_{REF} 上,有支路电流 I_i 流向求和放大器;代码为 0 时,开关接地,支路电流为零。求和运算放大器是一个接成负反馈的运算放大器。为了简化计算,把运算放大器看成是理想放大器,即它的开环放大倍数为无穷大,输入电阻为无穷大,输出电阻为零。理想运放的重要特性是两个输入端之间的电位差及输入电流在任何情况下始终为零,与外电路无关。把运算放大器看成是理想放大器后,输入电流为零(虚短),由图 8.2.2 可以得到

$$v_O = -R_F i_\Sigma = -R_F(I_3 + I_2 + I_1 + I_0) \qquad (8.2.1)$$

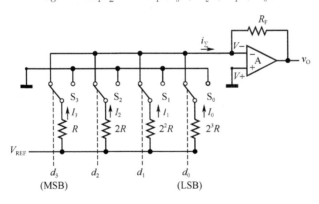

图 8.2.2 权电阻网络 D/A 转换器

由于两个输入端之间的电位差为零(虚断),$V_- = V_+ = 0$,各支路电流分别为

$$I_3 = \frac{V_{REF}}{R} d_3 \qquad (d_3 = 1 \text{ 时}, I_3 = \frac{V_{REF}}{R}; d_3 = 0 \text{ 时}, I_3 = 0)$$

$$I_2 = \frac{V_{REF}}{2R} d_2$$

$$I_1 = \frac{V_{\text{REF}}}{2^2 R} d_1$$

$$I_0 = \frac{V_{\text{REF}}}{2^3 R} d_0$$

代入式(8.2.1)得

$$v_O = -\frac{V_{\text{REF}} R_F}{2^3 R}(2^3 d_3 + 2^2 d_2 + 2^1 d_1 + 2^0 d_0) \tag{8.2.2}$$

上式说明输出的模拟电压与输入的二进制数字量成正比,实现了 D/A 转换。改变 V_{REF} 和 R_F,可以改变比例系数,从而改变输出模拟电压的变化范围。

当输入的数字量超过 4 位时,每增加一位只要增加一个电子开关和一个电阻就可以了。这样,一个 n 位二进制权电阻网络 D/A 转换器,其电阻阻值分别为 $2^{n-1}R, 2^{n-2}R, \cdots, 2R, R$。对于 n 位二进制权电阻网络 D/A 转换器,输出电压的计算公式为

$$v_O = -\frac{V_{\text{REF}} R_F}{2^{n-1} R}(2^{n-1} d_{n-1} + 2^{n-2} d_{n-2} + \cdots + 2^1 d_1 + 2^0 d_0) \tag{8.2.3}$$

如果取反馈电阻 $R_F = \frac{1}{2}R$,则可得到

$$v_O = -\frac{V_{\text{REF}}}{2^n}(2^{n-1} d_{n-1} + 2^{n-2} d_{n-2} + \cdots + 2^1 d_1 + 2^0 d_0) = -\frac{V_{\text{REF}}}{2^n} D_n \tag{8.2.4}$$

当 $D_n = 0$ 时,$v_O = 0$;当 $D_n = 11\cdots11$ 时,$v_O = -\frac{2^n-1}{2^n} V_{\text{REF}}$。所以,$v_O$ 的最大变化范围是 $0 \sim -\frac{2^n-1}{2^n} V_{\text{REF}}$。

权电阻网络 D/A 转换器电路的优点是结构比较简单,使用的电阻元件少;缺点是权电阻的阻值都不相同,在位数较多时,其阻值相差很大。例如,当输入信号增加到 8 位时,如果权电阻网络中最小的电阻为 $R = 1\text{k}\Omega$,那么,最大的电阻阻值应为 $2^7 R = 128 \text{ k}\Omega$,二者相差 128 倍,给集成电路的制作造成很大困难,在集成的 D/A 转换器中很少单独使用上述电路。

例 8.2.1　设图 8.2.2 中的 $R_F = 10 \text{ k}\Omega, R = 20 \text{ k}\Omega, V_{\text{REF}} = -10\text{V}$,输入的数码分别为 0000,1010,1111,试分别求出输出电压 v_O,并确定其输出电压的范围。

解:将给定的数码分别代入式(8.2.3)得

$$v_{O1} = 0\text{V}$$

$$v_{O2} = 6.25\text{V}$$

$$v_{O3} = 9.375\text{V}$$

输出电压的范围是 $0 \sim 9.375\text{V}$。

8.2.2　倒 T 形电阻网络 D/A 转换器

为了克服权电阻网络 D/A 转换器中电阻阻值相差太大的缺点,又研制出了如图 8.2.3 所示的倒 T 形电阻网络 D/A 转换器。由图可见,电路中只有 R、$2R$ 两种阻值的电阻,给集成电路的设计和制作带来很大的方便。

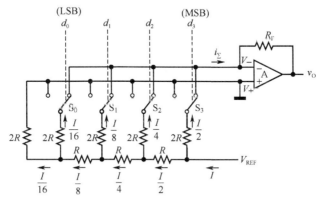

图 8.2.3　倒 T 形电阻网络 D/A 转换器

由图 8.2.3 可知,模拟开关 S_i 由输入数码 d_i 控制。当 $d_i=1$ 时,S_i 接运算放大器反相端,当 $d_i=0$ 时,S_i 接地。根据理想运放虚地的概念可知,无论模拟开关 S_i 处于何种位置,与 S_i 相连的 $2R$ 电阻均将接地。这样,流经 $2R$ 电阻的电流与开关位置无关,为确定值。

在计算倒 T 形电阻网络中各支路的电流时,可以将电阻网络等效地画成图 8.2.4 所示的形式。不难看出,网络的等效电阻是 R,从参考电源流入倒 T 形电阻网络的总电流为 $I=V_{\text{REF}}/R$,而每个支路的电流依次为 $I/2$、$I/4$、$I/8$、$I/16$。

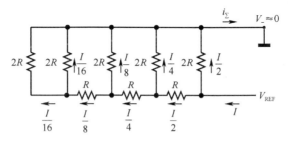

图 8.2.4　计算倒 T 形电阻网络支路电流的等效电路

于是,可得总电流为

$$i_{\Sigma} = \frac{V_{\text{REF}}}{R}\left(\frac{d_3}{2^1}+\frac{d_2}{2^2}+\frac{d_1}{2^3}+\frac{d_0}{2^4}\right)$$

输出电压为

$$v_O = -R_F i_\Sigma = -\frac{V_{REF} R_F}{2^4 R}(2^3 d_3 + 2^2 d_2 + 2^1 d_1 + 2^0 d_0) \qquad (8.2.5)$$

对于 n 位输入的倒 T 形电阻网络 D/A 转换器,在求和放大器的反馈电阻阻值 R_F 为 R 的条件下,输出模拟电压的计算公式为

$$v_O = -\frac{V_{REF}}{2^n}(2^{n-1} d_{n-1} + 2^{n-2} d_{n-2} + \cdots + 2^1 d_1 + 2^0 d_0) = -\frac{V_{REF}}{2^n} D_n \quad (8.2.6)$$

上式说明输出的模拟电压与输入的数字量成正比,可以实现 D/A 转换。

倒 T 形电阻网络是 D/A 转换器中广泛采用的电路形式,如 AD7520、AD7524、DAC0832、5G7520 等大规模集成 D/A 转换器芯片均采用倒 T 形电阻网络。

图 8.2.5 是单片集成 D/A 转换器 AD7520 的电路原理图,它的输入为 10 位二进制数,采用 CMOS 电路构成模拟开关。芯片内部只含有倒 T 形电阻网络、CMOS 模拟开关和反馈电阻($R=10\text{k}\Omega$),所以,在应用时必须外接参考电压源和运算放大器。

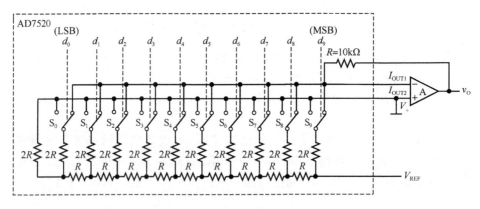

图 8.2.5 AD7520 的电路原理图

例 8.2.2 已知倒 T 形电阻网络 D/A 转换器的 $R_F = R$,$V_{REF} = 10\text{V}$,试求出 8 位 D/A 转换器的最小输出电压和最大输出电压。

解: 8 位 D/A 转换器的最小输出电压为

$$V_{Omin} = -\frac{10}{2^8} = -0.04\text{V}$$

8 位 D/A 转换器的最大输出电压为

$$V_{Omax} = -\frac{10}{2^8}(2^8 - 1) = -9.96\text{V}$$

最小输出电压为输入最小数字量时对应的输出模拟电压值,也是数字量每增加一个单位,输出模拟电压的增加量。

8.2.3　D/A 转换器的主要技术参数

D/A 转换器的主要技术指标有转换精度、转换速度和温度系数等。

1. 转换精度

在 D/A 转换器中,通常用分辨率和转换误差来描述转换精度。

分辨率可以用输入二进制数码的位数给出。在分辨率为 n 位的 D/A 转换器中,从输出模拟电压的大小应能区分出输入代码从 00…00 到 11…11 全部 2^n 个不同状态。所以,输入代码位数越多,输出电压的状态越多,越能反映出输出电压的细微变化,分辨能力越强。分辨率表示 D/A 转换器在理论上可以达到的精度。分辨率还可以用 D/A 转换器电路能分辨的最小输出电压与最大输出电压之比来表示,即

$$分辨率 = \frac{1}{2^n - 1} \quad （n \text{ 为输入二进制数码的位数}）$$

该值越小,分辨能力越强。

由于 D/A 转换器中各元件参数存在误差,如基准电压不够稳定、运算放大器的零点漂移、电阻网络中电阻的偏差等,从而使得 D/A 转换器的实际精度还与转换误差有关。转换误差常用最低有效位的倍数表示。例如,给出转换误差为 1/2LSB,就表示输出模拟电压与理论值之间的绝对误差小于、等于当输入为00…01 时的输出电压的一半。转换误差还可以用输出电压满刻度 FSR(full scale range)的百分数来表示。例如,给出转换误差为 ±0.05％FSR,表示转换误差小于、等于输入为 11…11 时输出电压的万分之五。

综上所述,为了获得高精度的 D/A 转换器,不仅应选择位数较多的高分辨率的 D/A 转换器,而且还要选用高稳定度的基准电压源和低漂移的运算放大器等器件与之配合才能达到要求。

2. 转换速度

当 D/A 转换器输入的数字量发生变化时,输出的模拟量不能立即达到所对应的量值,而是需要一定的时间。通常,用建立时间和转换速率来描述 D/A 转换器的转换速度。

建立时间(t_{set})是指输入数字量变化时输出电压变化到相应稳定电压值所需的时间。一般,用 D/A 转换器输入的数字量从 00…00 变为 11…11 时输出电压达到规定的误差范围(±1/2LSB)时所需时间表示。

转换速率(SR)是指大信号工作状态下模拟输出电压的最大变化率,通常用 V/μs 为单位,反映了电压型输出的 D/A 转换器中输出运算放大器的特性。

综上所述,要实现快速 D/A 转换,不仅要求 D/A 转换器有较高的转换速率,还要求集成运算放大器有较高的转换速率。

3. 温度系数

温度系数是指在输入不变的情况下输出模拟电压随温度变化产生的变化量。一般,用满刻度输出条件下温度每升高 1℃输出电压变化的百分数表示。

8.3 A/D 转换器

A/D 转换与 D/A 转换正好相反,是将模拟信号转换成与之成正比的数字量。由于模拟信号在时间上和量值上是连续的,而数字信号在时间上和量值上是离散的,所以,进行 A/D 转换时,先要按一定的时间间隔对模拟信号取样,使它变成时间上离散的信号,然后将取样值保持一段时间,在这段时间里,对取样值进行幅度的量化,使取样值变成离散的量值,最后通过编码,把量化后的离散量值转换成数字量输出。这样,经取样、保持、量化、编码 4 个步骤后,得到了时间和量值都是离散的数字信号。

8.3.1 A/D 转换的工作过程

A/D 转换一般要经过取样、保持、量化、编码 4 个过程,在实际电路中,这些过程是合并进行的,取样和保持由取样保持电路完成,量化和编码在 A/D 转换过程中同时完成。

1. 取样与保持

取样-保持电路原理图如图 8.3.1(a)所示。v_I 是输入的模拟信号,A 是理想运算放大器,$S(t)$ 是取样脉冲信号,T_s 是取样脉冲信号周期,t_w 是取样脉冲宽度。模拟开关 S 由取样信号 $S(t)$ 控制,在 t_w 时间里,开关 S 闭合,经开关取样后的输出 $v_S=v_I$;开关 S 在 (T_s-t_w) 的时间里断开,输出 $v_S=0$。电路中各信号电压波形如图 8.3.1(b)所示。

取样是将时间连续变化的模拟量转换为时间离散的模拟量。通过分析可以看出,取样信号 $S(t)$ 的频率越高,取样值就越多,其取样信号 v_S 的包络线就越接近于输入信号的波形。可以证明,为了保证能从取样信号将原来的被取样信号恢复,必须满足

$$f_s \geqslant 2f_{I(max)} \tag{8.3.1}$$

式中,f_s 为取样频率$(1/T_s)$;$f_{I(max)}$ 为输入模拟信号 v_I 的最高频率分量的频率。式(8.3.1)即是取样定理。

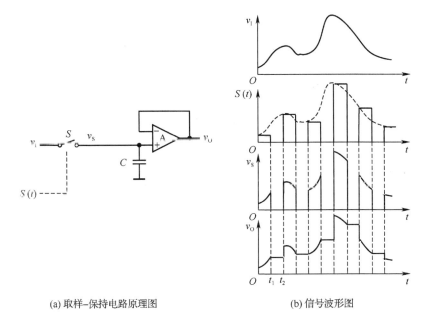

(a) 取样–保持电路原理图　　　　　　　　　(b) 信号波形图

图 8.3.1　取样-保持电路

对于变化较快的模拟信号,其取样值在脉冲持续时间里会有明显变化,故不能得到一个固定的取样值进行量化,为此,要利用图 8.3.1(a)所示的取样-保持电路对 v_1 进行取样、保持。在 $S(t)=1$ 的取样时间内,开关 S 闭合,对电容 C 迅速充电,使得 C 上的电压随输入信号 v_1 变化,而运算放大器 A 接成电压跟随器的形式,所以有 $v_O=v_1$,在 $S(t)=0$ 的保持时间内,开关 S 断开,由于运算放大器 A 的输入阻抗为无穷大,S 为理想开关,就认为电容 C 没有放电回路其两端电压保持 v_O 不变,从而使 v_O 保持取样结束时 v_1 的瞬时值,图 8.3.1(b)中 t_1 到 t_2 的平坦段,就是保持阶段。

2. 量化与编码

数字信号不仅在时间上是离散的,而且在数值上也是不连续的。任何一个数字量的大小只能是某个规定的最小数量单位的整数倍。在进行 A/D 转换时,还必须将取样-保持电路的输出电压,按某种近似方式转化到与之相应的离散电平上。这一转化过程称为量化,所取的最小数量单位称为量化单位,用 △ 表示,它是数字信号最低有效位(LSB)为 1 时所对应的模拟量。

将量化后的数值用代码表示出来,这一过程称为编码,这些代码就是 A/D 转换的输出结果。

在量化过程中,由于取样电压不一定能被 △ 整除,所以,量化前后不可避免地存在误差,这种误差称为量化误差。量化误差属于原理误差,是无法消除的。A/D 转换器的位数越多,各离散电平之间的差值越小,量化误差越小。

量化过程常采用两种近似方式:只舍不入量化方式和四舍五入的量化方式,如图 8.3.2 所示,两种方式的量化误差相差较大。

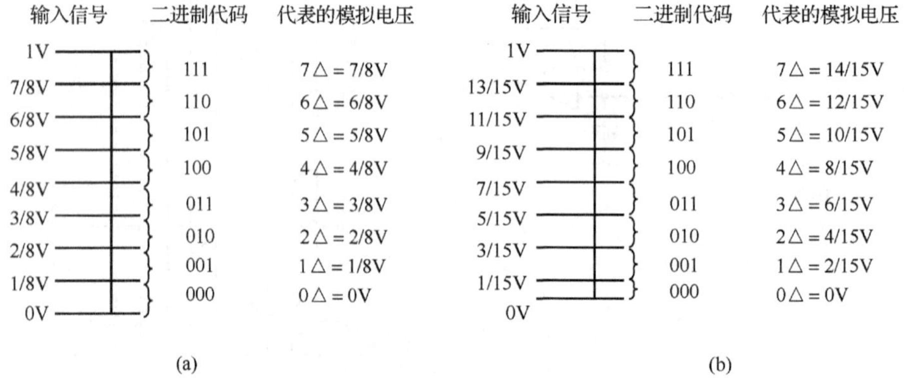

输入信号	二进制代码	代表的模拟电压
1V		
	111	$7\triangle = 7/8V$
7/8V		
	110	$6\triangle = 6/8V$
6/8V		
	101	$5\triangle = 5/8V$
5/8V		
	100	$4\triangle = 4/8V$
4/8V		
	011	$3\triangle = 3/8V$
3/8V		
	010	$2\triangle = 2/8V$
2/8V		
	001	$1\triangle = 1/8V$
1/8V		
	000	$0\triangle = 0V$
0V		

(a)

输入信号	二进制代码	代表的模拟电压
1V		
	111	$7\triangle = 14/15V$
13/15V		
	110	$6\triangle = 12/15V$
11/15V		
	101	$5\triangle = 10/15V$
9/15V		
	100	$4\triangle = 8/15V$
7/15V		
	011	$3\triangle = 6/15V$
5/15V		
	010	$2\triangle = 4/15V$
3/15V		
	001	$1\triangle = 2/15V$
1/15V		
	000	$0\triangle = 0V$
0V		

(b)

图 8.3.2 划分量化电平的两种方法

以 3 位 A/D 转换器为例,要求将 0～1V 的模拟电压信号转换成 3 位二进制代码,采用只舍不入量化方法时,取量化单位 $\triangle = \frac{1}{8}V$,并规定数值在 $0 \sim \frac{1}{8}V$ 之间的模拟电压都当作 $0\triangle$,用二进制数 000 表示;数值在 $\frac{1}{8} \sim \frac{2}{8}V$ 之间的模拟电压都当作 $1\triangle$,用二进制数 001 表示……如图 8.3.2(a)所示。显然,这种量化方式的最大量化误差为 $\triangle$,即 $\frac{1}{8}V$。

如果采用四舍五入的量化方式,取量化单位 $\triangle = \frac{2}{15}V$,并规定数值在 $0 \sim \frac{1}{15}V$ 之间的模拟电压都当作 $0\triangle$,用二进制数 000 表示;数值在 $\frac{1}{15} \sim \frac{3}{15}V$ 之间的模拟电压都当作 $1\triangle$,用二进制数 001 表示……如图 8.3.2(b)所示。显然,这种量化方式的最大量化误差为 $\frac{1}{2}\triangle$,即 $\frac{1}{15}V$。

A/D 转换器的种类很多,按其工作原理不同分为直接 A/D 转换器和间接 A/D 转换器两类。直接 A/D 转换器可将模拟信号直接转换为数字信号,具有较快的转换速度,典型电路有并行比较型 A/D 转换器、逐次比较型 A/D 转换器等。而间接 A/D 转换器则是先将模拟信号转换成某一中间量,然后再将中间量转换为数字量输出,这类 A/D 转换器的速度较慢,典型电路是双积分型 A/D 转换器、电压频率转换型 A/D 转换器等。

8.3.2　并行比较型 A/D 转换器

图 8.3.3 是并行比较型 A/D 转换器电路结构图,它由电压比较器、寄存器和编码器三部分组成。输入为 $0\sim V_{\text{REF}}$ 间的模拟电压,输出为 3 位二进制数码 $d_2 d_1 d_0$。

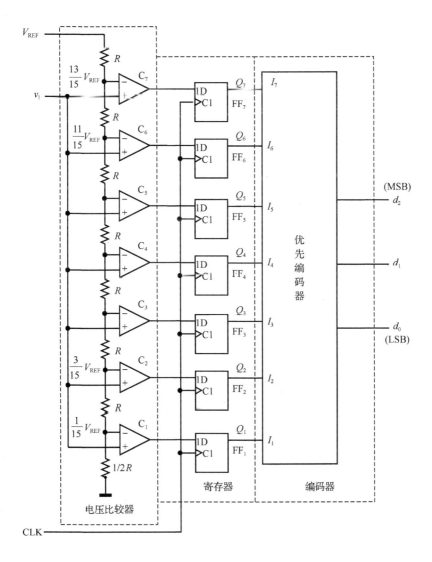

图 8.3.3　并行比较型 A/D 转换器

电压比较器中的 8 个电阻将参考电压按照四舍五入的量化方式分成 8 个等

级,其中,7 个等级的电压分别作为 7 个比较器 $C_1 \sim C_7$ 的参考电压,其数值分别为 $\frac{1}{15}V_{\mathrm{REF}}$,$\frac{3}{15}V_{\mathrm{REF}}$,$\cdots$,$\frac{13}{15}V_{\mathrm{REF}}$,量化单位为 $\triangle = \frac{2}{15}V_{\mathrm{REF}}$。同时,将输入电压 v_1 加到每个比较器的另一个输入端上,与这 7 个参考电压进行比较。

若 $v_1 < \frac{1}{15}V_{\mathrm{REF}}$,则所有比较器的输出都为低电平,CLK 上升沿到来后寄存器中所有的触发器($FF_1 \sim FF_7$)都被置成 0 状态。

若 $\frac{1}{15}V_{\mathrm{REF}} \leqslant v_1 < \frac{3}{15}V_{\mathrm{REF}}$,则只有 C_1 输出为高电平,CLK 上升沿到达后 FF_1 被置 1,其余触发器被置 0。

依此类推,可以列出 v_1 为不同电压值时寄存器的状态,如表 8.3.1 所示。寄存器的输出状态经优先编码器编码,得到数字量输出。

表 8.3.1　3 位并行 A/D 转换器输入与输出关系对照表

输入模拟电压(v_1)	寄存器状态(优先编码器输入)							数字量输出(优先编码器输出)		
	Q_7	Q_6	Q_5	Q_4	Q_3	Q_2	Q_1	d_3	d_2	d_1
$\left(0 \sim \frac{1}{15}\right)V_{\mathrm{REF}}$	0	0	0	0	0	0	0	0	0	0
$\left(\frac{1}{15} \sim \frac{3}{15}\right)V_{\mathrm{REF}}$	0	0	0	0	0	0	1	0	0	1
$\left(\frac{3}{15} \sim \frac{5}{15}\right)V_{\mathrm{REF}}$	0	0	0	0	0	1	1	0	1	0
$\left(\frac{5}{15} \sim \frac{7}{15}\right)V_{\mathrm{REF}}$	0	0	0	0	1	1	1	0	1	1
$\left(\frac{7}{15} \sim \frac{9}{15}\right)V_{\mathrm{REF}}$	0	0	0	1	1	1	1	1	0	0
$\left(\frac{9}{15} \sim \frac{11}{15}\right)V_{\mathrm{REF}}$	0	0	1	1	1	1	1	1	0	1
$\left(\frac{11}{15} \sim \frac{13}{15}\right)V_{\mathrm{REF}}$	0	1	1	1	1	1	1	1	1	0
$\left(\frac{13}{15} \sim 1\right)V_{\mathrm{REF}}$	1	1	1	1	1	1	1	1	1	1

在并行 A/D 转换器中,输入电压 v_1 同时加到所有比较器的输入端,从 v_1 加入到 3 位数字量稳定输出所经历的时间是比较器、D 触发器和编码器延迟时间之和。所以,具有较短的转换时间。

并行比较型 A/D 转换器的转换精度主要取决于量化电平的划分,分得越细($\triangle$ 越小),精度越高,但比较器和触发器的数目就越多,电路越复杂。另外,转换精度还受参考电压的稳定度和分压电阻相对精度的影响。

8.3.3　逐次比较型 A/D 转换器

逐次比较型 A/D 转换器也是一种直接 A/D 转换器。逐次比较转换过程与用天平称物重相似：取一个数字量加到 D/A 转换器上，得到一个对应的输出模拟电压，将这个模拟电压和输入的模拟电压信号相比较。如果二者不相等，就调整所取的数字量，直到两个模拟电压相等为止，最后所取的这个数字量就是所求的转换结果。

逐次比较型 A/D 转换器的工作原理可以用图 8.3.4 所示的框图表示，它由控制逻辑电路、比较器、D/A 转换器、寄存器、时钟脉冲源等 5 个部分组成。

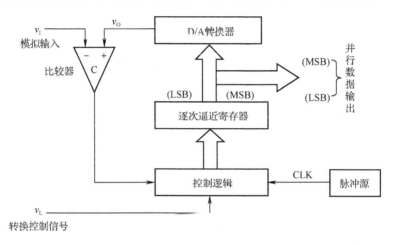

图 8.3.4　逐次比较型 A/D 转换器的电路结构图

转换开始前，先将寄存器清零，所以加给 D/A 转换器的数字量是全零。转换控制信号 v_L 为高电平时开始转换，时钟信号首先将寄存器的最高位置成 1，使寄存器的输出为 100…00。这个数字量被 D/A 转换器转换成相应的模拟电压 v_O，并送到比较器与输入信号 v_I 进行比较。如果 $v_O > v_I$，说明数字量过大了，去掉这个 1；如果 $v_O < v_I$，说明数字量不够大，保留这个 1。接着将次高位置 1，按上述方法确定这一位的 1 是否应当保留。逐位比较下去，直到最低位比较完为止。这时，寄存器里所存的数码就是所求的输出数字量。

下面结合图 8.3.5，以输出为 3 位二进制码的逐次比较型 A/D 转换器为例来说明逐次比较的过程。C 为电压比较器，当 $v_O > v_I$ 时，比较器的输出 $v_B = 1$；当 $v_O \leqslant v_I$ 时，$v_B = 0$。FF_A、FF_B、FF_C 三个触发器组成了 3 位数码寄存器，触发器 $FF_1 \sim FF_5$ 和门电路组成控制逻辑电路。

转换开始前，先将 FF_A、FF_B、FF_C 置零，同时将组成的环形移位寄存器置成 $Q_1 Q_2 Q_3 Q_4 Q_5 = 10000$ 状态。

当控制信号 v_L 变成高电平后，转换开始。第一个 CLK 脉冲到达后，FF_A 被置

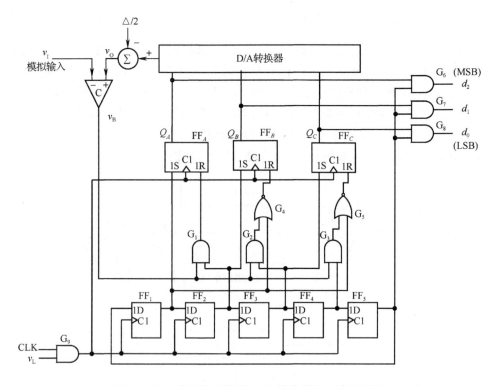

图 8.3.5　3 位逐次比较型 A/D 转换器的电路原理图

1,而 FF_B、FF_C 被置 0。这时,寄存器的状态 $Q_A Q_B Q_C = 100$ 加到 D/A 转换器的输入端上,并在 D/A 转换器的输出端得到相应的模拟电压 v_O。v_O 和 v_I 在比较器中比较,其结果不外乎两种:若 $v_I \geqslant v_O$,则 $v_B = 0$,若 $v_I < v_O$,则 $v_B = 1$。同时,移位寄存器右移一位,使 $Q_1 Q_2 Q_3 Q_4 Q_5 = 01000$。第二个 CLK 脉冲到达时,$FF_B$ 被置成 1。若原来的 $v_B = 1$,则 FF_A 被置 0;若原来的 $v_B = 0$,则 FF_A 的 1 状态保留。同时,移位寄存器右移一位,变为 00100 状态。第三个 CLK 脉冲到达时,FF_C 被置 1。若原来的 $v_B = 1$,则 FF_B 被置 0;若原来的 $v_B = 0$,则 FF_B 的 1 状态保留。同时,移位寄存器右移一位,变成 00010 状态。第四个 CLK 脉冲到达时,同样根据这时 v_B 的状态决定 FF_C 的 1 是否应当保留。这时,FF_A、FF_B、FF_C 的状态就是所要的转换结果。同时,移位寄存器右移一位,变为 00001 状态。由于 $Q_5 = 1$,于是 FF_A、FF_B、FF_C 的状态便通过门 G_6、G_7、G_8 送到输出端。第五个 CLK 脉冲到达后,移位寄存器右移一位,使得 $Q_1 Q_2 Q_3 Q_4 Q_5 = 10000$,返回初始状态。同时,由于 $Q_5 = 0$,门 G_6、G_7、G_8 被封锁,转换器不能输出信号。

由上分析可知,3 位输出的 A/D 转换器完成一次转换需要 5 个时钟周期的时间,n 位输出的 A/D 转换器完成一次转换需要 $n + 2$ 个时钟信号周期的时间,所以,逐次比较型 A/D 转换器完成一次转换所需时间与其位数和时钟脉冲频率有关,位数越少,时钟频率越高,转换所需时间越短。这种 A/D 转换器具有转换速度快、精度高的特点。

常用集成逐次比较型 A/D 转换器有 ADC0808/0809 系列(8 位)、AD575(10 位)、AD574A(12 位)等。

8.3.4　双积分型 A/D 转换器

双积分型 A/D 转换器是　种间接 A/D 转换器,它将输入的模拟电压信号转换成与之成正比的时间宽度信号,然后在这个时间宽度里对固定频率的时钟脉冲计数,计数的结果就是正比于输入模拟电压的数字信号。

图 8.3.6 是双积分型 A/D 转换器的原理性框图,它包含积分器、比较器、计数器、控制逻辑和时钟脉冲源几个组成部分。图 8.3.7 是这个电路的电压波形图。

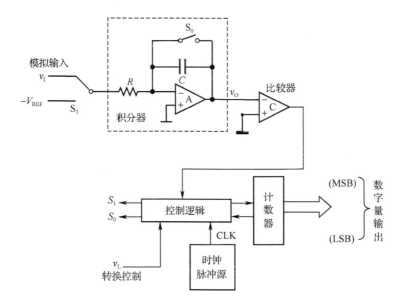

图 8.3.6　双积分型 A/D 转换器

A/D 转换的过程是:积分器先以固定时间 T_1 对 v_1 积分,在积分器的输出端获得一个与 v_1 成正比的 V_{O1},如图 8.3.7 所示。然后再对参考电压(或称为基准电压)$-V_{REF}$ 积分。积分器的输出将从 V_{O1} 线性上升到零。这段积分的时间是 T_2,T_2 与 V_{O1} 成正比,也就正比于 v_1。将时间 T_2 用数字量表示,即实现了电压 $v_1 \rightarrow$ 时间 $T_2 \rightarrow$ 数字量的转换。这种转换需要两次积分才能实现,所以称为双积分型 A/D 转换器。下面详细分析 A/D 转换的过程。

A/D 转换分三阶段进行。

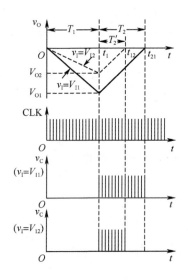

图 8.3.7 双积分型 A/D 转换器
的电压波形图

（1）初始准备（休止阶段）。转换控制信号 $v_L = 0$，将计数器清零。接通开关 S_0，使电容 C 充分放电。

（2）第一次积分（采样阶段）。在 $t = 0$ 时，开关 S_0 打开；开关 S_1 合到输入信号电压 v_I 一侧，积分器对 v_I 积分，积分时间为 T_1。积分结束时积分器的输出电压为

$$v_O = \frac{1}{C}\int_0^{T_1}\left(-\frac{v_I}{R}\right)dt = -\frac{T_1}{RC}v_I \qquad (8.3.2)$$

给定 $v_I > 0$，故 $v_O < 0$，使比较器输出 $C = 1$，$C = 1$ 信号控制计数器，使计数器就从 0 开始计数，当计满 2^n 个脉冲后计数器返回 0，同时使开关 S_1 合到 $-V_{REF}$。到此时，对 v_I 的第一次积分结束。积分时间为 $T_1 = NT_C = 2^nT_C$，T_C 为计数脉冲 CLK 的周期，N 为计数器的最大计数值加 1，所以 T_1 为定值。T_1 时刻的积分器输出为 v_{O1}。由式（8.3.2）可以看出，积分器的输出 v_{O1} 与输入模拟电压 v_I 成正比。

（3）第二次积分（比较阶段）。将 v_{O1} 转换成与之成正比的时间间隔 T_2。S_1 指向 $-V_{REF}$ 后，积分器又从 T_1 时刻开始反向积分。这时，积分器的输出为

$$v_O = \frac{1}{C}\int_0^{T_2}\frac{V_{REF}}{R}dt - \frac{T_1}{RC}v_I = 0$$

得到

$$\frac{T_2}{RC}V_{REF} = \frac{T_1}{RC}v_I$$

$$T_2 = \frac{T_1}{V_{REF}}v_I \qquad (8.3.3)$$

由上式可见，反向积分到 $v_O = 0$ 的这段时间里，T_2 与输入信号 v_I 成正比。积分结束后，积分器的输出电压回升到 0，比较器输出 $C = 0$，使计数器停止计数。若计数器所计的 CLK 个数为 D，则 D 也一定与 v_I 成正比，即

$$D = \frac{T_2}{T_C} = \frac{T_1}{T_C V_{REF}}v_I = \frac{N}{V_{REF}}v_I \qquad (8.3.4)$$

上式中的 D 即为输入模拟量 v_I 所对应的数字量。

从图 8.3.7 所示的电压波形图上可以看出，当 v_I 取值为两个不同的数值 V_{I1} 和 V_{I2} 时，反向积分时间 T_2 和 T_2' 也不相同，而且时间的长短和 v_I 的大小成正比，由于 CLK 是固定频率的脉冲，所以，在 T_2 和 T_2' 期间送给计数器的计数脉冲也与 v_I 成正比。

双积分型 A/D 转换器最突出的优点是工作性能比较稳定。由于转换过程中先后进行了两次积分,只要在这两次积分期间 R、C 的参数相同,由式(8.3.3)知,转换结果与 R、C 的参数无关。R、C 的缓慢变化不影响电路的转换精度,也不要求 R、C 的数值非常准确。式(8.3.4)表明只要每次转换过程中 T_C 不变,那么,时钟周期在长时间里发生缓慢的变化也不会带来转换误差。多位高精度数字电压表就是采用双积分型 A/D 转换器。

双积分型 A/D 转换器的另外一个优点是抗干扰能力比较强。因为转换器的输入端使用了积分器,所以,对平均值为零的各种噪声有很强的抑制能力。

双积分型 A/D 转换器的主要缺点是转换速度低。转换一次最少也需要 $2T_1 = 2^{n+1}T_C$ 时间,实际时间比 $2T_1$ 还要长得多,因此,它大多用于对转换速度要求不高的数字测量仪表中。

单片集成双积分 A/D 转换器有 ADC-EK8B(8 位,二进制码)、ADC-EK10B(10 位,二进制码)、MC14433($3\frac{1}{2}$ 位,BCD 码)等。

8.3.5　A/D 转换器的主要技术参数

A/D 转换器的主要技术指标有转换精度、转换速度等。选择 A/D 转换器时,除考虑这两项技术指标外,还应注意满足其输入电压的范围、输出数字的编码、工作温度范围和电压稳定度等方面的要求。

1. 转换精度

单片集成 A/D 转换器的精度是用分辨率和转换误差来描述的。

1) 分辨率

A/D 转换器的分辨率以输出二进制(或十进制)数的位数表示,它说明A/D转换器对输入信号的分辨能力。从理论上讲,n 位输出的 A/D 转换器能区分 2^n 个不同等级的输入模拟电压,每个等级相差(即量化单位)为 $\frac{1}{2^n}$FSR(满量程输入的 $1/2^n$)。在最大输入电压一定时,输出位数愈多,量化单位愈小,分辨率愈高。例如,A/D 转换器输出为 8 位二进制数,输入信号最大值为 5V,那么,这个转换器应能区分出输入信号的最小电压为 19.53mV。

2) 转换误差

转换误差通常是以输出误差的最大值形式给出的,它表示 A/D 转换器实际输出的数字量和理论上的输出数字量之间的差别,常用最低有效位的倍数表示。例如,给出相对误差 $\leqslant \pm\frac{1}{2}$LSB,这就表明实际输出的数字量和理论上应得到的输出数字量之间的误差小于最低位的半个字。

2. 转换时间

转换时间是指 A/D 转换器从转换控制信号到来开始到输出端得到稳定的数字信号所经过的时间。A/D 转换器的转换时间与转换电路的类型有关。不同类型的转换器转换速度相差甚远。并行比较型 A/D 转换器的转换速度最高,8 位二进制输出的单片集成 A/D 转换器转换时间可达到 50ns 以内;逐次比较型 A/D 转换器的速度次之,多数产品的转换时间都在 $10\sim100\mu s$ 之间;间接 A/D 转换器的速度最慢,如双积分型 A/D 转换器的转换时间大都在几十毫秒至几百毫秒之间。在实际应用中,应从系统数据总的位数、精度要求、输入模拟信号的范围及输入信号极性等方面综合考虑 A/D 转换器的选用。

习题

题 8.1　在图 8.2.2 所示的权电阻网络 D/A 转换器中,若取 $V_{REF}=5V$,反馈电阻 $R_F=\dfrac{1}{2}R$,试求当输入数字量为 $d_3d_2d_1d_0=0110$ 时输出电压的大小。

题 8.2　在图 8.2.5 所示的 D/A 转换器中,若给定 $V_{REF}=-8V$,试计算:

(1) 当输入数字量 $d_9\sim d_0$ 每一位为 1 时在输出端产生的电压值。

(2) 若测得输出端电压值为 5.02V,求输入 $d_9\sim d_0$ 为何状态。

(3) 若要求 V_{REF} 的偏移标准值所引起的误差 $\leqslant\dfrac{1}{2}$LSB,试计算允许 V_{REF} 的最大变化 ΔV_{REF} 是多少?

题 8.3　在图 8.2.5 所示由 AD7520 组成的 D/A 转换器中,若 $V_{REF}=-10V$,试计算输出端电压的变化范围。如果想把输出电压的变化范围缩小一半,可以采取哪些方法?

题 8.4　图 8.1 所示电路是用 AD7520 和同步十六进制计数器 74LS161 组成的波形发生器电

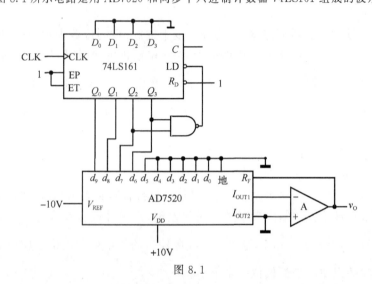

图 8.1

路。已知 AD7520 的 $V_{REF}=-10V$,试画出输出电压 v_O 的波形,并标出波形图上各点电压的幅度。AD7520 的电路结构见图 8.2.5,74LS161 的功能表见表 5.3.5。

题 8.5　试分析图 8.2 电路的工作原理,画出输出电压 v_O 的波形图。RAM 输出数据的低 4 位作为 AD7520 的输入,表 8.1 是 RAM 的 16 个地址单元中所存数据,由于 RAM 的高 6 位地址 $d_9 \sim d_4$ 始终为 0,在表中没有列出。AD7520 的电路结构见图 8.2.5,74LS160 的功能表见表 7.3.5。

表 8.1

A_3	A_2	A_1	A_0	D_3	D_2	D_1	D_0
0	0	0	0	0	0	0	0
0	0	0	1	0	0	0	1
0	0	1	0	0	0	1	1
0	0	1	1	0	1	1	1
0	1	0	0	1	1	1	1
0	1	0	1	1	1	1	1
0	1	1	0	0	1	1	1
0	1	1	1	0	0	1	1
1	0	0	0	0	0	0	1
1	0	0	1	0	0	0	0
1	0	1	0	0	0	0	1
1	0	1	1	0	1	0	1
1	1	0	0	0	1	1	0
1	1	0	1	1	0	0	1
1	1	1	0	1	1	0	0
1	1	1	1	0	0	1	1

题 8.6　若 11 位 A/D 转换器的满刻度电压为 10V,试计算当输入电压为 5mV 时,输出的二进制代码为多少。

题 8.7　若将图 8.3.3 并行比较型 A/D 转换器输出数字量增加至 8 位,试问最大的量化误差是多少?在保证 V_{REF} 变化时引起的误差 $\leqslant \frac{1}{2} LSB$,试计算允许 V_{REF} 的最大变化 ΔV_{REF} 是多少?

题 8.8　如果将图 8.3.5 所示逐次比较型 A/D 转换器的输出扩展到 10 位,取时钟信号频率为 10MHz,试计算完成一次转换操作所需要的时间。

题 8.9　在图 8.3.6 所示的双积分型 A/D 转换器中,若计数器为 10 位二进制,时钟信号频率为 10MHz,试计算转换器的最大转换时间是多少。

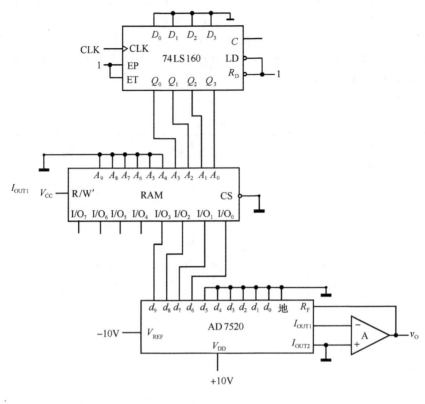

图 8.2

参 考 文 献

蔡良伟.2003.数字电路与逻辑设计.西安:西安电子科技大学出版社.

侯伯亨,顾新.1999.VHDL硬件描述语言与数字逻辑电路设计.西安:西安电子科技大学出版社.

侯建军.1999.数字逻辑与系统.北京:中国铁道出版社.

黄正瑾.1999.在系统编程技术及其应用.第二版.南京:东南大学出版社.

康华光.2000.电子技术基础:数字部分.第四版.北京:高等教育出版社.

刘宝琴.1993.数字电路与系统.北京:清华大学出版社.

宁帆,张玉艳.2003.数字电路与逻辑设计.北京:人民邮电出版社.

王尔乾,杨士强,巴林凤.2002.数字逻辑与数字集成电路.第二版.北京:清华大学出版社.

王毓银.2005.数字电路逻辑设计.第二版.北京:高等教育出版社.

阎石.2006.数字电子技术基础.第五版.北京:高等教育出版社.

赵雅兴.1999.FPGA原理、设计与应用.天津:天津大学出版社.

Horenstein M N. 1996. Microelectronic Circuits and Devices. Englewood Cliffs:Prentice-Hall.

Mano M M. 2002. Digital Design. 3re Ed. Englewood Cliffs:Prentice-Hall.

Sedra A S,Smith K C. 1998. Microelectronic Circuits. Cambridge:Oxford University Press.

Wakerly J F. 2001. Digital Design-Principles and Practices. 3re Ed. Englewood Cliffs:Prentice-Hall.